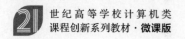
21世纪高等学校计算机类
课程创新系列教材·微课版

数据库原理与应用

SQL Server 2019 微课视频版

王宇春 / 主编　　　李雪梅 / 副主编

李媛媛　牛一捷　刘晶晶　石　虎 / 编著

U0360702

清华大学出版社

北京

内 容 简 介

本书介绍了关系数据库的理论基础知识和数据库的设计技术与方法,并结合 SQL Server 2019 详细介绍了基于关系数据库基础知识的数据库开发和应用技术。

全书共 12 章,内容包括数据库概述、关系数据库理论基础、SQL Server 2019 简介与安装、数据库与数据表的创建和管理、数据库查询语言、Transact-SQL 程序设计、视图和索引、数据库编程、关系规范化理论、数据库设计技术、事务概念与数据库并发控制、数据库安全性控制、数据库备份和恢复等。

本书结合应用型本科学生的特点,用通俗的语言和示例解释了抽象的概念,将抽象概念融入具体的数据库管理系统 SQL Server 2019 中,便于学生理解和掌握。本书既有技术性和实践性强的特点,又兼顾应有的理论基础知识,使理论知识与实践知识进行有机结合。

本书可作为高等院校计算机、软件工程、信息安全、信息管理与信息系统、信息与计算科学等相关专业本科生数据库课程的教材,也可作为电气工程相关专业研究生数据库课程及电力企业信息化教材,还可作为从事数据库开发和应用的相关人员的参考书。

图书在版编目(CIP)数据

数据库原理与应用：SQL Server 2019：微课视频版/王宇春主编. —北京：清华大学出版社,2022.1
(2022.8重印)
21 世纪高等学校计算机类课程创新系列教材：微课版
ISBN 978-7-302-59521-2

Ⅰ. ①数… Ⅱ. ①王… Ⅲ. ①关系数据库系统－高等学校－教材 Ⅳ. ①TP311.132.3

中国版本图书馆 CIP 数据核字(2021)第 230607 号

责任编辑：黄　芝　陈景辉
封面设计：刘　键
责任校对：刘玉霞
责任印制：朱雨萌

出版发行：清华大学出版社
　　　　网　　　址：http://www.tup.com.cn, http://www.wqbook.com
　　　　地　　　址：北京清华大学学研大厦 A 座　　　邮　　编：100084
　　　　社 总 机：010-83470000　　　　　　　　　邮　　购：010-62786544
　　　　投稿与读者服务：010-62776969, c-service@tup.tsinghua.edu.cn
　　　　质量反馈：010-62772015, zhiliang@tup.tsinghua.edu.cn
　　　　课件下载：http://www.tup.com.cn,010-83470236
印 装 者：三河市铭诚印务有限公司
经　　销：全国新华书店
开　　本：185mm×260mm　　印　张：18　　　　字　　数：435 千字
版　　次：2022 年 1 月第 1 版　　　　　　　　印　　次：2022 年 8 月第 2 次印刷
印　　数：1501～3000
定　　价：59.80 元

产品编号：089421-01

前　言

数据库技术是计算机科学技术中发展最快的领域之一，也是应用最广泛的技术之一，在计算机辅助设计、人工智能、电子商务、行政管理、科学计算等领域均得到广泛应用，已经成为计算机信息系统和应用系统的核心技术和重要基础。

目前在国内外软件人才市场上，对数据库应用和开发人才，特别是对具有大型数据库管理、开发经验和技能人才的需求非常大，用人单位在强调其数据库基本理论知识的同时，更加注重其数据库应用和开发的实际能力。

本书以帮助学生建立数据库基本概念，提高其数据库应用开发能力和分析解决问题能力为目标。在讲述传统数据库原理的同时，结合社会需求，介绍 SQL Server 2019 数据库及其典型应用，并以 SQL Server 2019 数据库作为实践环境阐述数据库的相关概念，使学生在学习数据库基本原理的同时，掌握一种实用的大型数据库应用技术，提高信息处理工作中数据库技术的基本技能和操作能力。

全书共 12 章。第 1～3 章介绍数据库的一些基本概念和 SQL Server 2019 数据库；第 4～7 章介绍 SQL 及 Transact-SQL 编程；第 8 章介绍关系数据库规范化理论；第 9 章介绍数据库设计技术；第 10 章介绍数据库并发性控制；第 11 章介绍数据库的安全性管理；第 12 章介绍数据库的备份和恢复。

本书由王宇春任主编，李雪梅任副主编，由具有多年数据库课程教学经验的一线教师编写。其中，第 1 章、第 4 章由牛一捷编写；第 2 章、第 3 章由王宇春编写；第 5 章、第 9 章、第 10 章由李雪梅编写；第 6 章、第 12 章由刘晶晶编写；第 7 章、第 8 章由李媛媛编写；第 11 章由石虎编写。

本书可作为高等院校计算机、软件工程、信息安全、信息管理与信息系统、信息与计算科学等相关专业本科生数据库课程的教材，也可作为电气工程相关专业研究生数据库课程及电力企业信息化教材，还可作为从事数据库开发和应用的相关人员的参考书。本书中所有的实例代码以及教学用的教学大纲和 PPT 课件都可以在清华大学出版社网站(http://www.tup.com.cn/)免费下载。本书配套微课视频，读者可先扫描封底刮刮卡内二维码获得权限，再扫描书中二维码，即可观看视频。

在本书的编写过程中，参阅了大量的有关著作、教材，谨对这些著作、教材的编著者表示衷心感谢。

由于计算机技术日新月异，加之编者水平有限，书中定有疏漏、不足之处，恳请读者批评指正。

编　者

2021 年 10 月

目　录

第 **1** 章

概述

视频讲解

数据库技术就是数据管理的技术,是当代计算机系统的重要组成部分,它所研究的问题是如何科学地组织和存储数据,高效地获取和处理数据。作为计算机学科中一个重要分支,它几乎涉及了所有的应用领域,从小型事务处理到大型信息系统,从联机事务处理到联机分析处理,从一般企业管理到计算机辅助设计与制造(CAD/CAM),从电子商务到电子政务,乃至地理信息系统等,都用到了数据库技术。

1.1 数据管理技术的发展

数据管理是研究如何对数据进行分类、组织、编码、存储、检索和维护的技术,是数据处理的中心问题。这里所说的数据不仅指数字,还包括文字、图形、图像、声音等。凡是计算机中用来描述事物的记录,统称为数据。数据的详细概念将在 1.2 节解释。

随着计算机硬件和软件的发展,数据管理技术得到了不断的完善和发展,经历了人工管理、文件系统和数据库系统阶段。目前,该技术仍处在日新月异的发展中。

1.1.1 人工管理阶段

人工管理数据阶段主要指 20 世纪 50 年代中期以前的这段时间。在此期间,计算机还比较简陋,主要用于科学计算。外部存储器只有纸带、卡片、磁带,而没有磁盘等直接存取的存储设备。软件只有汇编语言,没有操作系统和数据管理的软件。数据处理的方式是批处理。人工管理数据具有以下特点。

(1) 数据不保存。由于计算机主要用于科学计算,一般不需要长期将数据保存,只是在计算某一课题时将原始数据与程序一起输入内存,运算处理后将结果输出。计算机任务完成之后,数据和程序所占用的存储空间一起被释放。

(2) 数据由应用程序自己管理,没有专门的软件管理数据。应用程序既要规定数据的逻辑结构,又要设计物理结构,包括存储结构、存取方法、输入方式等。

(3) 数据不能共享。由于数据是面向应用的,一组数据只能对应一个程序。当多个应用程序涉及某些相同的数据时,由于必须各自定义,程序间存在大量的冗余数据。

(4) 数据与程序之间不具有独立性。数据的逻辑结构或物理结构发生变化后,程序也必须做出相应的修改,这加大了程序设计和维护的负担。

在人工管理阶段,应用程序与数据之间是一种一一对应的关系,如图 1.1 所示。

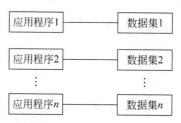

图 1.1　人工管理数据阶段,应用程序与数据之间的对应关系

1.1.2　文件系统阶段

文件系统阶段指从 20 世纪 50 年代后期到 60 年代中期的这段时间。在此期间,已有磁盘、磁鼓等直接存取的存储设备,在操作系统中也有了专门的数据管理软件,即文件系统。通过操作系统,可以实现文件的打开、读写、关闭等操作。操作方式既可以是批处理,也可以是联机实时处理。此时的计算机除了用于科学计算外,也大量应用于企事业单位的管理。文件系统阶段具有以下特点。

(1) 管理的数据以文件的形式长期保存在计算机外存上。由于计算机被大量用于数据处理,采用临时或一次性地输入数据根本无法满足使用要求,数据需要长期保留在外存上,以实现反复进行查询、修改、插入和删除等常见的数据操作。

(2) 数据管理由专门的软件(即文件系统)负责。在文件系统中,有专门的计算机软件提供数据的存取、查询、修改和管理功能,能够为程序与数据之间提供存取方法,为数据文件的逻辑结构和存储结构提供转换方法,使应用程序与数据之间有了一定的独立性。程序员可以不必过多地考虑物理细节,将精力集中于算法。而且数据在存储上的改变不一定反映在程序上,这减少了程序维护的工作量。

(3) 文件系统中的数据以记录为单位进行存取。文件系统是以文件、记录和数据项的结构组织数据的。文件系统中数据的基本存取单位是记录,即文件系统按记录进行读写操作。只有通过对整条记录的读取操作,才能获取其中数据项的信息,而不能直接对记录中的数据项进行数据存取操作。

(4) 文件系统的数据共享性差,冗余度大。文件仍然是面向应用的,基本上,一个文件对应一个应用程序,即当不同的应用程序具有大部分的相同数据时,也必须建立各自的文件,而不能共享相同的数据。因此,数据冗余度大,浪费存储空间。同时,由于文件系统中相同的数据需要重复存储、各自管理,给数据的修改和维护带来了困难,容易造成数据不一致的情况。

(5) 数据和程序间的独立性低。文件系统中的文件是为某一特定应用服务的。文件的逻辑结构对该应用程序来说是优化的,因此,要想对现有的数据再增加一些新的应用会很困难,系统不容易扩充。一旦数据结构改变,必须修改应用程序,修改文件结构的定义。而应用程序的改变,例如应用程序改用不同的高级语言,也将引起文件数据结构的改变。因此,数据与程序之间仍缺乏独立性。

(6) 数据无结构。文件系统是一个不具有弹性的、无结构的数据集合。在文件系统中,虽然记录内容是有结构的,但记录与数据文件之间是相互孤立的,使得数据间的对外联系无法表达,不能反映现实世界中事物之间的相互联系。

在文件系统阶段,应用程序与数据之间的关系,如图1.2所示。

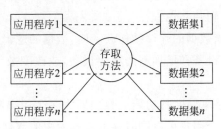

图1.2 文件系统阶段,应用程序与数据之间的对应关系

1.1.3 数据库系统阶段

数据库系统阶段是从20世纪60年代后期开始的。在此期间,计算机磁盘存储技术取得重大进展,大容量和快速存取的磁盘相继投入市场,为新的数据管理技术的开发提供了良好的物质基础。此外,计算机应用于管理的规模更加庞大,应用越来越广泛,数据量也随之急剧增加,联机实时处理和数据共享的要求也越来越高,文件系统已经不能满足用户在数据管理上的要求。在这种背景下,数据库作为一种新的数据管理技术应运而生。目前,人们已经开发出了许多商品化的数据库管理系统,数据库技术已成为实现和优化信息系统的基本技术。

数据库系统有效地克服了文件系统的缺陷,提供了对数据更高级、更有效的管理,提高了数据的一致性、完整性,减少了数据的冗余。在数据库系统管理数据阶段,应用程序与数据之间的关系如图1.3所示。

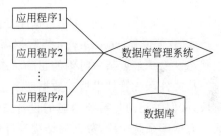

图1.3 数据库系统阶段程序
与数据间的关系

数据库系统管理数据具有以下主要特点。

(1)数据库系统的数据共享性高,冗余度小。这是数据库系统阶段的最大改进。由于数据库系统从整体角度上看待和描述数据,数据不再面向某个应用程序,而是面向整个系统。因此,数据库中同样的数据不会多次重复出现,这样便减少了不必要的数据冗余,节约了存储空间,同时也避免了数据之间的不相容性和不一致性,便于数据维护。

(2)采用数据模型实现数据结构化。数据结构化是数据库和文件系统的根本区别。数据模型不仅描述数据本身的特征,还描述数据间的联系。文件系统其内部虽然有了某些结构,但记录之间没有联系,而数据库系统实现整体数据的结构化。

在数据库系统中,不仅数据是结构化的,而且存取数据的方式也很灵活,可以存取数据库中的某一个数据项、一组数据项、一个记录或一组记录。而在文件系统中,数据的最小存取粒度是记录,粒度不能细分到数据项。

(3)数据独立性高。数据的独立性包括逻辑独立性和物理独立性。

数据的逻辑独立性指当数据的总体逻辑结构改变时,数据的局部逻辑结构不变,由于应用程序是依据数据的局部逻辑结构编写的,所以应用程序不必修改,这保证了数据与程序间的逻辑独立性。例如,在原有的记录类型之间增加新的联系,或在某些记录类型中增加新的数据项,均可确保数据的逻辑独立性。

数据的物理独立性指当数据的存储结构改变时,数据的逻辑结构不变,从而应用程序也不必改变。例如,改变存储设备和增加新的存储设备,或改变数据的存储组织方式,均可确保数据的物理独立性。

(4) 具有完整的数据管理与控制功能。数据库为多个用户和应用程序所共享,对数据的存取往往是并发的,即多个用户可以同时存取数据库中的数据,甚至可以同时存取数据库中的同一个数据,为确保数据库中的数据的正确有效和数据库系统的有效运行,数据库管理系统提供下述 4 方面的数据控制功能。

① 安全性(security)控制:防止不合法使用数据造成数据的泄露和破坏,保证数据的安全和机密。例如,系统提供口令检查或其他手段来验证用户身份,防止非法用户使用系统;也可以对数据的存取权限进行限制,只有通过检查后才能执行相应的操作。

② 完整性(integrity)控制:系统通过设置一些完整性约束以确保数据的正确性、有效性和相容性。正确性指数据的合法性,如年龄属于数值型数据,只能含 0,1,…,9,不能含字母或特殊符号;有效性指数据是否在其定义的有效范围内,如月份只能用 1~12 的正整数表示;相容性指表示同一事实的两个数据应相同,否则就不相容,如一人不能有两种性别。

③ 并发(concurrency)控制:在多用户同时存取或修改数据库时,防止因相互干扰而提供给用户不正确的数据,并使数据库受到破坏。

④ 数据恢复(recovery):当数据库被破坏或数据不可靠时,系统有能力将数据库从错误状态恢复到最近某一时刻的正确状态。

从文件系统管理发展到数据库系统管理是信息处理领域的一个重大变化。在文件系统阶段,人们关注的是系统功能的设计,因此程序设计处于主导地位,数据服从于程序设计;而在数据库系统阶段,数据的结构设计成为信息系统首先关心的问题。

数据库技术经历了以上 3 个阶段的发展,已有了比较成熟的数据库技术,但随着计算机软硬件的发展,数据库技术仍不断向前发展,数据库前沿技术将在 1.6 节介绍。

1.2　数据库基本概念

使用数据库方法管理数据,可以保证数据的共享性、安全性和完整性。在学习数据库知识之前,首先介绍与数据库技术密切相关的一些基本概念。

1. 数据

数据(data)是数据库存储的基本对象。数据有多种表现形式,可以是数字(传统和狭义的数据理解),也可以是文字、声音、图片、图像等,它们都可以经过数字化后存入计算机。

数据是信息的载体。所谓的信息,就是指真实的可传播的消息,例如一个学生的信息。

在日常生活中,为了交流信息、了解世界,我们需要对事物进行描述,通常采用的是自然语言。而在计算机中,为了存储和处理这些事物,就需要抽取出对事物感兴趣的特征,组成一个记录进行描述,这个记录就是数据。对于学生档案,如果人们关心学生的姓名、性别、年龄、出生年月、籍贯、所在系别、入学时间,则可以这样描述:(张兵,男,21,1994.10,辽宁,计算机系,2015)。

由此可以看到,数据是对人们所感兴趣的特征的描述,而不是事物的所有特征的描述。

对于上面的记录(数据),了解其含义的人会得到下面的信息:张兵是个大学生,1994年10月生,21岁,男,辽宁人,2015年考入计算机系。而不了解其语义的人则无法理解其含义。可见,数据的形式还不能完全表达其内容,需要经过解释。

数据和关于数据的解释是不可分的,数据的解释指对数据含义的说明,数据的含义称为数据的语义,数据与其语义是不可分的。

2. 数据模型

数据模型是对事物、对象、过程等客观系统中人们感兴趣的内容的模拟和抽象表达,是理解系统的思维工具。借助模型可以使复杂问题变得易于处理和掌握,例如,通过建筑设计沙盘模型可以方便地了解一个建筑群的基本布局结构。

数据模型也是一种模型,是对现实世界数据特征的抽象。数据模型,首先要真实地反映现实;其次要易于理解,要和人们对外部事物的认识相一致;最后要便于实现,方便计算机进行处理。

3. 数据库

数据库(Database,DB)指长期存储在计算机内,有组织的、可共享的数据集合。数据库中的数据按一定数据模型组织、描述和存储,具有较小的冗余度、较高的数据独立性和易扩展性,并可以为各种用户共享。

4. 数据库管理系统

在收集并抽取一个应用所需要的大量数据之后,还需要科学地组织这些数据,并将其存储在数据库中,对其进行高效的处理。这需要一个软件系统,即数据库管理系统(Database Management System,DBMS)。数据库管理系统即用户购买的数据库软件,如SQL Server、Oracle、DB2等,是位于用户和操作系统之间的一层数据管理软件。

数据库在建立、应用和维护时,由数据库管理系统统一管理、统一控制。数据库管理系统使用户能方便地定义数据和操纵数据,并保证数据的安全性和完整性,提供多用户对数据访问时的并发控制,当出现故障时实现系统恢复。

5. 数据库系统

数据库系统(Database System,DBS)指在计算机系统中引入数据库后的系统构成,一般由数据库、数据库管理系统(及其开发工具)、应用系统、数据库管理员和用户构成,如图1.4所示。

应当特别指出的是,数据库的建立、使用和维护等工作,只靠一个 DBMS 远远不够,还要有专门的人员来完成,这些人员被称为数据库管理员(DataBase Administrator,DBA)。

在不引起混淆的情况下,人们常把数据库系统简称为数据库。

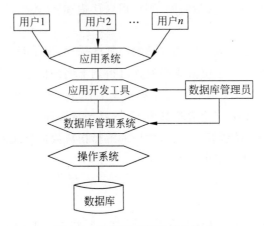

图 1.4　数据库系统的基本构成

1.3　数据模型

模型是对现实世界的抽象。在数据库技术中,常用数据模型来描述数据库的结构和语义,对现实世界的数据进行抽象。数据模型描述了数据及其联系的组织方式、表达方式和存取路径,现有的数据库系统均是基于某种数据模型的,因而,了解数据模型的基本概念是学习数据库的基础。

由于计算机不可能直接处理现实世界的具体事物,所以,人们必须事先把具体的事物通过抽象化转换成计算机能够处理的数据模型。根据模型应用的目的不同,可以将数据模型分成以下属于不同层次的 3 类。

(1)概念模型。

概念模型也称信息模型。它按用户的观点来对数据和信息建模,主要用于数据库设计,不涉及信息在计算机系统中的表示,只是用来描述特定组织所关心的信息结构。这类模型强调其语义表达能力,概念应该简单、清晰,易于用户理解,是数据库设计人员和用户之间进行交流的工具。著名的实体-联系模型是概念模型的代表。

(2)逻辑模型。

逻辑模型是按计算机系统的观点对数据建模,是直接面向数据库的逻辑结构。通常数据库语言有一组严格定义的、无二义性的语法和语义,人们使用这种语言来定义、操纵数据库中的数据。应用程序员是基于逻辑模型编程的,每种数据库管理系统(DBMS)都支持一种逻辑模型。数据库系统中最主要的逻辑模型有层次模型、网状模型、关系模型、面向对象模型和对象-关系模型等。

(3)物理模型。

物理模型是对数据底层的抽象,它描述数据在磁盘或磁带上的存取方法,是面向计算机系统的。物理模型的具体实现是 DBMS 和操作系统（OS）的任务，在使用支持关系模型的 DBMS 时，用户不必考虑物理级的细节。

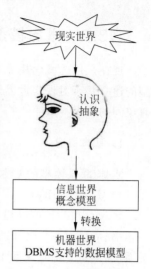

图 1.5 数据建模过程

从现实世界到概念模型的抽象和从概念模型到逻辑模型的转换是由数据库设计人员完成的，从逻辑模型到物理模型的转换是由 DBMS 完成的，一般人员只需要了解逻辑模型就行了。为此，首先将现实世界抽象为信息世界，然后将信息世界抽象为机器世界。换言之，首先把现实世界中的客观对象抽象为某一信息结构，这种结构不依赖具体的计算机系统，不是某一个 DBMS 支持的数据模型，而是概念级的模型；然后，再把概念模型转换成计算机上某一 DBMS 支持的逻辑模型，如图 1.5 所示。所得到的数据模型应该满足的基本要求为：能够比较真实地模拟现实世界；容易让人理解；便于在计算机上实现。

1.3.1 数据模型的组成要素

一般来讲，数据模型是严格定义的一组概念的集合。这些概念集合必须能够精确地描述系统的静态特性、动态特性和完整性约束条件。因此，数据模型通常都由数据结构、数据操作和数据的约束条件 3 个要素组成。

1. 数据结构

数据结构是刻画一个数据模型最重要的方面，用于描述系统的静态特性，它是所研究的对象类型的集合，这些对象是数据库的组成成分。它们包括两类：一类是与数据类型、内容和性质有关的对象，如网状模型中的数据项、记录，关系模型中的域、属性和关系等；另一类是与数据之间联系有关的对象，如网状模型中的系型（Set Type）。

在数据库系统中，人们通常按照其数据结构的类型来命名数据模型，如数据结构有层次结构、网状结构和关系结构三种类型，按照这三种结构命名的数据模型分别称为层次模型、网状模型和关系模型。

2. 数据操作

数据操作用于描述系统的动态特性，是数据库中对数据允许执行的各种操作及相应的操作规则的集合。数据库主要有检索（查询）和更新（插入、删除和修改等）两大类型的操作。数据模型必须定义这些操作的确切含义、操作规则以及实现操作的语言。

3. 数据的约束条件

数据的约束条件是一组完整性规则的集合，完整性规则是给定的数据模型中数据及其联系所具有的制约和依存规则，用以限定符合数据模型的数据库状态以及状态的变化，以保证数据的完整性和一致性。

数据模型还应该提供定义完整性约束条件的机制，以反映具体应用涉及的数据所必须遵守的特定语义约束条件。例如，在员工数据库中，员工年龄不得超过 65 岁。

1.3.2　概念模型

现在采用的概念模型主要是实体-联系(Entity-Relationship,E-R)模型。实体-联系模型的建立基于对现实世界的这样一种认识:现实世界由一组称为实体的基本对象以及这些对象间的联系构成。

1. 基本概念

实体-联系模型的基本要素是实体、联系和属性,下面分别介绍这3种基本要素。

1) 实体(Entity)

客观存在并且可以相互区别的事物称为实体,实体可以是可触及的对象,如一个学生、一本书、一辆汽车;也可以是抽象的概念或联系,如一堂课、一次比赛、教师与所在系的工作关系(即某位老师在某系工作)等。

一个数据库通常存储很多类似的实体。例如,一所大学有上千名教师,需要在数据库中存储每位教师的信息,而所有教师的信息都是类似的,如姓名、年龄等。这些教师实体具有相同的属性,但是对于不同的教师,这些属性的值不同。将具有相同属性的一类实体抽象为一个实体型(Entity Type)。实体型由一个实体型名字和一组属性来定义,如学生(姓名、性别、年龄、出生年月、籍贯、所在系别、入学时间)就是一个实体型。实体型的定义称为实体模式,用来描述一组实体的公共结构。实体型所表示的实体集合中的任一实体称为该实体型的实例,简称实体。同型实体的集合称为实体集(Entity Set),如全体学生、所有课程都是一个实体集。

2) 属性(Attributes)

实体的某一特性称为属性,如学生实体有姓名、性别、年龄、出生年月、籍贯、所在系别、入学时间等方面的属性。

属性有"型"和"值"之分,"型"即为属性名,如姓名、性别、年龄等是属性的型;"值"即为属性的具体内容,如张兵、男、21、1994、10、辽宁、计算机系、2015,这些属性值的集合表示了一个学生实体。

3) 联系(Relationship)

在现实世界中,事物内部以及事物之间是有联系的,这些联系同样也要抽象和反映到信息世界中,在信息世界中将被抽象为实体型内部的联系和实体型之间的联系。实体型内部的联系通常指组成实体的各属性之间的联系;实体型之间的联系通常指不同实体集之间的联系。

两个实体集之间的联系可以分为3种,如图1.6所示。

(1) 一对一联系(1∶1)。

实体集 A 中的一个实体至多与实体集 B 中的一个实体相对应,反之亦然,则称实体集 A 与实体集 B 为一对一联系,记作1∶1,如班级与班长、观众与座位、患者与床位。

(2) 一对多联系($1∶n$)。

实体集 A 中的一个实体与实体集 B 中的多个实体相对应,反之,实体集 B 中的一个实体至多与实体集 A 中的一个实体相对应,则称实体集 A 与实体集 B 为一对多联系,记作 $1∶n$,如班级与学生、公司与职员、省与市。

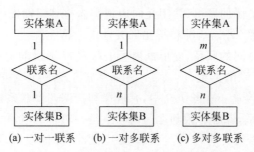

(a) 一对一联系　(b) 一对多联系　(c) 多对多联系

图 1.6　两个实体型之间的 3 种联系

（3）多对多联系（$m:n$）。

实体集 A 中的一个实体与实体集 B 中的多个实体相对应，反之，实体集 B 中的一个实体与实体集 A 中的多个实体相对应，则称实体集 A 与实体集 B 为多对多联系，记作 $m:n$。如教师与学生、学生与课程、工厂与产品。一个教师可以教授多个学生，一个学生可以有多位老师；一个工厂可以生产多种产品，同一种产品可以由多个工厂生产。

实际上，一对一联系是一对多联系的特例，而一对多联系又是多对多联系的特例。

两个以上不同实体型之间也存在着一对一、一对多、多对多联系，如三个实体型：供应商、项目、零件。一个供应商可以供给多个项目多种零件，而每个项目都可以使用多个供应商供应的零件，每种零件均可由不同的供应商供给，由此可以看出供应商、项目、零件三者之间是多对多联系，如图 1.7 所示。要注意，三个实体型之间的多对多联系和三个实体型两两之间的多对多联系的语义是不同的。

同一个实体集内的各实体之间也可以存在一对一、一对多、多对多的联系，如职工实体集内部具有领导与被领导的联系，即某一职工（干部）领导若干名职工，而一个职工仅被另外一个职工直接领导，因此这是一对多的联系，如图 1.8 所示。

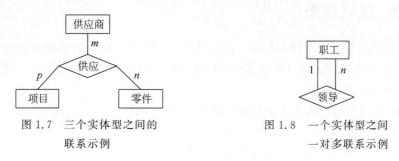

图 1.7　三个实体型之间的　　　　图 1.8　一个实体型之间
　　　联系示例　　　　　　　　　　　　一对多联系示例

2．概念模型的表示方法

概念模型的表示方法很多，其中最为著名、使用最为广泛的是 P. P. Chen 于 1976 年提出的实体-联系方法（Entity-Relationship Approach，E-R 图）法。该方法提供了表示实体型、属性和联系的方法，来描述现实世界的概念模型。E-R 图也称为 E-R 模型。E-R 图中的表示方式如下。

（1）用长方形表示实体型，在框内写上实体名。如图 1.9 中所示的 E-R 图包含了学生、课程和教师 3 个实体。

（2）用椭圆形表示实体的属性，并用无向边把实体与其属性连接起来。如图 1.9 所示，学生具有学号、姓名、性别、外语语种和所在班级号 5 个属性。

（3）用菱形表示实体间的联系，菱形框内写上联系名，用无向边把菱形分别与有关实体连接，在无向边旁标上联系的类型（1∶1，1∶n，m∶n）。若实体之间联系也有属性，则把属性和菱形也用无向边连接上。在图 1.9 中，有选课和授课两个联系，分别表示学生和课程之间的联系是多对多的联系，课程和教师之间的联系是一对多的联系。其中，选课具有成绩属性，授课具有上课地点属性。有时将各实体及其属性，实体及其联系分别用两张 E-R 图表示。

E-R 图有助于软件系统的数据表示部件的建模。然而，数据表示只是整个系统设计的一部分。其他部分包括系统用户界面的建模、系统功能模块的规范，以及它们之间的交互等。统一建模语言（UML）为对软件系统的不同部分建模提供了标准。

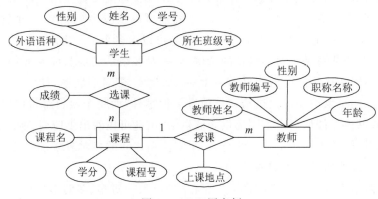

图 1.9　E-R 图实例

1.3.3　逻辑模型

常用的逻辑模型有层次模型（Hierarchical Model）、网状模型（Network Model）和关系模型（Relational Model）。这 3 种数据模型的根本区别在于数据结构不同，即数据之间联系的表示方式不同。

（1）层次模型用树结构来表示数据之间的联系。

（2）网状模型用图结构来表示数据之间的联系。

（3）关系模型用二维表来表示数据之间的联系。

其中层次模型和网状模型是早期的数据模型，统称为非关系模型。

图 1.10　基本层次联系

在非关系模型中，实体用记录表示，实体之间的联系可转换成记录之间的两两联系。非关系模型的基本单位是基本层次联系。所谓基本层次联系，是指两个记录以及它们之间的一对多（包括一对一）的联系，如图 1.10 所示。

20 世纪 70 年代至 80 年代初，非关系模型的数据库系统非常流行，在数据库系统产品中占据了主导地位，现在已逐渐被基于关系模型的数据库系统取代。

1. 层次模型

层次模型是数据库系统中最早出现的数据模型,采用层次模型的数据库的典型代表是IBM公司的IMS(Information Management System)数据库管理系统,现实世界中,许多实体之间的联系都表现出一种很自然的层次关系,如家族关系、行政机构等。

层次模型用一棵有向树的数据结构来表示各类实体以及实体间的联系,其数据结构具有如下的特点。

(1) 有且只有一个结点没有双亲结点,这个结点称为根结点。

(2) 除根结点以外,其他结点有且只有一个双亲结点。

如图1.11所示,结点A为根结点,B1、B2、C1、C2为叶结点,B1和B2是兄弟结点。以此类推,在树中,每个结点表示一个记录类型,结点间的连线(或边)表示记录类型间的关系,每个记录类型可包含若干个字段,记录类型描述的是实体,字段描述实体的属性,各个记录类型及其字段都必须命名。图1.12所示是根据图1.11构造出的一个系教学层次模型实例。

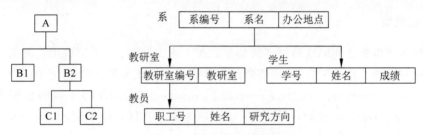

图1.11 层次模型的示意图和系教学层次模型

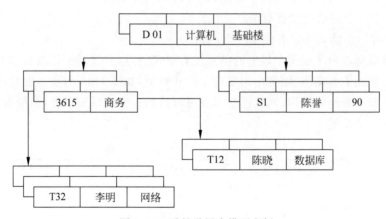

图1.12 系教学层次模型实例

如果要存取某一记录型的记录,可以从根结点起按照有向树的层次向下查找。任何一个给定的记录值,只有按照其路径查看时,才能显出它的全部意义。没有一个子女记录值能够脱离双亲而独立存在。

层次模型的数据操纵主要有查询、插入、删除和修改,进行插入、删除和修改操作时要满足层次模型的完整性约束条件。

(1) 进行插入操作时,如果没有相应的双亲结点值,就不能插入子女结点值。

(2) 进行删除操作时,如果删除双亲结点值,则相应的子女结点值也被同时删除。

(3) 进行修改操作时,应修改所有相应的记录,以保证数据的一致性。

层次模型的优点主要有以下 3 点。

(1) 比较简单,只需几条命令就能操纵数据库,容易使用。

(2) 结构清晰,结点间联系简单,只要知道每个结点的双亲结点,就可知道整个模型结构。现实世界中许多实体间的联系本来就呈现出一种很自然的层次关系,如行政层次、家族关系等。

(3) 提供了良好的数据完整性支持。

层次模型的缺点主要有以下 3 点。

(1) 不能直接表示两个以上的实体型间的复杂联系和实体型间的多对多联系,只能通过引入冗余数据或创建虚拟结点的方法来解决,易导致不一致性。

(2) 对数据的插入和删除的操作限制太多。

(3) 查询子女结点必须通过双亲结点。

2. 网状模型

现实世界中事物之间的联系更多的是非层次关系的,用层次模型表示这种关系很不直观。网状模型克服了这一弊病,可以清晰地表示这种非层次关系。20 世纪 70 年代,数据系统语言研究会(Conference On Data System Language,CODASYL)下属的数据库任务组(Data Base Task Group,DBTG)提出了一个系统方案——DBTG 系统,也称 CODASYL 系统,成为网状模型的代表。

网状模型取消了层次模型的两个限制,允许以下两种情况:

(1) 有一个以上的结点没有双亲。

(2) 至少有一个结点可以有多于一个双亲。

即网状模型允许两个或两个以上的结点没有双亲结点,允许某个结点有多个双亲结点,则此时有向树变成了有向图,该有向图描述了网状模型,如图 1.13 所示。因此,网状模型是一种比层次模型更普遍的结构,网状模型可以更直接地去描述现实世界,而层次模型实际上是网状模型的一个特例。

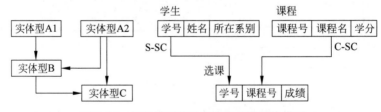

图 1.13　网状模型的示意图和选课网络模型

网状模型中每个结点表示一个记录型(实体),每个记录型可包含若干个字段(实体的属性),结点间的连线表示记录类型(实体)间的父子关系。图 1.14 所示是根据图 1.13 中的选课网络模型构造出的一个网状模型实例。

网状模型的数据操纵主要有查询、插入、删除和修改数据。一般来说,网状数据模型没有层次模型那样严格的完整性约束,但是具体的网状数据库系统(如 DBTG)对数据的操纵

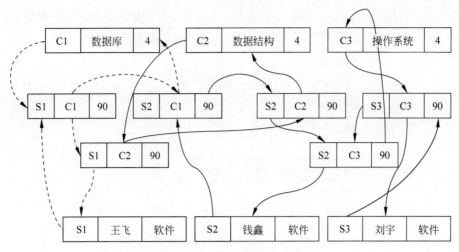

图 1.14 选课网络模型实例

都加了一些限制,提供了一些完整性约束。例如,有些子女只有在双亲记录存在时才能插入,双亲记录删除时也连同删除。

网状模型的优点主要有以下两点。

(1) 能更为直接地描述客观世界,可表示实体间的多种复杂联系。

(2) 具有良好的性能和存储效率。

网状模型的缺点主要有以下两点。

(1) 结构复杂,其数据定义语言极其复杂。

(2) 数据独立性差,由于实体间的联系本质上是通过存取路径表示的,因此应用程序在访问数据时要指定存取路径。因此,用户必须了解系统结构的细节,这也加重了编写应用程序的负担。

3. 关系模型

关系模型是发展较晚的一种模型。1970 年美国 IBM 公司的研究员 E. F. Codd 首次提出了数据库系统的关系模型。在商用数据处理应用中,关系模型已经成为当今主要的数据模型。之所以占据主要地位,是因为与网络模型或层次模型相比,关系模型以其简易性简化了编程者的工作。

具有关系模型的数据库称为关系数据库。关系数据库已成为目前应用最广泛的数据库系统,如现在被广泛使用的数据库管理系统 DB2、Oracle、MySQL、SQL Server 等都是关系数据库系统。

关系数据库是表(Table)的集合,每个表有唯一的名字。表这个概念和数学上的关系这个概念是密切相关的,这也是关系数据库名称的由来。关系模型比 E-R 模型的抽象层次更低。数据库设计通常基于 E-R 模型来进行,然后再转化成关系模型。因此,以图 1.9 的教学实体模型为例,来构造其关系模型(见图 1.15)及一个实例(如图 1.16 所示,图中仅仅给出了学生关系的一个实例)。

数据库中有两套标准的术语。一套用的是表、列、行。另一套用的是关系(对应表)、元组(对应行)、属性(对应列)。

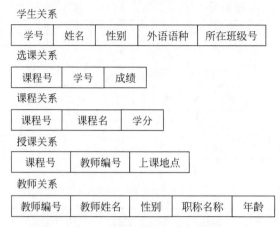

图 1.15　选课数据的关系模型

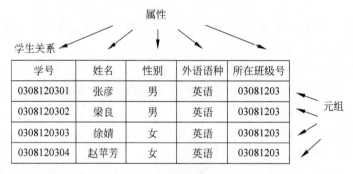

图 1.16　选课关系模型实例

在关系模型中,实体是用关系来表示的,如:

学生关系(学号,姓名,性别,外语语种,所在班级号)
课程关系(课程号,课程名,学分)

实体间的联系也是用关系来表示的,如,学生和课程之间的联系:

选课关系(课程号,学号,成绩)

从数学角度来看,一个关系是一个集合,集合的名称是关系名,集合中的元素是关系的一个元组,每个元组都有相同的结构,即关系模型。但是关系和集合又不同。关系模型要求关系必须是规范化的,即要求关系必须满足一定的规范条件,下一章将从集合论角度来研究关系的某些特性。

关系数据模型的数据操纵主要有查询、插入、删除和修改。操作必须满足完整性约束条件,主要包括实体完整性约束、参照完整性约束和用户自定义的完整性约束。

在数据库的物理结构中,表以文件形式存储,每种表通常对应一种文件结构。

关系模型的优点主要有以下 3 点。

(1) 与非关系模型不同,它有较强的数学理论根据。

(2) 数据结构简单、清晰,用户易懂易用,不仅用关系描述实体,而且用关系描述实体间的联系。

（3）关系模型的存取路径对用户透明，从而具有更高的数据独立性、更好的安全保密性，也简化了程序员的工作和数据库建立和开发的工作。

关系模型的主要缺点是，由于存取路径对用户透明，查询效率往往不如非关系模型，因此，为了提高性能，必须对用户的查询表示进行优化，这增加了开发数据库管理系统的负担。

关于关系模型更详细的内容将在第2章介绍。

通过上面的讨论，可以看出，3种逻辑模型之间有明显的差别。关系模型与网状模型及层次模型不同的地方在于关系模型不使用指针或链接，而是通过记录所包含的值把数据联系起来的。这样做的好处是可以使关系模型具有规范的数学基础，同时，集合理论又给了关系模型以巨大的理论支持，而网状模型与层次模型在表示数据之间的联系时，都使用了链接。

1.4 数据库的系统结构

在1975年公布的研究报告中，ANSI/X3/SPARC的数据库管理系统研究组把数据库分为三级：外模式、逻辑模式和内模式，如图1.17所示。

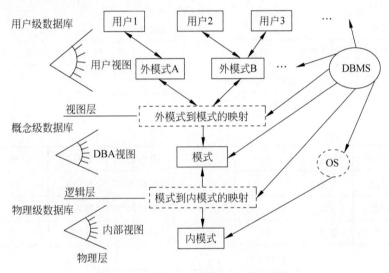

图1.17　数据库系统的三级模式结构

当今流行的数据库产品很多，它们支持不同的数据模型，使用不同的数据库语言，建立在不同的操作系统上，数据的存储结构也各不相同，但体系结构基本上都呈现三级结构的特征。因此，掌握数据库的三级结构及其联系与转换是深入学习数据库的必经之路。

1.4.1 数据库的三级模式结构

1. 模式（Schema）

模式也称逻辑模式，描述数据库中存储什么数据及这些数据间存在什么关系。这样，模式就通过少量相对简单的结构描述了整个数据库。它是数据库系统结构的中间层，既不涉及数据的物理存储细节和硬件环境，也与具体的应用程序、所使用的应用开发工具和环境无关。模式对所有用户的数据进行综合抽象,而得到统一的全局数据视图,是所有用户视图的一个最小并集。一个数据库系统只能有一个逻辑模式。

数据库管理系统提供了数据定义语言(Data Define Language,DDL)来定义数据库的模式。其定义的内容包括一个系统中的所有数据、数据之间的关系以及数据的完整性要求。

2. 外模式(External Schema)

外模式也称为子模式或用户的数据视图,是用户与数据库的接口。因此每个用户均必须使用一个外模式,但多个用户(特别是同类型的用户)也可以使用同一个外模式。外模式完全按用户自己对数据的需要,站在局部角度进行设计。由于一个数据库系统有多个用户,所以,就可能有多个外模式。由于外模式是面向用户或程序设计的,所以它也被称为用户数据视图。从逻辑关系上看,外模式是模式的一个逻辑子集(当然也可以是整个模式)。从模式用某种规则可以推导出多个不同的外模式。例如对于教学数据库,学生可能仅关心他们将要修的课程由哪位老师来讲授,学分是多少以及老师的相关信息(老师的大部分信息要对学生隐藏),他们还关心修过课程的成绩。根据学生的需求,就可以为学生建立一个外模式,如图1.18所示。

课程关系

课程名	授课老师	学分

选课关系

学号	课程名	成绩

教师关系

教师姓名	职称名称	年龄

课程关系

操作系统	刘建国	4
数据结构	王萍	4
数据库	陈嘉	4
汇编语言	张川	3

选课关系

0308120301	数据库	90
0308120302	数据库	86
0308120303	数据库	83
0308120304	数据库	92

教师关系

刘建国	副教授	45
王萍	教授	55
陈嘉	讲师	30
张川	讲师	25

图1.18　学生用户子模式及实例

外模式使用外模式DDL语言进行定义,该定义主要涉及对外模式的数据结构、数据域、数据构造规则及数据的安全性和完整性等属性的描述。外模式在数据组成(数据项的个数及内容)、数据间的联系、数据项的型(数据类型和数据长度)、数据名称等方面与模式不同,也在数据的安全性和完整性方面与模式不同。

3．内模式（Internal Schema）

内模式抽象地描述数据如何在物理存储设备上存储。数据库的内模式包括两个方面：一方面是存储策略的描述，包括数据和索引的存储方式、存储记录的描述、记录定位方法等；另一方面是存取路径的描述，包括索引的定义、Hash 结构定义等。但更具体的物理存储细节如从磁盘读、写某些数据块等，内模式一般不予考虑，而是交给操作系统完成。

内模式使用内模式 DDL 语言进行定义。内模式 DDL 不仅能够定义数据的数据项、记录、数据集、索引和存取路径在内的一切物理组织方式等属性，同时还要规定数据的优化性能、响应时间和存储空间需求，规定数据的记录位置、块的大小与数据溢出区等。

数据库的三级模式结构具有如下优点。

（1）保证数据的独立性。将模式和内模式分开，保证了数据的物理独立性；将外模式和模式分开，保证了数据的逻辑独立性。

（2）简化了用户接口。按照外模式编写应用程序或输入命令，而不需要了解数据库内部的存储结构，方便用户使用系统。

（3）有利于数据共享。在不同的外模式下，可有多个用户共享系统中数据，减少了数据冗余。

（4）有利于数据的安全保密。由于用户使用的是外模式，用户只能对自己需要的数据进行操作，数据库的其他数据与用户是隔离的，这样有利于数据的安全和保密。

数据库系统的三级模式是对数据的三个抽象级别，它使用户能逻辑地抽象处理数据，而不必关心数据在计算机内部的存储方式，把数据的具体组织交给 DBMS 管理。

1.4.2　数据库的二级映像功能与数据独立性

为了能够在内部实现这三个抽象层次的联系和转换，DBMS 在三级模式之间提供了二级映像功能。

1．模式/内模式映像

此映像主要给出概念级数据与物理级数据的对应关系。数据库中的模式和内模式都只有一个，所以模式/内模式映像是唯一的，它确定了数据的全局逻辑结构与存储结构之间的对应关系。这种对应关系主要表现在两方面：一方面是数据结构的交换，即逻辑记录及组成记录的数据项如何对应到内部记录和数据项上去；另一方面是逻辑数据如何在物理设备上定位。

例如，当存储结构变化时（如存储设备、文件组织方法，存储位置等发生变化），只要修改模式/内模式映像即可，而模式不受到影响，即把存储结构的变化所产生的影响限制在模式下，这使数据的存储结构和存储方法较高的独立于应用程序，通过映像功能保证数据存储结构的变化不影响数据的全局逻辑结构的改变，从而不必修改应用程序，即确保了数据的物理独立性。

2．外模式/模式映像

数据库中的同一模式可以有任意多个外模式，对于每个外模式都存在一个外模式/模式映像，它确定了数据的局部逻辑结构与全局逻辑结构之间的对应关系。外模式中某些数据项甚至是由模式的若干数据项导出的,在数据库中并不真实存在。因此每个外模式对应的映射中,都需要说明外模式中的记录类型和数据项如何对应着模式中的记录、数据项以及导出的规则步骤(若为导出项)。

例如,在原有的记录类型之间增加新的联系,或在某些记录类型中增加新的数据项时,使数据的总体逻辑结构改变,外模式/模式映像也发生相应的变化。这一映像功能保证了数据的局部逻辑结构不变,由于应用程序是依据数据的局部逻辑结构编写的,所以应用程序不必修改,从而保证了数据与程序间的逻辑独立性。

需要说明的是,数据模型与数据模式是不一样的。数据模型是某一类数据的结构和特性的说明,是描述数据的手段。数据模型与数据模式不应混淆,正像不应把程序设计语言和用程序设计语言所写的一段程序混为一体一样。举例来说,关系数据库是模型,而每个具体数据库文件结构是模式。

1.5   数据库管理系统

数据库管理系统(DBMS)由互相关联的数据的集合和一组用以访问这些数据的程序组成,是数据库系统的核心组成部分。用户在数据库系统中的一切操作,包括数据定义、查询、更新及各种控制,都是通过 DBMS 进行的。

1.5.1   数据库管理系统的主要功能

DBMS 的主要职责就是有效地实现数据库三级之间的转换,即把用户(或应用程序)对数据库的一次访问从用户级带到概念级,再导向物理级,转换为对存储数据的操作。因此其功能应包括下面 5 类。

(1) 数据定义功能。

DBMS 提供数据定义语言 DDL,定义数据的逻辑模式、外模式和内模式三级模式结构,定义逻辑模式、内模式和外模式、逻辑模式二级映像,定义有关的约束条件。例如,为保证数据库安全而定义的用户口令和存取权限,为保证正确语义而定义完整性规则。数据定义功能负责将这些模式的源形式转换成目标形式,存在系统的数据字典中,供以后操作或控制数据时查用。

(2) 数据操纵功能。

DBMS 提供数据操纵语言(Data Manipulation Language,DML)以实现对数据库的基本操作,包括检索、插入、修改、删除等,SQL 语言就是 DML 中的一种。

(3) 数据库运行管理功能。

DBMS 对数据库的控制主要有数据的安全性控制、数据的完整性控制、多用户环境下的并发控制和数据库的恢复实现,以确保数据正确有效和数据库系统能正常运行。

(4) 数据库的建立和维护功能。

DBMS 对数据库的建立和维护功能包括数据库初始数据的装入,数据库的转储、恢复、重组织,系统性能监视、分析等功能。

(5) 数据通信功能。

DBMS 提供与其他软件系统进行通信的功能。实现用户程序与 DBMS 之间的通信通常由操作系统协调完成。

1.5.2 数据库管理系统的程序组成

从程序的角度来看,DBMS是完成上述各项功能的许多程序模块组成的一个集合。其中一个或几个程序一起完成DBMS的一件工作,或一个程序完成几件工作,以设计方便和系统性能良好为原则,因此各个DBMS的功能不完全一样,包含的程序也不等。其主要程序有如下4种。

(1) 语言编译处理程序。

数据定义语言DDL及其编译程序:将用DDL编写的各级源模式编译成各级目标模式,这些目标模式是对数据库结构信息的描述,而不是数据本身,它们被保存在数据字典中,供以后数据操纵或数据控制时使用。

数据操纵语言DML及其编译程序:实现对数据库的基本操作。DML有两类:一类是宿主型,嵌入在高级语言中,不能单独使用;另一类是自主型或自含型,可独立地交互使用。

(2) 系统运行控制程序。

系统总控程序:DBMS运行程序的核心,用于控制和协调各程序的活动。

安全性控制程序:防止未被授权的用户存取数据库中的数据。

完整性控制程序:检查完整性约束条件,确保进入数据库中的数据的正确性、有效性和相容性。

并发控制程序:协调多用户、多任务环境下各应用程序对数据库的并发操作,保证数据一致性。

数据存取和更新程序:实施对数据库数据的检索、插入、修改、删除等操作。

通信控制程序:实现用户程序与DBMS间的通信。

(3) 系统建立、维护程序。

装配程序:完成初始数据库的数据装入。

重组程序:当数据库系统性能变坏时(如查询速度变慢),需要重新组织数据库,重新装入数据。

系统恢复程序:当数据库系统受到破坏时,将数据库系统恢复到以前某个正确的状态。

(4) 数据字典(Data Dictionary,DD)。

用来描述数据库中有关信息的数据目录,包括数据库的三级模式、数据类型、用户名、用户权限等有关数据库系统的信息,起着系统状态的目录表的作用,帮助用户、DBA、DBMS本身使用和管理数据库。

1.5.3 用户访问数据的过程

用户对数据库进行操作,是由DBMS把操作从应用程序带到外部级、逻辑级,再导向内部级,进而通过操作系统操纵存储器中的数据。同时,DBMS为应用程序在内存开辟一个数据库的系统缓冲区,用于数据的传输和格式的转换。而三级结构定义存放在数据字典中。现以用户通过应用程序读取一个记录为例,说明用户访问数据过程中的主要步骤,如图1.19所示。

（1）用户在应用程序中首先要给出他使用的子模式名称，而后在需要读取记录处嵌入一个用数据操作语言书写的读记录语句（其中给出要读记录的关键字值或其他数据项值）。当应用程序执行到该语句时，即转入 DBMS 的特定程序，或向 DBMS 发出读记录的命令。

（2）DBMS 按照应用程序的子模式名，查找子模式表，通过子模式到模式映射，确定对应的模式名称。可能还要检验操作的合法性，核对用户的访问权利，如果通不过，则拒绝执行该操作，并向应用程序状态字回送出错状态信息。

（3）DBMS 按模式名查阅模式表，找到对应的目标模式，从中确定该操作所涉及的记录类型，并通过模式到存储映射（往往也在模式中）找到这些记录类型的存储模式。这里还有可能进一步检查操作的有效性、保密性。如通不过，则拒绝执行该操作并回送出错状态信息。

（4）DBMS 查阅存储模式，确定应从哪个物理文件、区域、设备、存储地址，调用哪个访问程序去读取所需记录。

（5）DBMS 的访问程序找到有关的物理数据块（或页面）地址，向操作系统发出读块（页）操作命令。

（6）操作系统收到该命令后，启动联机 I/O 程序，完成读块（页）操作，把要读取的数据块或页面送到内存的系统缓冲区。

（7）DBMS 收到操作系统 I/O 结束回答后，按模式、子模式定义，将读入系统缓冲区的内容映射为应用程序所需要的逻辑记录，送到应用程序的工作区。

（8）DBMS 向应用程序状态字工作区回送反映操作执行结果的状态信息，如"执行成功""数据未找到"等。

（9）记载系统工作日志。

（10）应用程序检查状态字信息。如果执行成功，则可对程序工作区中的数据做正常处理；如果数据未找到或有其他错误，则决定程序下一步如何执行。

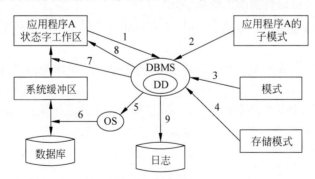

图 1.19   通过 DBMS 访问数据的步骤

从图 1.19 可以看出，DBMS 在数据访问过程中所起的核心作用。DBMS 的主要目标是使数据作为一种可管理的资源来处理。用户修改一个记录的操作步骤也是类似的。首先读出所需记录，在程序工作区中修改好，而后再把修改好的记录回写到数据库中原记录的位置上。

1.6 数据库及其应用前沿技术

数据库技术产生于 20 世纪 60 年代末 70 年代初,经过几十年的不断发展,数据库技术的理论研究和系统开发都取得了辉煌的成就。数据库技术不仅是计算机科学技术发展最快的领域之一,也是应用最为广泛的技术之一,它已成为现代计算机系统与智能应用系统的重要组成部分。

数据库技术与多学科技术的有机结合是当前数据库发展的重要特征。计算机领域中其他新兴技术的发展对数据库技术产生了重大影响。传统的数据库技术和其他计算机技术的融合、渗透,使新的数据库技术层出不穷。数据库的许多概念、技术内容、应用领域,甚至某些原理都有了重大的发展和变化。尤其是随着大数据时代的到来,大数据给数据管理、数据处理和数据分析提出了全面挑战。另外,数据库管理系统领域长期被外国产品所垄断。值得关注的是,近年来在国内科研人员和开发人员的共同努力下,国产的数据库产品也取得了巨大突破。

1.6.1 并行和分布式数据库

计算机技术的发展为信息资源利用的深度和广度带来了福音。另外,出现了数据库规模不断增大,数据库查询越来越复杂的情况,人们对数据库系统的性能提出了越来越高的要求。这样,基于单处理机系统的数据库系统就很难满足不断增长的性能要求,必须要求最大限度地利用并行计算机系统的软硬件资源,使用多个 CPU 以并行方式来提供数据服务。在多 CPU 的数据库系统体系结构中,有些是各 CPU 承担相同的数据库服务责任,物理上放在一起,如在同一大楼中,而且互相间可以高速通信;而在另一些体系结构中,CPU 是地理上分开的,如可能在不同的城市,并且相互间通过网络进行通信。物理上放在一起的多CPU 系统一般称为并行系统或并行体系结构,地理上分开的多 CPU 系统一般称为分布式系统。这两种体系结构在许多方面都有差别,而且许多数据库操作的基本概念都要依赖这些体系结构的差别。但是对于这种多 CPU 的数据库体系结构,各 CPU 提供相同的数据库服务。

1.6.2 数据仓库和数据挖掘

传统的数据库技术是单一的数据资源,它以数据库为中心,进行从事务处理、批处理到决策分析等各种类型的数据处理工作。然而,不同类型的数据处理有着不同的处理特点,以单一的数据组织方式进行组织的数据库并不能反映这种差别,满足不了数据处理多样化的要求。随着对数据处理认识的逐步加深,人们认识到计算机系统的数据处理应当分为两类,即以操作为主要内容的操作型处理和以分析决策为主要内容的分析型处理。操作型处理也称为事务处理,它是对数据库联机的日常操作,通常是对记录的查询、修改、插入、删除等操作。分析型处理主要用于决策分析,为管理人员提供决策信息,例如决策支持系统(DSS)和多维分析等。分析型处理与事务型处理不同,不但要访问现有的数据,而且要访问大量历史数据,甚至需要提供企业外部、竞争对手的相关数据。显然,在事务型环境中直接构造分析型应用是不合适的,建立在事务处理环境上的分析系统并不能有效地进行决策分析。要提高分析和决策的效率,就必须将分析型处理及其数据与操作型处理及其数据分离开来,把分析数据从事务处理环境中提取出来,按照处理的需要重新组织数据,建立单独的分析处理环境。数据仓库技术正是为了构造这种分析处理环境而产生的一种数据存储和数据组织技术。

数据仓库如同一座巨大的矿藏,有了矿藏而没有高效的开采工具是不能把矿藏充分开采出来的。数据仓库需要高效的数据分析工具来对它进行挖掘,因此,仅有引擎(DBMS)是不够的,工具同样重要,近年来发展起来的数据挖掘技术及其产品已经成为数据仓库矿藏开采的有效工具。数据挖掘是从超大型数据库或数据仓库中发现并提取隐藏在内部的信息的一种新技术,其目的是帮助决策者寻找数据间潜在的关联,发现被经营者忽略的要素,而这些要素对预测趋势、决策行为可能是非常有用的信息。数据挖掘技术涉及数据库、人工智能、机器学习、统计分析等多种技术。随着大数据时代的到来,数据的多样性和大量性促使着传统数据挖掘技术的发展,这使得数据挖掘不再仅仅被用于处理结构化的数据。数据挖掘技术未来的发展主要包括多种新型类型数据的挖掘,这使数据挖掘领域跨入了一个新的阶段。

1.6.3　移动数据库

移动数据库是在移动计算环境中的分布式数据库,其数据在物理上分散而在逻辑上集中,它涉及数据库技术、分布式计算技术、移动通信技术等多个学科领域。通俗地讲,移动数据库包括以下两层含义:人在移动时可以存取后台数据库数据或其副本;人可以带着后台数据库的副本移动。

在网络技术和无线通信技术飞速发展的今天,越来越多的移动办公人员希望随时随地,甚至在移动的过程中查询和更新数据库。数据库领域的移动化和在移动通信领域使用数据库进行数据处理代表了当今的两大趋势。

1.6.4　NoSQL

随着互联网的快速发展,大数据(Big data)也吸引了越来越多的关注。大数据是一种规模大到在获取、存储、管理、分析方面大大超出了传统关系型数据库系统能力范围的数据集合,具有海量的数据规模、快速的数据流转、多样的数据类型和价值密度低四大特征。大数据给传统的数据管理、数据处理和数据分析提出了全面挑战。正是在这样的背景下,2009年年初,研究人员提出了 NoSQL 数据库的概念。

最新的 NoSQL 官网对 NoSQL 的定义是主体符合非关系型、分布式、开放源码和具有横向扩展能力的下一代数据库。英文名称 NoSQL 本身的含义是 Not Only SQL,意指"不仅仅是 SQL"。NoSQL 数据库用来泛指非关系型的数据库,区别于关系型数据库。NoSQL 数据库与关系型数据库的区别有以下几点。

(1)传统关系型数据库采用约束技术来保证数据库中数据的一致性。然而,约束技术使得关系型的变更管理非常困难。即使只对关系型数据库中的一个数据模型做出很小的改动,也必须要十分小心地管理,也许还需要停机或降低服务水平。而 NoSQL 数据库极大地简化了约束条件,数据库的变更管理不再复杂。例如,同样插入一条数据,NoSQL 数据库的处理速度要比关系型数据库快许多。但是很明显,约束技术的缺失必然会带来一些不良的副作用。

(2) NoSQL 数据库没有采用类似 SQL 技术标准的统一操作语言来处理数据。NoSQL 数据库在处理数据方面也处于百花齐放的状态。这有利于不同特点的 NoSQL 技术的创新,但是也带来了可移植性问题,没有统一的数据库访问标准,也就意味着不同的 NoSQL 数据库产品在项目上无法很好地进行技术移植。

(3) NoSQL 数据库采用弱事务,或根本没有事务处理机制,这使得 NoSQL 数据库更易于在分布式系统上扩展。NoSQL 采取最终一致性原则,而不是关系型数据库中的 ACID 原则。这意味着如果在特定时间段内没有特定数据项的更新,则最终对其所有的访问都将返回最后更新的值,这样的处理方式势必会出现大量数据丢失问题。

(4) 为了应对不断膨胀的数据量和请求量问题,关系型数据库通常需要依靠昂贵的、更大型的专有服务器和存储系统来应对。这样的处理方式为关系型数据库应用企业带来了沉重的经济负担。但是,各种新类型的 NoSQL 数据库通常使用廉价的 Commodity Servers 集群来进行分布式数据处理,把大数据处理结果存放到不同服务器的硬盘上。使用 NoSQL 数据库,每吉字节的成本或每秒处理请求的成本都比使用 RDBMS 的成本低很多,这可以让企业花费更低的成本存储来处理更多的数据。

NoSQL 技术是为大数据的应用而研发的,是基于互联网上大数据应用而产生的新的一类数据库技术。虽然仅仅只有十余年的历程,但 NoSQL 技术发展极为迅猛。根据 NoSQL 官网的最新统计,已公布的 NoSQL 数据库已经达到 200 多种。常见的 NoSQL 数据库有 Redis、Hbase、Couchbase、LevelDB、MongoDB、Cassandra 等。

1.6.5　NewSQL

NewSQL 是最近几年才出现的一种新的数据库技术,其出现的目的是结合传统关系型数据库与 NoSQL 数据库技术的优点,实现在大数据环境下的数据存储和处理。NewSQL 数据库设计的目标是既能实现 NoSQL 数据库快速、高效的大数据处理能力,又能遵守关系型数据库的 SQL 标准和 ACID 原则。

NewSQL 数据库结合了关系型数据库和 NoSQL 数据库两者的优点,然而,目前大多数 NewSQL 数据库都是专有软件或仅适用于特定场景。因此,NewSQL 数据库的真正普及可能还需要一段时间。

最近热门的 NewSQL 数据库产品包括 PostgreSQL、SequoiaDB、SAPHANA、MariaDB、VoltDB、Clustri 等。

1.6.6　国产数据库

在大数据、云计算技术的推动下,用户对数据的重视程度不断提升,数据库管理系统已经成为软件产业的重要组成部分,是信息化过程中最重要的基础技术之一。振兴软件产业的前提是发展数据库软件产业。经过多年的数据库科研经验的积累,在国家高技术研究发展计划等一系列政策的支持下,一批优秀的研发成果逐渐被市场认可。2000 年,冯玉才教授创建了中国第一个数据库公司——武汉华工达梦数据库有限公司。此后,国内陆续成立了一批优秀的国产数据库企业,例如,早先的达梦数据库、南大通用数据库、人大金仓数据库、神舟通用数据库等。尤其是达梦公司采取了循序渐进、自主研发的技术道路,推出了具有完全自主知识产权的高性能达梦数据库管理系统(DM)。

1.7　本章小结

　　数据库是当代计算机系统的重要组成部分。本章通过对数据管理技术发展情况的介绍,阐述了数据库技术产生和发展的背景以及数据库系统的特点,同时,对数据库技术的一些基本概念进行了介绍。

　　由于计算机不可能直接处理现实世界的具体事物,所以必须事先把具体的事物通过抽象转换成计算机能够处理的数据模型。根据数据模型应用的目的不同,可以将数据模型分成3类,即概念模型、逻辑模型和物理模型。本章介绍了基于E-R图的概念模型表示方法和3种主要的逻辑数据模型,即层次模型、网状模型和关系模型。此外,本章还介绍了基于三级模式和两层映像的数据库基本体系结构,以及数据库管理系统的主要功能和组成等。

　　数据库系统是一个大家族,数据模型丰富多彩,新技术层出不穷,应用领域也变得日益广泛。本章简单介绍了数据库及其应用的前沿技术,包括并行和分布式数据库、数据仓库和数据挖掘技术、移动数据库技术、NoSQL数据库等。

　　数据库技术的发展是一个循序渐进的过程。在这个过程中,学术界的理论研究保证了数据库技术的先进性和可用性,而工业界的广泛应用则推动了数据库技术的迅猛发展。

习题 1

一、填空题

1. 数据管理技术经历了_____、_____和_____三个阶段。
2. 实体之间的联系可抽象为三类,它们是_____、_____和_____。
3. 数据库系统与文件系统的本质区别在于_____。
4. 根据数据模型的应用目的不同,数据模型分为_____、_____和_____。
5. 数据模型是由_____、_____和_____三部分组成的。
6. 按照数据结构的类型命名,逻辑模型分为_____、_____和_____。

二、简答题

1. 简述数据库系统管理数据的主要特点。
2. 简述关系模型的优缺点。
3. 简述数据库系统的三级模式结构,这种结构的优点是什么?
4. 数据库管理系统有哪些主要功能?
5. 为某百货公司设计一个E-R模型。要求:百货公司管辖若干连锁商店,每家商店都经营若干商品,每家商店都有若干职工,但每个职工只能服务于一家商店。

　　实体类型"商店"的属性有：店号、店名、店址、店经理。

　　实体类型"商品"的属性有：商品号、品名、单价、产地。

　　实体类型"职工"的属性有：工号、姓名、性别、工资。

　　在联系中应反映出职工参加某商店工作的开始时间、商店销售商品的月销售量。

　　试画出反映商店、商品、职工实体类型及其联系类型的 E-R 图。

6. 简述简单并行数据库和分布式数据库的概念和特点。

7. 数据仓库和一般的数据库相比，有什么不同之处？

8. 简述 NoSQL 数据库的优缺点。

第 2 章 关系数据库基本理论

关系数据库应用数学方法来处理数据库中的数据。最早将这类方法用于数据处理的是 1962 年 CODASYL 发表的"信息代数",之后在 1968 年,David Child 提出集合论数据结构。但系统而严格地提出关系模型的是美国 IBM 公司的 E. F. Codd。1970 年 6 月,他在美国计算机学会会刊 *Communications of ACM* 上发表了题为 *A Relational Mode of Data for Large Shared Data Banks*(用于大型共享数据库的关系数据模型)的论文,并获得了 1981 年的 ACM 图灵奖。1983 年,ACM 把这篇论文列为从 1958 年以来的四分之一个世纪中最具有里程碑式意义的 25 篇研究论文之一,因为这篇文章首次明确而清晰地为数据库系统提出了一种崭新的模型,即关系模型,开创了数据库系统的新纪元。由于关系模型简单明了,有坚实的数学基础,一经提出,立即引起学术界和产业界的广泛重视和响应,从理论与实践两方面对数据库技术产生了强烈的冲击。基于层次模型和网状模型的数据库产品很快走向衰败,一大批关系数据库系统很快被开发出来并迅速商品化,占领了市场,其取代速度之快是软件历史上罕见的。E. F. Codd 从 1970 年起连续发表了多篇论文,奠定了关系数据库的理论基础。

现在应用比较广泛的数据库,如 SQL Server 和 Oracle 等都是关系数据库管理系统。

2.1 关系模型概述

视频讲解

关系数据库系统是支持关系模型的数据库系统。

关系模型由 3 部分组成:关系数据结构、关系操作和关系的完整性约束。

1. 关系数据结构

关系模型的数据结构非常单一。在关系模型中,现实世界的实体以及实体间的各种联系均用关系来表示。在用户看来,关系模型中数据的逻辑结构是一张二维表。

2. 关系操作

关系模型中常用的关系操作包括:选择(Select)、投影(Project)、连接(Join)、除(Divide)、并(Union)、交(Intersection)、差(Difference)等查询操作,以及增加(Insert)、删除(Delete)、修改(Update)操作两大部分。查询操作是其中最重要的部分。

关系操作采用集合操作方式,即操作的对象和结构都是集合。这种操作方式也称一次一集合(Set-at-a-Time)的方式。相应地,非关系数据模型的数据操作方式称为一次一记录(Record-at-a-Time)的方式。

早期的关系操作能力通常用代数方法或逻辑方法来表示,分别称为关系代数和关系演算。关系代数是用对关系的运算来表达查询要求的方式。关系演算是用谓词来表达查询要求的方式。关系演算又可按谓词变元的基本对象是元组变量还是域变量,分为元组关系演算和域关系演算。关系代数、元组关系演算和域关系演算 3 种语言在表达能力上是完全等价的。

关系代数、元组关系演算和域关系演算全是抽象的查询语言,这些抽象的查询语言与具体的 DBMS 中实现的实际语言并不完全一样,但它们能用作评估实际系统中查询语言能力的标准或基础。实际的查询语言除了关系代数或关系演算的功能外,还提供了许多附加功能,例如集函数、关系赋值、算术运算等。

另外,还有一种介于关系代数与关系演算之间的语言 SQL(Structural Query Language)。SQL 不仅具有丰富的查询功能,而且具有数据定义和数据控制功能,是集查询、DDL、DML、DCL 于一体的关系数据语言。

以上这些关系数据语言的共同特点是语言具有完备的表达能力,是非过程化的集合操作语言,功能强,能够嵌入高级语言中使用。

3. 关系的完整性约束

关系模型允许定义 3 类完整性约束:实体完整性约束、参照完整性约束、用户自定义的完整性约束。其中,实体完整性和参照完整性约束是关系模型必须满足的完整性约束条件,被称为关系的两个不变性,应该由关系系统自动支持。用户自定义的完整性是应用领域需要遵循的约束条件,体现了具体领域中的语义约束。

2.2 关系数据结构及形式化定义

视频讲解

关系模型是建立在集合代数的基础上的,本节从集合论的角度给出关系数据结构的形式化定义。

2.2.1 关系及相关概念

1. 域

域是一组具有相同数据类型的值的集合。整数的集合、字符串的集合、全体学生的集合、$[0,1]$、大于或等于 0 且小于或等于 100 的正整数集合等,都可以是域。

2. 笛卡儿积

给定一组域 $D_1,D_2,\cdots,D_n$ 的笛卡儿积为:
$$D_1 \times D_2 \times \cdots \times D_n = \{(d_1,d_2,\cdots,d_n) \mid d_i \in D_i, i=1,2,\cdots,n\}$$
其中,笛卡儿积的每个元素 $(d_1,d_2,\cdots,d_n)$ 称作一个 n 元组(n-tuple),简称元组(Tuple)。

元组的每一个值 d_i 称作一个分量(Component)。

若 $D_i(i=1,2,\cdots,n)$ 的基数(元素数)为 m_i，则笛卡儿积的基数为：$m=\prod\limits_{i=1}^{n}m_i$

【例 2.1】　假设给出了两个域：

D_1 为学生集合 $(S)=\{s_1,s_2\}$

D_2 为课程集合 $(C)=\{c_1,c_2,c_3\}$

则 $D_1\times D_2$ 是一个二元组集合，元组个数为 2×3，是所有可能(学生,课程)的组合构成的元组集合。

该笛卡儿积可表示为表 2.1 所示的二维表的形式，表中的每行对应一个元组，表中的每列对应一个域。

表 2.1　D_1,D_2 的笛卡儿积

S	C
s_1	c_1
s_1	c_2
s_1	c_3
s_2	c_1
s_2	c_2
s_2	c_3

3. 关系(Relation)

笛卡儿积 $D_1\times D_2\times\cdots\times D_n$ 的子集称作在域 $D_1,D_2,\cdots,D_n$ 上的关系，用 $R(D_1,D_2,\cdots,D_n)$ 表示。

R 是关系的名字，n 是关系的度或目(Degree)。

当 $n=1$ 时，称该关系为单元关系(Unary Relation)。

当 $n=2$ 时，称该关系为二元关系(Binary Relation)。

关系中的每个元素是关系的元组，通常用 t 表示。

关系是笛卡儿积中有意义的子集，所以关系也可以表示为二维表。

由于域可以相同，为了加以区分，必须对每列取一个名字，称为属性(Attribute)。n 目关系必有 n 个属性。

表 2.2　关系 SC(S,C) 的 4 个元组

S	C
s_1	c_1
s_1	c_2
s_2	c_1
s_2	c_3

例如，可以在表 2.1 所示的笛卡儿积中取出一个子集来构造一个关系，现假设一个学生只可以选修两门课，则在 $D_1\times D_2$ 中，许多元组就是没有意义的。从中取出有意义的元组来构造关系 SC(S,C)，其中 SC 为关系名，属性名为域名 S、C，这样 SC 关系就包含 4 个元组，如表 2.2 所示。

关系可以分为 3 种类型。

(1) 基本关系(通常称为基本表或基表)：实际存在的表，是实际存在数据的逻辑表示。

(2) 查询表：查询结果对应的表。

(3) 视图表：由基本表或其他视图表导出的表，是虚表，不对应实际存储的数据。

4. 候选键(Candidate Key)

对于关系中的一个属性(或属性组合)，其值能唯一标识一个元组，若去掉此属性或从属性组合中去掉任何一个属性，它就不具有这一性质了，则称该属性(属性组合)为候选键。候选键也简称为键(Key)。

例如，在关系选课(学号,课程号,成绩)中，很明显，其中的课程号和学号的组合(学号,课程号)可以确定考试成绩。但是，从这个属性组合中去掉任意一个后就不具有这一性质了,所以属性组合(学号,课程号)是关系选课(学号,课程号,成绩)的候选键。

5. 主键(Primary Key)

在进行数据库设计时,如果一个关系有多个候选键,则选定其中的一个作为主键。需要注意的是,主键是我们在设计数据库时根据情况选定的。主键可以包含多个属性。

例如,关系学生(学号,姓名,性别,出生年份,院系,班级)中,学号可以确定姓名、性别、出生年份、院系、班级,但是如果假设学生不可以重名(当然事实上是可以的),那么姓名也可以唯一标识关系中的元组,也就是说,这时学号和姓名都可以作为候选键,即学生关系有两个候选键,可以任选其中一个作为主键。

6. 主属性(Primary Attribute)

候选键中的各属性称为主属性,即各个候选键的并集中的属性。

例如,关系选课(学号,课程号,成绩)中的候选键为(学号,课程号),则课程号和学号是主属性。在关系学生(学号,姓名,性别,出生年份,院系,班级)中,如果假设学生不可以重名,学号和姓名都是候选键,那么学号和姓名都是主属性。

相应地,不包含在任何候选键中的属性称为非主属性。

例如,在关系选课(学号,课程号,成绩)中,成绩为非主属性。在关系学生(学号,姓名,性别,出生年份,院系,班级)中,性别、出生年份、院系、班级都是非主属性。

7. 关系的性质

(1) 列是同质的。即每列中的分量来自同一域,是同一类型的数据。

如 $SC(S,C) = \{(s_1,c_1),(c_1,c_2)\}$ 是错误的。

(2) 不同的列可来自同一域,但每列中必须有不同的属性名。

例如,$C = \{(c_1,c_2),(c_3,c_2)\}$,则 C 不能写成 $C(cno,cno)$,应写成 $C(cno,pcno)$。

(3) 行列的顺序无关紧要。

(4) 任意两个元组不能完全相同(集合内不能有相同的两个元素)。

(5) 每一分量必须是不可再分的数据。

2.2.2 关系模式

在数据库中要区分型和值。在关系数据库中,关系模式是型,关系是值。关系模式是对关系的描述,那么一个关系需要描述哪些方面呢?

首先,应该知道,关系实质上是一张二维表,表的每行为一个元组,每列为一个属性。一个元组就是该关系所涉及的属性集的笛卡儿积的一个元素。关系是元组的集合,因此关系模式必须指出这个元组集合的结构,即它由哪些属性构成,这些属性来自哪些域,以及属性与域之间的映像关系。

其次,一个关系通常是由赋予它的元组语义来确定的。元组语义实质上是一个 n 目谓词(n 是属性集中属性的个数)。凡使该 n 目谓词为真的笛卡儿积中的元素(或者说凡符合元组语义的那部分元素)的全体就构成了该关系模式的关系。

现实世界随着时间在不断地变化,因而在不同的时刻,关系模式的关系也会有所变化。但是,现实世界的许多已有事实限定关系模式所有可能的关系必须满足一定的完整性约束条件。这些约束或者通过对属性取值范围的限定(如关系选课中成绩的取值为 0~100),或者通过属性值间的相互关联(主要体现于值的相等与否)反映出来。关系模式应当刻画出这些完整性约束条件。

因此,一个关系模式应当是一个 5 元组。

定义 2.1　关系的描述称为关系模式(Relation Schema)。它可以形式化地表示为: $R(U,D,\mathrm{DOM},F)$。

其中 R 为关系名,U 为组成该关系的属性名集合,D 为属性组 U 中属性所来自的域,DOM 为属性向域的映像集合,F 为属性间数据的依赖关系集合。

关系模式通常可以简记为: $R(U)$ 或 $R(A_1,A_2,\cdots,A_n)$。

其中,R 为关系名,$A_1,A_2,\cdots,A_n$ 为属性名。而域名及属性向域的映像常常直接说明为属性的类型、长度。

关系是关系模式在某一时刻的状态或内容。关系模式是静态的、稳定的,而关系是动态的、随时间不断变化的,因为关系操作在不断地更新着数据库中的数据。但在实际应用中,人们常常把关系模式和关系都称为关系,这不难从上下文中加以区别。

2.2.3　关系数据库

在关系模型中,实体以及实体间的联系都是用关系来表示的,例如学生实体、课程实体、学生与课程之间的一对多联系都可以分别用一个关系来表示。在一个给定的应用领域中,所有实体及实体之间联系的关系集合构成一个关系数据库。

关系数据库也有型和值之分。关系数据库的型也称为关系数据库模式,是对关系数据库的描述,它包括若干域的定义以及在这些域上定义的若干关系模式。关系数据库的值是这些关系模式在某一时刻对应的关系的集合,通常称为关系数据库。

视频讲解

2.3　关系的完整性

为了维护数据库中数据与现实世界的一致性,对关系数据库的插入、删除和修改操作必须有一定的约束条件,这就是关系模型的 3 类完整性:实体完整性、参照完整性和用户自定义的完整性。

1. 实体完整性(Entity Integrity)

规则 2.1　实体完整性规则　若属性 A 是基本关系 R 的主键属性,则属性 A 不能取空值。即关系主键的值不能为空或部分为空。

实体完整性规则规定基本关系的所有主键属性都不能取空值,而不仅是主键整体不能取空值。例如,在关系"选课(学号,课程号,成绩)"中,"学号,课程号"为主键,则"学号"和

"课程号"两个属性都不能取空值。

实体完整性规则说明如下。

(1) 实体完整性规则是针对基本关系而言的。一个基本表通常对应现实世界的一个实体。例如,一个员工关系对应员工的集合。

(2) 现实世界中的实体具有可区分性,即它们具有某种唯一性标识。

(3) 相应地,在关系模型中以主键作为唯一性标识。

(4) 主键的属性不能取空值。所谓空值就是"不知道"或"无意义"的值。如果主键属性取空值,就说明存在某个不可标识的实体,即存在不可区分的实体,这与现实世界的应用环境相矛盾,这个实体就一定不是一个完整的实体。因此,这个规则称为实体完整性。

2. 参照完整性(Referential Integrity)

现实世界中的实体之间往往存在某种联系,在关系模型中实体及实体间的联系都是用关系来描述的。这样就自然存在着关系与关系间的引用。下面的3个例子都体现了实体和实体之间的联系。

【例 2.2】 学生实体和班级实体可以用下面的关系表示,其中,主键用下画线标识:

学生(<u>学号</u>,姓名,性别,出生年份,院系,班级)

院系(<u>院系编号</u>,院系名称,院长,联系电话)

在例2.2的两个关系中,存在着属性的引用,即学生关系引用了院系关系的主键"院系编号"。显然,学生关系中的院系值必须是确实存在着的院系的院系编号,即院系关系中有该院系的记录。也就是说,在学生关系中,某个属性的取值需要参照院系关系的某个属性取值。

【例 2.3】 学生、课程、学生与课程之间的多对多联系即选课可以用下列的3个关系来表示:

学生(<u>学号</u>,姓名,性别,出生年份,院系,班级)

课程(<u>课程号</u>,课程名,课程性质,学分,先修课,开课院系)

选课(<u>学号</u>,<u>课程号</u>,成绩)

这3个关系之间也存在着属性的引用,即选课关系引用了学生关系的主键"学号"和课程关系的主键"课程号"。同样,选课关系中的学号值必须是确实存在的学生的学号,即学生关系中有该学生的记录;选课关系中的课程号值也必须是确实存在的课程的课程号,即课程关系中有该课程的记录。换句话说,选课关系中某些属性的取值需要参照学生关系和课程关系中的某个属性取值。

不仅在两个或两个以上的关系间可以存在引用关系,在同一关系内部属性间,也可能存在引用关系。

【例 2.4】 在关系课程(<u>课程号</u>,课程名,课程性质,学分,先修课,开课院系)中,"课程号"属性是主键,"先修课"属性表示该课程的先修课的课程号,它引用了本关系中的"课程号"属性,即"先修课"必须是确实存在的课程的课程号。

定义 2.2 设 F 是基本关系 R 的一个或一组属性,但不是关系 R 的主键,如果 F 与基本关系 S 的主键 K_s 相对应,则称 F 是基本关系 R 的外键(Foreign Key),并称基本关系 R 为参照关系(Referencing Relation),基本关系 S 为被参照关系(Referenced Relation)或目标关系(Target Relation)。关系 R 和关系 S 不一定是不同的关系。

被参照关系 S 的主键 K_s 和参照关系 R 的外键 F 必须定义在同一个(或一组)域上。

下面分析前面所举的 3 个例子。

在例 2.2 中,学生关系的"院系"属性与院系关系的主键"院系编号"相对应,因此,"院系"属性是学生关系的外键。这里的院系关系为被参照关系,学生关系为参照关系。

在例 2.3 中,选课关系的"学号"属性与学生关系的主键"学号"相对应,"课程号"属性与课程关系的主键"课程号"相对应,因此"学号"和"课程号"属性是选课关系的外键,这里的学生关系和课程关系均为被参照关系,选课关系为参照关系。

在例 2.4 中,"先修课"属性与本关系主键"课程号"属性相对应,因此"先修课"是外键,课程关系既是参照关系也是被参照关系。

需要指出的是,外键并不一定要与相应的主键同名(如例 2.2、例 2.4)。但是,为了识别和理解上的方便,当外键与相应的主键属于不同的关系时,往往给它们取相同的名字。

参照完整性规则就是定义外键和主键之间的引用规则。

规则 2.2　参照完整性规则　若属性(或属性组)F 是基本关系 R 的外键,它与基本关系 S 的主键 K_s 相对应(基本关系 R 和 S 不一定是不同的关系),则对于 R 中的每个元组在 F 上的值必须为 S 中某个元组的主键值,或者取空值(F 的每个属性值均为空值)。

在例 2.2 中,学生关系的每个元组的院系值只能取下面两类值。

(1) 非空值,这时该值必须是院系关系中某个元组的院系编号值,表示该学生被分配到某一个确实存在的院系中。即目标关系"院系"中一定存在一个元组,它的主键值等于该参照关系"学生"中的外键"院系"的值。

(2) 空值,表示尚未给该学生分配学院。

在例 2.3 中,按照参照完整性规则,学号和课程号属性也可以取两类值:被参照关系中已经存在的值或空值。但由于选课关系中的学号和课程编号是选课关系中的主键属性,按照实体完整性规则,它们均不能取空值,所以它们实际上只能取相应被参照关系中已经存在的主键值。

在例 2.4 中,R 和 S 是相同的关系课程,"先修课"属性可以取下面两类值。

(1) 非空值,这时该值必须是课程关系中某个元组的课程号值。

(2) 空值,表示该课程没有先修课。

3. 用户自定义的完整性(User-defined Integrity)

实体完整性和参照完整性适用于任何关系数据库系统。除此之外,不同的关系数据库系统根据其应用环境的不同,往往还需要一些特殊的约束条件,用户定义的完整性就是针对某一具体关系数据库的约束条件,它反映某一具体应用所涉及的数据必须满足的语义要求。例如,属性值根据实际需要,要具备一些约束条件,如选课关系中成绩不能为负数,某些数据的输入格式要有一些限制等。关系模型应该提供定义和检验这类完整性的机制,以便用统一的、系统的方法处理它们,而不要由应用程序承担这一功能。

2.4　关系代数

2.4.1　关系代数概述

视频讲解

关系代数是一种抽象的查询语言,是关系数据操纵语言的一种传统表达方式,它是用对关系的运算来表达查询的。

任何一种运算都是将一定的运算符作用于一定的运算对象上,得到预期的运算结果。所以运算对象、运算符、运算结果是运算的三大要素。

关系代数的运算对象是关系,运算结果亦为关系。关系代数用到的运算符包括4类:集合运算符、专门的关系运算符、比较运算符和逻辑运算符,如表2.3所示。

表 2.3　关系代数运算符

运　算　符		含　义	运　算　符	含　义
集合 运算符	∪	并	>	大于
	∩	交	≥	大于或等于
	−	差	<	小于
	×	广义笛卡儿积	≤	小于或等于
			=	等于
专门的 关系运算符	Σ	选择	≠	不等于
	Π	投影	逻辑 运算符	−	非
	⋈	连接	∧	与
	÷	除	∨	或

比较运算符和逻辑运算符是用来辅助专门的关系运算符进行操作的,所以关系代数的运算按运算符的不同主要分为传统的集合运算和专门的关系运算两类。

2.4.2　传统的集合运算

传统的集合运算是二目运算,包括并、交、差、广义笛卡儿积4种运算。传统的集合运算将关系看成元组的集合,其运算是从关系的"水平"方向,即行的角度来进行的。

1. 并(Union)

并记为 $R \cup S$,是由属于 R 和 S 的元组构成的关系(去掉重复)。

1) 定义

设有两个关系 R 和 S,它们具有相同的目 n,且相应的属性取自同一个域,R 和 S 的并是由属于 R 或属于 S 的元组构成的集合,记为 $R \cup S$,关系的并示意图如图2.1所示。形式定义如下:

$R \cup S = \{t \mid t \in R \lor t \in S\}$,$t$ 是元组变量。

2) 特征

(1) 两个关系参加运算。

(2) 从"行"的方向操作、取值。

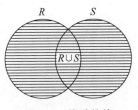

图 2.1　关系的并

3）作用

在一个关系中插入一个数据集合(关系)，自动去掉相同元组。

【例 2.5】　$R \cup S$ 示例。

R

A	B	C
a_1	b_1	c_1
a_1	b_2	c_2
a_2	b_2	c_1

S

A	B	C
a_1	b_2	c_2
a_1	b_3	c_2
a_2	b_2	c_1
a_2	b_1	c_1

$R \cup S$

A	B	C
a_1	b_1	c_1
a_1	b_2	c_2
a_2	b_2	c_1
a_1	b_3	c_2
a_2	b_1	c_1

2. 交（Intersection）

交记为 $R \cap S$。由既属于 R 亦属于 S 的元组构成的关系。

1）定义

设有两个关系 R 和 S，具有相同的目 n，且相应的属性取自同一个域，R 和 S 的交是由属于 R 且属于 S 的元组构成的集合，记为 $R \cap S$，关系的交示意图如图 2.2 所示。形式定义如下：

$R \cap S = \{t \mid t \in R \wedge t \in S\}$，$t$ 是元组变量。

2）特征

（1）两个关系参加运算；

（2）从“行”的方向操作、取值。

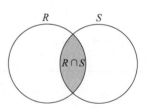

图 2.2　关系的交

3）作用

从两个关系中取出相同的元组。

【例 2.6】　$R \cap S$ 示例。

R

A	B	C
a_1	b_1	c_1
a_1	b_2	c_2
a_2	b_2	c_1

S

A	B	C
a_1	b_2	c_2
a_1	b_3	c_2
a_2	b_2	c_1
a_2	b_1	c_1

$R \cap S$

A	B	C
a_1	b_2	c_2
a_2	b_2	c_1

3. 差（Difference）

差记为 $R-S$，是由属于 R 但不属于 S 的元组构成的关系。

1）定义

设有两个关系 R 和 S，它们具有相同的目 n，且相应的属性取自同一个域，R 和 S 的差是由属于 R 但不属于 S 的元组构成的集合，记为 $R-S$，关系的差示意图如图 2.3 所示。形式定义如下：

$R-S=\{t\,|\,t\in R\wedge t\notin S\}$，$t$ 是元组变量。

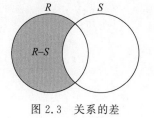

图 2.3　关系的差

2）特征

（1）两个关系参加运算。

（2）从"行"的方向操作、取值。

3）作用

从某一关系中删除另一关系。

【**例 2.7**】　$R-S$ 示例。

	R				S	
A	B	C		A	B	C
a_1	b_1	c_1		a_1	b_2	c_2
a_1	b_2	c_2		a_1	b_3	c_2
a_2	b_2	c_1		a_2	b_2	c_1
				a_2	b_1	c_1

$R-S$

A	B	C
a_1	b_1	c_1

4. 广义笛卡儿积（Extended Cartesian Product）

两个分别为 n 目和 m 目的关系 R 和 S 的广义笛卡儿积是一个（$n+m$）列的元组的集合。元组的前 n 列是关系 R 的一个元组，后 m 列是关系 S 的一个元组。若 R 有 k_1 个元组，S 有 k_2 个元组，则关系 R 和关系 S 的广义笛卡儿积有 $k_1\times k_2$ 个元组。记作 $R\times S=\{\widehat{t_r t_s}\,|\,t_r\in R\wedge t_s\in S\}$

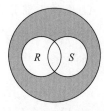

图 2.4　关系的
笛卡儿积

$R\times S$ 的目为 R 与 S 的目之和。

$R\times S$，是 R 和 S 的元组以所有可能的方式组合起来。当 R 和 S 有同名的属性，至少要为其中一个属性重新命名。关系的笛卡儿积示意图如图 2.4 所示。

【例 2.8】 $R \times S$ 示例。

R

A	B	C
a_1	b_1	c_1
a_1	b_2	c_2
a_2	b_2	c_1

S

A	B	C
a_1	b_2	c_2
a_1	b_3	c_2
a_2	b_2	c_1
a_2	b_1	c_1

$R \times S$

$R.A$	$R.B$	$R.C$	$S.A$	$S.B$	$S.C$
a_1	b_1	c_1	a_1	b_2	c_2
a_1	b_1	c_1	a_1	b_3	c_2
a_1	b_1	c_1	a_2	b_2	c_1
a_1	b_1	c_1	a_2	b_1	c_1
a_1	b_2	c_2	a_1	b_2	c_2
a_1	b_2	c_2	a_1	b_3	c_2
a_1	b_2	c_2	a_2	b_2	c_1
a_1	b_2	c_2	a_2	b_1	c_1
a_2	b_2	c_1	a_1	b_2	c_2
a_2	b_2	c_1	a_1	b_3	c_2
a_2	b_2	c_1	a_2	b_2	c_1
a_2	b_2	c_1	a_2	b_1	c_1

2.4.3　专门的关系运算

由于传统的集合运算只是从行的角度进行,而要灵活地实现关系数据库多样的查询操作,必须引入专门的关系运算。

在介绍专门的关系运算之前,为叙述上的方便,先引入几个概念。

(1) 设关系模式为 $R(A_1, A_2, \cdots, A_n)$,它的一个关系为 R,$t \in R$ 表示 t 是 R 的一个元组,$t[A_i]$ 则表示元组 t 中相应于属性 A_i 的一个分量。

(2) 若 $A = \{A_{i1}, A_{i2}, \cdots, A_{in}\}$,其中 $A_{i1}, A_{i2}, \cdots, A_{in}$ 是 $A_1, A_2, \cdots, A_n$ 中的一部分,则 A 称为属性列或域列,$\widetilde{A}$ 则表示 $\{A_1, A_2, \cdots, A_n\}$ 中去掉 $\{A_{i1}, A_{i2}, \cdots, A_{in}\}$ 后剩余的属性组。$t[A] = \{t[A_{i1}], t[A_{i2}], \cdots, t[A_{in}]\}$ 表示元组 t 在属性列 A 上各分量的集合。

(3) R 为 n 目关系,S 为 m 目关系,$t_r \in R$,$t_s \in S$,$\widehat{t_r t_s}$ 称为元组的连接(Concatenation),它是一个 $n+m$ 列的元组,前 n 个分量为 R 的一个 n 元组,后 m 个分量为 S 中的一个 m 元组。

(4) 给定一个关系 $R(X, Z)$,X 和 Z 为属性组,定义当 $t[X] = x$ 时,x 在 R 中的象集(Image Set)为 $Z_x = \{t[Z] \mid t \in R, t[X] = x\}$,它表示 R 中的属性组 X 上值为 x 的各元组在

Z 上分量的集合。

【例 2.9】 象集示例。

R

A	B	C
a_1	b_1	c_2
a_2	b_3	c_7
a_3	b_4	c_6
a_1	b_2	c_3
a_4	b_6	c_6
a_2	b_2	c_3
a_1	b_2	c_1

在关系 R 当中 A 可以取 4 个值$\{a_1, a_2, a_3, a_4\}$，

a_1 的象集为$\{(b_1, c_2), (b_2, c_3), (b_2, c_1)\}$；

a_2 的象集为$\{(b_3, c_7), (b_2, c_3)\}$；

a_3 的象集为$\{(b_4, c_6)\}$；

a_4 的象集为$\{(b_6, c_6)\}$。

下面介绍专门的关系运算。

1. 选取(Selection)

选取运算是单目运算，是根据一定的条件在给定的关系 R 中选取若干个元组，组成一个新关系，记作 $\sigma_F(R) = \{t \mid t \in R \wedge F(t) = \text{"真"}\}$。

其中，σ 为选取运算符，F 为选取的条件，它是由运算对象(属性名、常数、简单函数)、算术比较运算符($>$、$\geqslant$、$<$、$\leqslant$、$=$、$\neq$)和逻辑运算符($\vee$、$\wedge$、$\neg$)连接起来的逻辑表达式，结果为逻辑值"真"或"假"。

选取运算实际上是从关系 R 中选取使逻辑表达式为真的元组，是从行的角度进行的运算。

该运算作用于关系 R，也将产生一个新关系 S，S 的元组集合是 R 的一个满足某条件 F 的子集。

下面以一个教学管理数据库为例，共有 3 个关系，包括学生关系 S、课程关系 C 和学生选课关系 SC。如图 2.5 所示，本章后面的很多例子将对这 3 个关系进行运算。

【例 2.10】 查询软件学院全体学生的名单。

$$\sigma_{\text{SDEPT}=\text{'软件'}}(S), \text{ 或 } \sigma_{5=\text{'软件'}}(S)$$

5 为 SDEPT 的属性序号。结果如表 2.4 所示。

SNO （学号）	SNAME （姓名）	SEX （性别）	BIRTHYEAR （出生年份）	SDEPT （院系）	SCLASS （班级）
20140123	李融	男	1996	软件	软工141
20152114	杨宏宇	男	1997	机械	机械151
20152221	孙亚彬	女	1997	机械	机械152
20180101	袁野	男	2000	软件	软工181
20180102	刘明明	男	2000	软件	软工181
20180103	王睿	男	2000	软件	软工181
20180104	刘平	女	2000	软件	软工181
20180201	王珊	女	1999	软件	软工182
20180202	张坤	男	2000	软件	软工182
20181103	姜鹏飞	男	1998	交通	交通181

(a) 学生关系（S）表

CNO （课程号）	CNAME （课程名）	CNATURE （课程性质）	CREDIT （学分）	PRECNO （先修课）	CDEPT （开课院系）
0117	离散数学	必修	3	0211	软件
0121	软件工程	必修	4	0117	软件
0125	数据库原理与应用	必修	4	0121	软件
0127	软件测试	选修	2	0121	软件
0211	高等数学	必修	5		数学
0212	线性代数	必修	4		数学
0305	机械原理	必修	4		机械
0803	音乐欣赏	选修	2		艺术

(b) 课程关系（C）表

SNO （学号）	CNO （课程号）	GRADE （成绩）
20140123	0211	56
20152114	0305	91
20152221	0305	82
20180101	0117	90
20180101	0211	75
20180102	0211	
20180103	0117	60
20180201	0121	80
20180201	0125	55
20180201	0127	77
20180202	0125	42

(c) 学生选课关系（SC）表

图 2.5 教学管理数据库

表 2.4　选取运算举例(一)

SNO (学号)	SNAME (姓名)	SEX (性别)	BIRTHYEAR (出生年份)	SDEPT (院系)	SCLASS (班级)
20140123	李融	男	1996	软件	软工 141
20180101	袁野	男	2000	软件	软工 181
20180102	刘明明	男	2000	软件	软工 181
20180103	王睿	男	2000	软件	软工 181
20180104	刘平	女	2000	软件	软工 181
20180201	王珊	女	1999	软件	软工 182
20180202	张坤	男	2000	软件	软工 182

注意：选取条件中用到的字符型数据,需要用单引号括起来,数值型数据不用。

【**例 2.11**】　查询软件学院开设的学分大于 3 的课程的信息。

$$\sigma_{\text{SDEPT}='软件' \land \text{CREDIT}>3}(C)$$

结果如表 2.5 所示。

表 2.5　选取运算举例(二)

CNO (课程号)	CNAME (课程名)	CNATURE (课程性质)	CREDIT (学分)	PRECNO (先修课)	CDEPT (开课院系)
0121	软件工程	必修	4	0117	软件
0125	数据库原理与应用	必修	4	0121	软件

此例中院系 SDEPT 对应的数据类型是字符型,其数据"软件"要用单引号括起来,学分 CREDIT 的数据类型是数值型,其数据 3 不用单引号。

2. 投影(Projection)

投影运算也是单目运算,关系 R 上的投影是从 R 中选择出若干属性列,组成新的关系,即对关系在垂直方向进行的运算,从左到右按照指定的若干属性及顺序取出相应列,删去重复元组,记作 $\prod_A(R) = \{t[A] \mid t \in R\}$。其中 A 为 R 中的属性列,$\prod$ 为投影运算符。

从其定义可以看出,投影运算是从列的角度进行的运算,这正是选取运算和投影运算的区别所在。选取运算是从关系的水平方向上进行的,而投影运算则是从关系的垂直方向上进行的。

该运算作用于关系 R,将产生一个新关系 S,S 只具有 R 的某几个属性列。

【**例 2.12**】　查询全体学生的学号和姓名。

$$\prod_{\text{SNO,SNAME}}(S) \text{ 或 } \prod_{1,2}(S)$$

结果如表 2.6 所示。

表 2.6　投影运算举例

SNO(学号)	SNAME(姓名)	SNO(学号)	SNAME(姓名)
20140123	李　融	20180103	王　睿
20152114	杨宏宇	20180104	刘　平
20152221	孙亚彬	20180201	王　珊
20180101	袁　野	20180202	张　坤
20180102	刘明明	20181103	姜鹏飞

3. 连接(Join)

连接是从两个关系的笛卡儿积中选择属性间满足一定条件的元组,记作 $R \underset{A\theta B}{\bowtie} S = \{ \widehat{t_r t_s} \mid t_r \in R \wedge t_s \in S \wedge t_r[A] \theta t_s[B] \}$。

连接也称为 θ 连接。其中 A 和 B 分别为 R 和 S 上度数相等且可比的属性组。θ 是比较运算符。

连接运算从 R 和 S 的广义笛卡儿积 $R \times S$ 中选取(R 关系)在 A 属性组上的值与(S 关系)在 B 属性组上的值满足比较关系 θ 的元组。连接运算中有两种最为重要也最为常用的连接,一种是等值连接(Equal-join),一种是自然连接(Natural-join)。

(1) 等值连接。

θ 为"="的连接运算称为等值连接。它是从关系 R 与 S 的广义笛卡儿积中选取 A,B 属性值相等的那些元组,即等值连接为

$$R \underset{A=B}{\bowtie} S = \{ \widehat{t_r t_s} \mid t_r \in R \wedge t_s \in S \wedge t_r[A] = t_s[B] \}$$

(2) 自然连接。

自然连接是一种特殊的等值连接,它要求两个关系中进行比较的分量必须是相同的属性组,并且要在结果中把重复的属性去掉。现假设 R 和 S 具有相同的属性组 B,则自然连接的定义为

$$R \bowtie S = \{ \widehat{t_r t_s} \mid t_r \in R \wedge t_s \in S \wedge t_r[B] = t_s[B] \}$$

它从两个关系的广义笛卡儿积中选取在相同属性列 B 上取值相等的元组,并去掉重复的列。

自然连接与等值连接不同,自然连接中相等的分量必须是相同的属性组,并且要在结果中去掉重复的属性,而等值连接则不必。

当 R 与 S 无相同属性时,$R \bowtie S = R \times S$。

一般的连接操作是从行的角度进行计算。但是自然连接还需要取消重复列,所以是同时从行和列的角度进行计算。

【例 2.13】 连接示例。

	R			S	

A	B	C
a_1	b_1	5
a_1	b_2	6
a_2	b_3	8
a_2	b_4	12

B	E
b_1	3
b_2	7
b_3	10
b_3	2
b_5	2

$R\underset{C<E}{\bowtie}S$

A	$R.B$	C	$S.B$	E
a_1	b_1	5	b_2	7
a_1	b_1	5	b_3	10
a_1	b_2	6	b_2	7
a_1	b_2	6	b_3	10
a_2	b_3	8	b_3	10

等值连接 $R\underset{R.B=S.B}{\bowtie}S$

A	$R.B$	C	$S.B$	E
a_1	b_1	5	b_1	3
a_1	b_2	6	b_2	7
a_2	b_3	8	b_3	10
a_2	b_3	8	b_3	2

自然连接 $R\bowtie S$

A	B	C	E
a_1	b_1	5	3
a_1	b_2	6	7
a_2	b_3	8	10
a_2	b_3	8	2

【例 2.14】 查询选修了 0211 号课程的学生的姓名和成绩。

$$\Pi_{\text{SNAME,GRADE}}(\sigma_{\text{CNO}=\text{'0211'}}(S\bowtie SC))$$

查询结果如表 2.7 所示：

4. 除(Division)

给定关系 $R(X,Y)$ 和 $S(Y,Z)$，其中 X,Y,Z 为属性组。R 中的 Y 与 S 中的 Y 可以有不同的属性名，但必须出自相同的域集。

R 与 S 的除运算得到一个新的关系 $T(X)$，T 是 R 中满足下列条件的元组在 X 属性列上的投影：元组在 X 上分量值 x 的象集 Y_x 包含 S 在 Y 上投影的集合。记作 $R\div S=\{t_r[X]\mid t_r\in R\wedge\prod_y(S)\subseteq Y_x\}$，其中，$Y_x$ 为 x 在 R 中的象集，$x=t_r[X]$。

除操作是同时从行和列角度进行运算。

【例 2.15】 除运算示例。

表 2.7 连接查询举例

SNAME （姓名）	GRADE （成绩）
李 融	56
袁 野	75
刘明明	

	R			S	

A	B	C
a_1	b_1	c_2
a_2	b_3	c_7
a_3	b_4	c_6
a_1	b_2	c_3
a_4	b_6	c_6
a_2	b_2	c_3
a_1	b_2	c_1

B	C	D
b_1	c_2	d_1
b_2	c_1	d_1
b_2	c_3	d_2

在关系 R 当中 A 可以取四个值 $\{a_1, a_2, a_3, a_4\}$。

a_1 的象集为 $\{(b_1, c_2), (b_2, c_3), (b_2, c_1)\}$；

a_2 的象集为 $\{(b_3, c_7), (b_2, c_3)\}$；

a_3 的象集为 $\{(b_4, c_6)\}$；

a_4 的象集为 $\{(b_6, c_6)\}$。

S 在 (B, C) 上的投影为 $\{(b_1, c_2), (b_2, c_3), (b_2, c_1)\}$。

显然,只有 a_1 的象集包含 S 在 (B, C) 上的投影集合,所以 $R \div S$ 的结果为:

A
a_1

下面以图 2.5 为例,给出几个综合应用关系代数运算进行查询的例子。

【例 2.16】 查询软件学院开设课程的信息。

$$\sigma_{\text{CDEPT}=\text{'软件'}}(C)$$

结果为:

CNO (课程号)	CNAME (课程名)	CNATURE (课程性质)	CREDIT (学分)	PRECNO (先修课)	CDEPT (开课院系)
0117	离散数学	必修	3	0211	软件
0121	软件工程	必修	4	0117	软件
0125	数据库原理与应用	必修	4	0121	软件
0127	软件测试	选修	2	0121	软件

【例 2.17】 查询课程编号为 0125 的课程名称、课程类别和学分。

$$\Pi_{\text{CNAME,CNATURE,CREDIT}}(\sigma_{\text{CNO}=\text{'0125'}}(C))$$

结果为:

CNAME (课程名称)	CNATURE (课程类别)	CREDIT (学分)
数据库原理与应用	必修	4

【例 2.18】 查询选修了"数据库原理与应用"课程成绩不及格的学生学号和成绩。

$$\Pi_{\text{SNO,GRADE}}(\sigma_{\text{CNAME}=\text{'数据库原理与应用'} \wedge \text{GRADE}<60}(SC \bowtie C))$$

结果为:

SNO (学号)	GRADE (成绩)
20180201	55
20180202	42

【例 2.19】 查询选修"数据库原理与应用"课程的学生姓名。

$$\Pi_{\text{SNAME}}(\sigma_{\text{CNAME}='数据库原理与应用'}(S \bowtie SC \bowtie C))$$

结果为:

SNAME (姓名)
王珊
张坤

【例 2.20】 查询未选修任何课程的学生的学号和姓名。

$$\Pi_{\text{SNO,SNAME}}(S) - \Pi_{\text{SNO,SNAME}}((S \bowtie SC))$$

结果为:

SNO (学号)	SNAME (姓名)
20180104	刘平
20181103	姜鹏飞

关系代数需要注意的 4 个问题如下。

(1) 关系代数的 5 个基本操作为并、差、笛卡儿积、投影和选择。其他的操作都可以由 5 个基本操作导出,因此它们构成了关系代数完备的操作集。例如,两个关系 R 与 S 的交运算 $R \cap S$ 等价于 $R-(R-S)$ 或 $S-(S-R)$,所以交运算不是一个独立的运算。

(2) 关系代数在使用的过程中对于只涉及选择、投影、连接的查询可用表达式:

$$\Pi_{A_1 \cdots A_K}(\sigma_F(S \bowtie R)) \text{ 或 } \Pi_{A_1 \cdots A_K}(\sigma_F(S \times R))$$

(3) 对于否定操作,一般要用差操作表示,例如不学"操作系统"课的学生姓名,通常不要用 $\Pi_{\text{SNAME}}(\sigma_{\text{CNAME} \neq '操作系统'}(S \bowtie SC \bowtie C))$ 形式表示。

而采用如下形式:

$$\Pi_{\text{SNAME}}(S) - \Pi_{\text{SNAME}}(\sigma_{\text{CNAME}='操作系统'}(S \bowtie SC \bowtie C))$$

(4) 对于检索具有全部特征的操作,一般要用除法操作表示,例如查询选修全部课程的学生学号,通常不用 $\Pi_{\text{SNo,CNo}}(SC \div \Pi_{\text{CNo}}(C))$ 形式表示。

而采用如下形式:

$$\Pi_{\text{SNo,CNo}}(SC) \div \Pi_{\text{CNo}}(C)$$

2.5 关系演算

2.5.1 关系演算概述

关系演算是以数理逻辑中的谓词演算为基础的。按谓词变元的不同,关系演算可分为元组关系演算和域关系演算。本节主要介绍元组关系演算语言 ALPHA 语言,对域关系演算语言 QUEL 只做简单介绍。

2.5.2 元组关系演算语言 ALPHA

元组关系演算是以元组变量作为谓词变元的基本对象。

元组关系演算语言的典型代表是 E. F. Codd 提出的 ALPHA 语言,这种语言虽然没有实际实现,但较有名气,INGRES 关系数据库上使用的 QUEL 语言就是在 ALPHA 语言的基础上研制的。

ALPHA 语言是以谓词公式来定义查询要求的。在谓词公式中存在客体变元,这里称为元组变量。元组变量是一个变量,其变化范围为某一个命名的关系。

ALPHA 语言的基本格式是:

<操作符> <工作空间名> (<目标表>)[:<操作条件>]

其中,操作符有 GET,PUT,HOLD,UPDATE,DELETE,DROP 等多种。工作空间是指内存空间,可以用一个字母表示,通常用 W 表示,也可以用别的字母表示。工作空间是用户与系统的通信区。目标表用于指定操作(如查询、更新等)出来的结果,它可以是关系名或属性名,一个操作语句可以同时对多个关系或多个属性进行操作。操作条件是用谓词公式表示的逻辑表达式,只有满足此条件的元组才能进行操作,这是一个可选项,默认表示无条件执行操作符规定的操作。除此之外,还可以在基本格式上加上排序要求、定额要求等。

下面以教学管理数据库为例介绍 ALPHA 语言的使用。

1. 数据查询

1) 简单查询

【例 2.21】 查询所有学生的数据。

GET W (S)

GET 语句的作用是把数据库中的数据读入内存空间 W,目标表为学生关系 S,代表查询出来的结果,即所有的学生。

冒号后面的操作条件默认为无条件查询。

【例 2.22】 查询所有被选修的课程号。

GET W (SC.CNO)

目标表为选课关系 SC 中的属性 CNO,代表所有被选修的课程号,查询结果自动消去重复行。

2) 条件查询

由冒号后面的逻辑表达式给出查询条件,在表达式中可以使用如下 3 类运算符。

(1) 比较运算符:$>,\geqslant,<,\leqslant,=,\neq$;

(2) 逻辑运算符:$\wedge$(与),$\vee$(或),$-$(非);

(3) 表示执行次序的括号:()。

其中,比较运算符的优先级高于逻辑运算符,可以使用小括号改变它们的优先级。

【例 2.23】 查询软工 181 班男同学的学号和姓名。

GET W (S.SNO,S.SNAME):S.SCLASS = '软工 181' ∧ S.SEX = '男'

目标表为学生关系 S 中的两个属性 SNO 和 SNAME 组成的属性列表。

3）排序查询

【例 2.24】 查询学号为 20180101 的同学所选课程号及成绩,并按成绩降序排列。

GET W (SC.CNO, SC.GRADE): SC.SNO = '20180101' DOWN SC.GRADE

其中 DOWN 表示降序,后面紧跟排序的属性名。升序排列时使用 UP。

4）定额查询

【例 2.25】 查询一名女学生的学号和姓名。

GET W (1) (S.SNO,S.SNAME):S.SEX = '女'

所谓的定额查询就是通过在 W 后面的括号中加上定额数量,限定查询出元组的个数。这里"(1)"表示查询结果中女学生的个数,取出学生表中第一个女学生的学号和姓名。排序和定额查询可以一起使用。

【例 2.26】 查询一名女学生的学号和姓名,并使她的年龄最大。

GET W (1) (S.SNO,S.SNAME):S.SEX = '女' UP S.BIRTHYEAR

此语句的执行过程为:先查询所有女学生的学号和姓名,再按照出生年份由小到大排序,然后找出第一位,也就是年龄最大的女学生。

5）带元组变量的查询

所谓的元组关系演算就是以元组变量作为谓词变元的基本对象,在关系演算的查询操作时,可以在相应的关系上定义元组变量。

元组变量代表关系中的元组,其取值在所定义的关系范围内变化,所以也称作范围变量(Range Variable),一个关系可以设多个元组变量。

【例 2.27】 查询学号为 20180101 的同学所选课程号。

RANGE SC X
GET W (X.CNO):X.SNO = '20180101'

使用 RANGE 来说明元组变量,X 为关系 SC 上的元组变量。

如果关系的名字很长,使用起来不方便,这时可以设一个名字较短的元组变量来代替关系名,简化关系名,使操作更加方便。

6）带存在量词的查询

【例 2.28】 查询学号为 20180101 的同学所选课程名。

RANGE SC X
GET W (C.CNAME):∃X(C.CNO = X.CNO ∧ X.SNO = '20180101')

注意:操作条件中使用量词时必须用元组变量。

【例 2.29】 查询至少选修一门其学分为 4 的课程的学生的姓名。

RANGE C CX

```
    SC SCX
GET W (S.SNAME): ∃ SCX(SCX.SNO = S.SNO ∧ ∃ CX(CX.CNO = SCX.CNO ∧ CX.CREDIT = 4))
```

此查询涉及 3 个关系,需要对两个关系(C 和 SC)作用存在量词,所以用了两个元组变量。

此语句的执行过程为:先查询学分为 4 的课程号,再根据找到的课程号在关系 SC 中查询其对应的学号,然后根据这些学号在关系 S 中找到对应的学生姓名。

【例 2.30】 查询选修全部课程的学生姓名。

```
RANGE C CX
    SC SCX
GET W (S.SNAME): ∀ CX ∃ SCX(SCX.SNO = S.SNO ∧ CX.CNO = SCX.CNO)
```

7) 库函数查询

库函数也称集函数。用户在使用查询语言时,经常要做一些简单的运算。例如要统计某个关系中符合某一条件的元组数,或某些元组在某个属性上分量的和、平均值等。在关系数据库语言中提供了有关这类运算的标准函数,增强了基本检索能力。常用的库函数如表 2.8 所示。

表 2.8　常用的库函数

函 数 名 称	功　　能	函 数 名 称	功　　能
AVG	按列计算平均值	MIN	求一列中的最小值
TOTAL	按列计算值的总和	COUNT	按列值计算元组个数
MAX	求一列中的最大值		

【例 2.31】 求学号为 20180101 的同学的平均成绩。

```
GET W (AVG(SC.GRADE)):SC.SNO = '20180101'
```

【例 2.32】 求学校一共开设了多少门课程。

```
GET W (COUNT(C.CNO))
```

COUNT 函数自动消去重复行,可计算字段 CNO 不同值的数目。

2. 数据更新

更新操作包括修改、插入和删除。

1) 修改

修改操作使用 UPDATE 语句实现,具体操作分为以下 3 个步骤。

(1) 读数据:使用 HOLD 语句将要修改的元组从数据库中读到工作空间中。

(2) 修改:利用宿主语言修改工作空间中元组的属性。

(3) 送回:使用 UPDATE 语句将修改后的元组送回数据库中。

这里 HOLD 语句是带上并发控制的 GET 语句。

【例 2.33】 把袁野同学的院系更改为机械系。

```
HOLD W(S.SDEPT):S.SNAME = '袁野'
```

```
MOVE '机械' TO W.SDEPT
UPDATE W
```

在 ALPHA 语言中,不允许修改关系的主键,例如不能使用 UPDATE 语句修改学生表 S 中的学号。如果要修改主键,应该先使用删除操作删除该元组,再插入一条具有新主键值的元组。

2) 插入

插入操作使用 PUT 语句实现,具体操作分为以下两步。

(1) 建立新元组:利用宿主语言在工作空间中建立新元组。

(2) 写数据:使用 PUT 语句将元组写入指定的关系。

【例 2.34】　在 SC 表中插入一条选课记录(20180202,0121,88)。

```
MOVE 20180202 TO W.SNO
MOVE 0121 TO W.CNO
MOVE 88 TO W.GRADE
PUT W(SC)
```

PUT 语句的作用是把工作空间 W 中的数据写入数据库,此例即把已经在工作空间建立的一条选课记录写入选课关系 SC。

注意:PUT 语句只能对一个关系进行操作,在插入操作时,拒绝接受主键相同的元组。

3) 删除

ALPHA 语言中的删除操作不但可以删除关系中的一些元组,还可以删除一个关系。

删除操作使用 DELETE 语句实现,具体操作分为以下两步。

(1) 读数据:使用 HOLD 语句将要删除的元组从数据库读到工作空间。

(2) 删除:使用 DELETE 语句删除该元组。

【例 2.35】　删除学号为 20180202 学生的选课信息。

```
HOLD W(SC):SC.SNO = '20180202'
DELETE W
```

【例 2.36】　删除全部学生的选课信息。

```
HOLD W(SC)
DELETE W
```

2.5.3　域关系演算语言 QBE

域关系演算是关系演算的另一种形式,是以元组变量的分量(域变量)作为谓词变元的基本对象。

域关系演算语言的典型代表是 1975 年由 IBM 公司约克城高级研究试验室 M. M. Zloof 提出的 QBE 语言,该语言于 1978 年在 IBM 370 上实现。QBE(Query By Example,通过例子进行查询)是一种高度非过程化的基于屏幕表格的查询语言,用户通过终端屏幕编辑程序,以填写表格的方式构造查询要求,而查询结果也是以表格形式显示,因此非常直观,易学易用。QBE 的操作框架如图 2.6 所示。

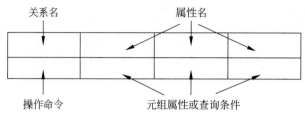

图 2.6　QBE 的操作框架

2.6　本章小结

数据库概念提出后,先后出现了几种数据模型,基本的数据模型有 3 种:层次模型、网状模型和关系模型。其中,关系模型具有数据结构简单、灵活和易学易懂等特点,且具有雄厚的数学基础。目前广泛使用的数据库管理系统大多是基于关系模型建立的。关系型数据库具有数据结构化、最低冗余度、较高的程序与数据独立性、易于扩充、易于编制应用程序等优点,是计算机数据管理发展史上的一个重要的里程碑。关系数据库系统已经占据了数据库系统的市场。

本章主要讲述了关系模型的数据结构、数据操纵和完整性约束以及关系系统的形式化定义。通过本章的学习,读者应该理解关系模型的数据结构和关系的 3 种完整性规则,掌握选择、投影、连接、除 4 种专门的关系运算,了解两种关系演算;还能运用关系代数进行各种查询,用关系演算进行简单查询。

习题 2

一、单项选择题

1. 在基本的关系中,下列哪种说法是正确的?（　　　）
    A. 行列顺序有关　　　　　　　　　　　B. 属性名允许重名
    C. 任意两个元组不允许重复　　　　　　D. 列是非同质的
2. 根据关系模式的实体完整性规则,一个关系的"主键"（　　　）。
    A. 不能有两个　　　　　　　　　　　　B. 不能成为该关系的外键
    C. 不允许为空　　　　　　　　　　　　D. 可以取值
3. 在关系 R(RNO,RNAME,SNO)和 S(SNO,SNAME,SD)中,R 的主键是 RNO,S 的主键是 SNO,则 SNO 在 R 中称为（　　　）。
    A. 候选键　　　　　B. 主键　　　　　C. 外键　　　　　D. 主属性
4. 参加差运算的两个关系（　　　）。
    A. 属性个数可以不相同　　　　　　　　B. 属性个数必须相同
    C. 一个关系包含另一个关系的属性　　　D. 属性名必须相同
5. 关系数据库能实现的专门关系运算包括（　　　）。
    A. 排序、索引、统计　　　　　　　　　B. 选择、投影、连接

C. 关联、更新、排序   D. 显示、打印、制表

6. $\sigma_{4<'4'}(S)$表示（   ）。

   A. 从 S 关系中挑选 4 的值小于第 4 个分量的元组

   B. 从 S 关系中挑选第 4 个分量值小于 4 的元组

   C. 从 S 关系中挑选第 4 个分量值小于第 4 个分量的元组

   D. $\sigma_{4<'4'}(S)$是向关系垂直方向运算

7. 在连接运算中如果两个关系中进行比较的分量必须是相同的属性组，那么这个连接是（   ）。

   A. 有条件的连接   B. 等值连接

   C. 自然连接   D. 完全连接

8. 在通常情况下，下面的关系中不可以作为关系数据库的关系的是（   ）。

   A. $R1$（学生号，学生名，性别）   B. $R2$（学生号，学生名，班级号）

   C. $R3$（学生号，学生名，宿舍名）   D. $R4$（学生号，学生名，简历）

9. 下面说法正确的是（   ）。

   A. 关系模式是静态的、稳定的，而关系是动态的、随时间不断变化的

   B. 关系模式是动态的、随时间不断变化的，而关系是静态的、稳定的

   C. 关系模式和关系都是静态的、稳定的

   D. 关系模式和关系都是动态的、随时间不断变化的

10. 下列关于外键的说法，正确的是（   ）。

   A. 外键必须与被参照关系的主键同名

   B. 外键的取值只能取对应的被参照关系的主键值

   C. 外键不允许为空

   D. 外键与被参照关系的主键可以不同名，但必须定义在相同的域上

二、计算题

设有 3 个关系如图 2.7 所示：

R		
A	B	C
1	2	3
4	5	6
5	6	7
7	8	9

S		
A	B	C
1	2	3
3	4	5
7	8	9

T		
B	C	D
1	2	4
5	6	7
5	6	8
7	8	9

图 2.7 3 个关系

计算 $R \cup S$、$R \cap S$、$R - S$、$R \times S$、$S \times T$、$\sigma_{B>5}(R)$、$\Pi_{1,2}(S)$、$\Pi_{1,a}(\sigma_{B>5}(R \bowtie T))$

三、应用题

根据教学管理数据库的 3 个关系：

S(SNO, SNAME, SEX, BIRTHYEAR, SDEPT, SCLASS)

C(CNO,CNAME,CNATURE,CREDIT,PRECNO,CDEPT)
SC(SNO,CNO,GRADE)

用关系代数表达式完成如下查询：

(1) 检索软件学院开设课程的信息。

(2) 检索软件学院女学生的姓名和出生年份。

(3) 检索王珊同学选修的课程的课程号和成绩。

(4) 检索选修了软件工程且成绩不及格的学生的姓名和成绩。

(5) 检索没有学生选修的课程的课程号和课程名。

(6) 检索先修课为软件工程的课程的课程号和课程名。

第3章

SQL Server 2019基础

SQL Server 是 Microsoft 公司推出的典型的关系数据库管理系统,它与 Oracle、MySQL 一起,被称为数据库三巨头。SQL Server 2019 是 2019 年 11 月推出的最新版本,其具有业内领先的性能,为用户的企业数据管理和商业智能应用提供了一个高效、安全、可靠的平台。SQL Server 2019 具有使用方便、伸缩性好、相关软件集成程度高等优点,结合了分析、报表、集成和通告功能,并为结构化数据提供了安全、可靠的存储功能,使用户可以构建和管理用于数据处理的高性能的应用程序。

3.1 SQL Server 2019 简介

3.1.1 SQL Server 的发展历史

SQL Server 是一个典型的关系数据库管理系统,最初由 Microsoft、Sybase 和 Ashton-Tate 三家公司共同开发,于 1988 年推出了 SQL Server 1.0 版本。1992 年,基于 OS/2 操作系统的 SQL Server 4.2 beta 版发布。1993 年,Microsoft 公司推出 Windows NT 操作系统并将数据库产品移植到 Windows NT 上,此后三家公司基本已经分道扬镳。目前,SQL Server 主要指由 Microsoft 公司推出的一系列 SQL Server 版本。表 3.1 分别对这些版本进行了简要介绍。

表 3.1　SQL Server 版本简介

年份	版　　本	说　　明
1995	SQL Server 6.0	这是第一个完全由 Microsoft 公司开发的版本。对核心数据库引擎做了重大的改写。性能得以提升,重要的特性得到增强。具备了处理小型电子商务和内联网应用程序的能力,而在花费上却少于其他的同类产品
1996	SQL Server 6.5	该版本满足众多小型商业数据管理的应用需求,也曾风靡一时,与 Oracle 推出的运行于 Windows NT 平台上的 7.1 版本形成直接的竞争。但是,由于受到以前版本在结构上的限制,SQL Server 6.5 在应用中逐步暴露出它的一些缺点
1998	SQL Server 7.0	该版本再一次对核心数据库引擎进行了重大改写,在数据存储和数据库引擎方面发生了根本性的变化,为中小型企业提供了切实可行且廉价的可选方案。该版本易于使用,并提供了对于其他竞争数据库来说需要额外附加的昂贵的重要商业工具(例如分析服务、数据转换服务),因此获得了良好的声誉

续表

年份	版本	说　明
2000	SQL Server 2000	该版本具有更好的可用性和可伸缩性,与相关软件集成程度高,提供了企业级的数据库功能,易于安装和部署。它既可以在 Windows 98 的小型计算机上运行,也支持在 Windows 2000 大型多处理器的服务器等多种平台上使用
2005	SQL Server 2005	该版本对 SQL Server 的许多地方进行了改写。一方面为关系型数据和结构化数据提供了更安全、更可靠的存储功能和更灵活的数据管理功能;另一方面可以有效地执行大规模联机事务处理,可以完成数据仓库和电子商务应用,可以构建和部署经济有效的商业智能解决方案
2008	SQL Server 2008	SQL Server 2008 以处理目前能够采用的许多种不同的数据形式为目的,通过提供新的数据类型和使用语言集成查询(LINQ)。它提供了在一个框架中设置约束的能力,以确保数据库和对象符合定义的标准。并且,当这些对象不符合该标准时,还能够就此进行报告。它是一个全面的数据智能平台
2012	SQL Server 2012	该版本能够顺应云技术发展的需要,全面支持云技术,能够快速实现私有云与公有云之间数据的扩展与应用的迁移,可用于大型联机事务处理、数据仓库和电子商务等方面的数据库平台,为数据存储、数据分析提供基于云技术的解决方案,是一种全新的数据分析处理平台
2014	SQL Server 2014	与其他版本相比,SQL Server 2014 提供了驾驭海量数据的关键技术——in memory 增强技术。该技术能够整合云端的各种数据结构,极大地增强了对云的支持,提供了全新的混合云解决方案,可以实现云备份和灾难恢复,大幅提升数据处理的效率,能够快速处理数以百万条的记录 。可以说,SQL Server 2014 为大数据分析提供了一种有效的解决方案
2016	SQL Server 2016	该版本是 Microsoft 数据平台历史上最大的一次跨越性发展,它除了兼容 SQL Server 2014 版本功能以外,还增强了安全性、可用性和灾难恢复功能,是性能最高的数据仓库,提供实时运营分析、大数据简化等功能,再次简化了数据库分析方式
2017	SQL Server 2017	该版本同时面向 Windows、Linux、macOS 以及 Docker 容器,用户可以在 SQL Server 平台上选择开发语言、数据类型、本地开发或云端开发以及操作系统开发等,引入了图数据处理、适应性查询、面向高级分析的 R/Python 集成等功能
2019	SQL Server 2019	该版本附带 Apache Spark 和 Hadoop Distributed File System (HDFS),可实现跨关系、非关系、结构化和非结构化数据进行查询,从而实现所有数据的智能化;通过开源支持,可以灵活选择语言和平台;在支持 Kubernetes 的 Linux 容器上或在 Windows 上运行 SQL Server;利用突破性的可扩展性和性能,改善数据库的稳定性并缩短响应时间,而无须更改应用程序;让任务关键型应用程序、数据仓库和数据湖实现高可用性;使用 SQL Server Reporting Services 的企业报告功能在数据中找到问题的答案,并通过随附的 Power BI 报表服务器,使用户可以在任何设备上访问丰富的交互式 Power BI 报表

3.1.2　SQL Server 2019 的版本

根据不同的用户类型和使用需求,Microsoft 公司为 SQL Server 2019 推出了多种不同的版本。用户可以根据自己的实际需求、软/硬件环境、价格水平等来选择安装适当的版本和组件。

1. 企业版(Enterprise)

企业版是功能最强大、最全面的 SQL Server 版本。SQL Server 2019 企业版提供了全面的高端数据中心功能,具有快速的性能、无限的虚拟化和端到端商务智能,为关键任务工作负载和最终用户访问数据提供了高水平的服务。

2. 标准版(Standard)

SQL Server 2019 标准版为部门和小型组织运行其应用程序提供基本的数据管理和商务智能数据库,并支持将常用开发工具用于本地和云部署,以最少的 IT 资源实现有效的数据库管理。

3. Web 版(Web)

对于为从小规模至大规模 Web 资产提供可伸缩性、经济性和可管理性功能的 Web 宿主和 Web VAP 来说,SQL Server Web 版本是一项总拥有成本较低的选择。

4. 开发者版(Developer)

SQL Server 2019 开发者版允许开发人员在 SQL Server 上构建任何类型的应用程序。它包含企业版的所有功能,但有许可限制,只被授权用作开发和测试系统,而不能用作生产服务器。SQL Server Developer 是构建和测试应用程序的人员的理想选择。

5. 精简版(Express)

SQL Server 2019 精简版是入门级的免费数据库,非常适合学习和构建桌面和小型服务器数据驱动应用程序。它是独立软件供应商、开发人员和构建客户端应用程序爱好者的最佳选择。如果需要更高级的数据库特性,可以将 SQL Server Express 无缝地升级到其他更高端的 SQL Server 版本。

3.1.3　SQL Server 2019 的数据库组成

SQL Server 2019 的数据库包括两类:系统数据库和用户数据库。系统数据库是安装后系统自动建立的数据库,存放系统的核心信息,SQL Server 2019 使用这些信息来管理和控制整个数据库服务器系统。它由系统管理,用户只能查看其内容,但不可以进行任何破坏性操作(增加、删除、修改),否则可能导致系统崩溃,需要重新安装。用户数据库是由使用者逐步创建起来的,系统安装之初,没有任何用户数据库,但在一个数据库服务器中,用户可以创建多个数据库。

SQL Server 2019 的系统数据库有下面 4 个。

（1）master：最重要的系统数据库，记录 SQL Server 系统的所有系统级信息，包括登录账号、角色、权限设置、链接服务器和系统配置信息等。master 还记录了所有其他数据库的关键信息、数据库文件的位置以及 SQL Server 的初始化信息。

（2）model：是一个模板数据库，存储了可以作为模板的数据库对象和数据，用户在创建数据库时自动调用此数据库中的相关信息。

（3）msdb：与 SQL Server Agent 代理服务有关的数据库，主要完成定时、预处理等操作，记录有关作业、警报、操作员、调度等信息。

（4）tempdb：是一个临时数据库。用于存储查询过程中所使用的中间数据或结果。

系统数据库的组成与用户数据库基本相同，包括表、视图、同义词、可编程性、Service Broker、存储、安全性。

3.2 SQL Server 2019 的组件和管理工具

3.2.1 SQL Server 2019 的组件

1. SQL Server 数据库引擎

数据库引擎是 SQL Server 2019 的核心组件，其基本功能是用于存储、处理数据和保证数据安全。数据库引擎提供受控的访问和快速事务处理，以满足企业中要求极高、大量使用数据的应用程序的要求。SQL Server 支持在同一台计算机上最多存在 50 个数据库引擎实例。

2. 大数据群集

从 SQL Server 2019 (15.x) 开始，借助 SQL Server 大数据群集，可部署在 Kubernetes 上运行的 SQL Server、Spark 和 HDFS 容器的可缩放群集。这些组件并行运行以确保可读取、写入和处理 Transact-SQL 或 Spark 中的大数据，这样就可以借助大量大数据轻松合并和分析高价值关系数据。使用 SQL Server 大数据群集可灵活处理大数据，可查询外部数据源，存储通过 SQL Server 管理的 HDFS 中的大数据，或通过群集查询来自多个外部数据源的数据。然后，可以将数据用于人工智能、机器学习和其他分析任务。

3. 机器学习服务

机器学习服务是 SQL Server 中一项支持使用关系数据运行 Python 和 R 脚本的功能。可以使用开源包和框架，以及 Microsoft Python 包和 R 包进行预测分析和机器学习。使用 SQL Server 机器学习服务，用户可以在数据库中执行 Python 和 R 脚本，还可以使用它来准备和清理数据、执行特征工程以及在数据库中定型、评估和部署机器学习模型。此功能在数据所在的位置运行脚本，无须通过网络将数据传输到其他服务器。

4. 分析服务

分析服务（Analysis Services）是在决策支持和业务分析中使用的分析数据引擎（Vertipaq）。

它为商业智能(BI)数据分析和报告应用程序(如 Power BI、Excel、Reporting Services 报表和其他数据可视化工具)提供企业级语义数据模型功能。SQL Server Analysis Services 安装为本地服务器实例,SQL Server Analysis Services 支持所有兼容级别(取决于版本)、多维模型、数据挖掘和 SharePoint Power Pivot 的表格模型。

5. 报表服务

报表服务(SQL Server Reporting Services,SSRS)提供了一系列本地工具和服务,用于创建、部署和管理移动和分页报表。SSRS 解决方案灵活地将正确信息提供给正确用户。用户可以通过 Web 浏览器、移动设备或电子邮件使用报表。

6. 主数据服务

主数据服务(Master Data Services,MDS)是 SQL Server 2008 R2 开始增加的关键商业智能特性之一。Master Data Services 帮助管理组织的主数据集,可以将数据整理到模型中,创建更新数据的规则,并控制由谁更新数据。通过使用 Excel 以和组织中的其他用户共享主数据集。

7. 集成服务

集成服务(Integration Services)是用于生成企业级数据集成和数据转换解决方案的平台。使用 Integration Services 可解决复杂的业务问题,具体表现为:复制或下载文件、加载数据仓库、清除和挖掘数据以及管理 SQL Server 对象和数据。Integration Services 可以提取和转换来自多种源(如 XML 数据文件、平面文件和关系数据源)的数据,然后将这些数据加载到一个或多个目标。Integration Services 包括一组丰富的内置任务和转换,用于生成包的图形工具和可在其中存储、运行和管理包的 Integration Services 目录数据库。可以使用图形 Integration Services 工具来创建解决方案,而无须编写单行代码。也可以编写广泛的 Integration Services 对象模型,以编程方式创建包,并对自定义任务和其他包对象进行编码。

3.2.2　SQL Server 2019 的管理工具

1. SQL Server Management Studio

SQL Server Management Studio (SSMS) 是自 SQL Server 2005 版本开始增加的组件,是对 SQL Server 2000 查询分析器、企业管理器和分析管理器等工具的集成和扩充,是用于管理任何 SQL 基础结构的集成环境。使用 SSMS,用户可以访问、配置、管理和开发 SQL Server、Azure SQL 数据库和 SQL 数据仓库的所有组件。SSMS 在一个综合实用工具中汇集了大量图形工具和丰富的脚本编辑器,为各种技能水平的开发者和数据库管理员提供对 SQL Server 的访问权限。SSMS 的登录界面和登录后首页如图 3.1 和图 3.2 所示。

2. SQL Server 配置管理器

SQL Server 配置管理器主要用于为 SQL Server 服务、服务器协议、客户端协议和客户端别名提供基本配置管理,如图 3.3 所示。

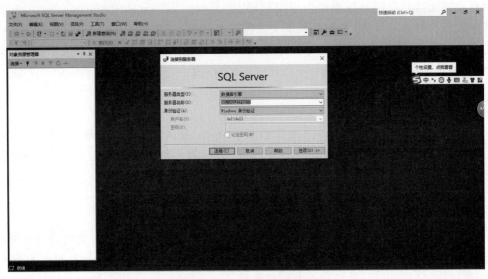

图 3.1　SSMS 登录界面

图 3.2　SSMS 登录后首页

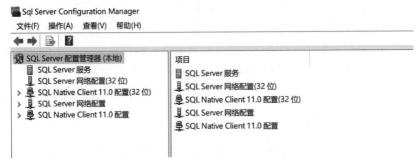

图 3.3　SQL Server 配置管理器

3. SQL Server Profiler

SQL Server Profiler 提供了一种图形用户界面,用于创建和管理跟踪并分析和重播跟踪结果。这些事件保存在一个跟踪文件中,稍后诊断问题时,可以对该文件进行分析,或用它来重播一系列特定的步骤。SQL Server Profiler 启动后的界面如图 3.4 所示。

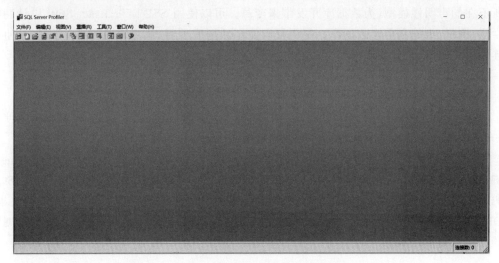

图 3.4　SQL Server Profiler 启动后的界面

4. 数据库引擎优化顾问

数据库引擎优化顾问可以分析工作负荷,并可为该工作负荷推荐可改进服务器性能的物理设计结构。工作负荷可以是计划缓存、SQL Server Profiler 跟踪文件或跟踪表,也可以是 Transact-SQL 脚本。物理设计结构包括索引、索引视图和分区,但其不支持 SQL Server Express。数据库引擎优化顾问启动后的界面如图 3.5 所示。

图 3.5　数据库引擎优化顾问启动后的界面

5. SQL Server Data Tools

SQL Server Data Tools(SSDT)是一款新式开发工具,用于生成 SQL Server 关系数据库、Azure SQL 数据库、Analysis Services（AS）数据模型、Integration Services（IS）包和 Reporting Services（RS）报表。SSDT 通过引入跨 Visual Studio 内所有数据库开发阶段的无所不在的声明性模型,为数据库开发带来变革。可以使用 SSDT Transact-SQL 设计功能来生成、调试、维护和重构数据库。用户可以使用数据库项目,或者在内部或外部直接使用所连接的数据库实例。

6. Azure Data Studio

Azure Data Studio 是跨平台的数据库工具,适合在 Windows、macOS 和 Linux 上使用 Microsoft 系列的本地和云数据平台的数据专业人员。

Azure Data Studio 利用内置功能(如多个选项卡窗口、丰富的 SQL 编辑器、IntelliSense、关键字完成、代码片段、代码导航和源代码管理集成(Git))提供一种基于键盘的新式 SQL 编码体验,使日常任务变得更轻松。按需运行 SQL 查询,查看结果并将其保存为文本、JSON 或 Excel 格式。读者可以编辑数据,组织最喜欢的数据库连接,并以熟悉的对象浏览体验浏览数据库对象。

3.3　SQL Server 2019 安装

3.3.1　SQL Server 2019 的安装环境

SQL Server 2019 的安装环境就是安装 SQL Server 2019 对硬件和软件的最低要求,在安装之前首先要了解其对安装环境的要求,下面分别介绍其对硬件和软件的要求。

首先需要注意的是,仅 x64 处理器支持 SQL Server 2019 的安装。x86 处理器不再支持此安装。

1. 硬件要求

硬件配置的高低会直接影响软件运行速度,实际安装的环境都要比最低要求高一些,安装 SQL Server 2019 对硬件的要求如下。

(1)处理器。x64 处理器,最低要求 1.4GHz,推荐 2.0GHz 或更快。处理器类型: AMD Opteron、AMD Athlon 64、支持 Intel EM64T 的 Intel Xeon,以及支持 EM64T 的 Intel Pentium IV。

(2)内存。最低要求 Express Edition:512MB,所有其他版本:1GB。推荐 Express Edition:1GB。其他版本:至少 4GB,并且应随着数据库大小的增加而增加来确保最佳性能。

(3)硬盘。SQL Server 2019 要求最少 6GB 的可用硬盘空间。磁盘空间要求将随所安装的 SQL Server 2019 组件不同而发生变化。

(4)监视。SQL Server 2019 要求有 Super-VGA（800×600）或更高分辨率的显示器。

（5）Internet。使用 Internet 功能需要连接因特网。

2．软件要求

（1）操作系统。Windows 10 TH1 1507 或更高版本，Windows Server 2016 或更高版本。

（2）.NET Framework。最低版本操作系统包括最低版本.NET 框架。

（3）网络软件。SQL Server 2019 支持的操作系统具有内置网络软件。独立安装项的命名实例和默认实例支持以下网络协议：共享内存、命名管道和 TCP/IP。

3.3.2 SQL Server 2019 Express 安装

下面介绍 SQL Server 2019 的安装过程。本书使用的操作系统是 Windows 10，安装的版本为 Express 版。

（1）下载安装文件。从 Microsoft 官网 https://www.microsoft.com/zh-cn/sql-server/sql-server-downloads 下载 SQL Server 2019，如图 3.6 所示，可以看到有试用版，但使用时间受到限制，只允许免费试用 180 天。还有 Developer 和 Express 两个免费的专用版本可以使用，这里选择 Express 版。单击"立即下载"按钮，开始下载文件。

图 3.6 SQL Server 2019 下载页面

（2）开始安装。下载完成后，找到安装文件，如图 3.7 所示，双击文件开始安装。

图 3.7 SQL Server 2019 安装文件

　　(3) 选择安装类型。开始安装后,首先进入选择安装类型界面,如图 3.8 所示,有基本和自定义两种安装类型可以选择。基本安装会按默认配置进行安装;自定义安装则需要根据安装向导,选择要完成的安装内容。若选择基本安装,则进入从步骤(4)开始的基本安装步骤;若选择自定义安装,则进入从步骤(8)开始的自定义安装步骤。

图 3.8　SQL Server 2019 安装——选择安装类型

基本安装

　　(4) 选择语言和许可条款。选择基本安装后,进入图 3.9 所示的选择语言和许可条款界面,选择语言、了解软件许可条款后,单击“接受”按钮,进入指定安装位置界面。

　　(5) 指定安装位置。图 3.10 所示界面给出了默认的安装位置,可以通过单击“浏览”按钮指定其他的安装位置,之后单击“安装”按钮。

　　(6) 下载安装程序包开始安装。如图 3.11 界面所示,先下载安装程序包,然后进行安装,此过程时间稍长。

　　(7) 完成安装。成功安装后的界面如图 3.12 所示。单击“安装 SSMS”按钮,进入SSMS 安装步骤。

自定义安装

　　(8) 选择语言和位置。如图 3.13 所示,选择完语言和位置后,单击“安装”按钮,开始下载安装程序包,如图 3.14 和图 3.15 所示,下载成功后打开 SQL Server 安装中心。

　　(9) SQL Server 安装中心。如图 3.16 所示,在 SQL Server 安装中心中可以选择要安装的软件,这里选择第一个“全新 SQL Server 独立安装或向现有安装添加功能”。

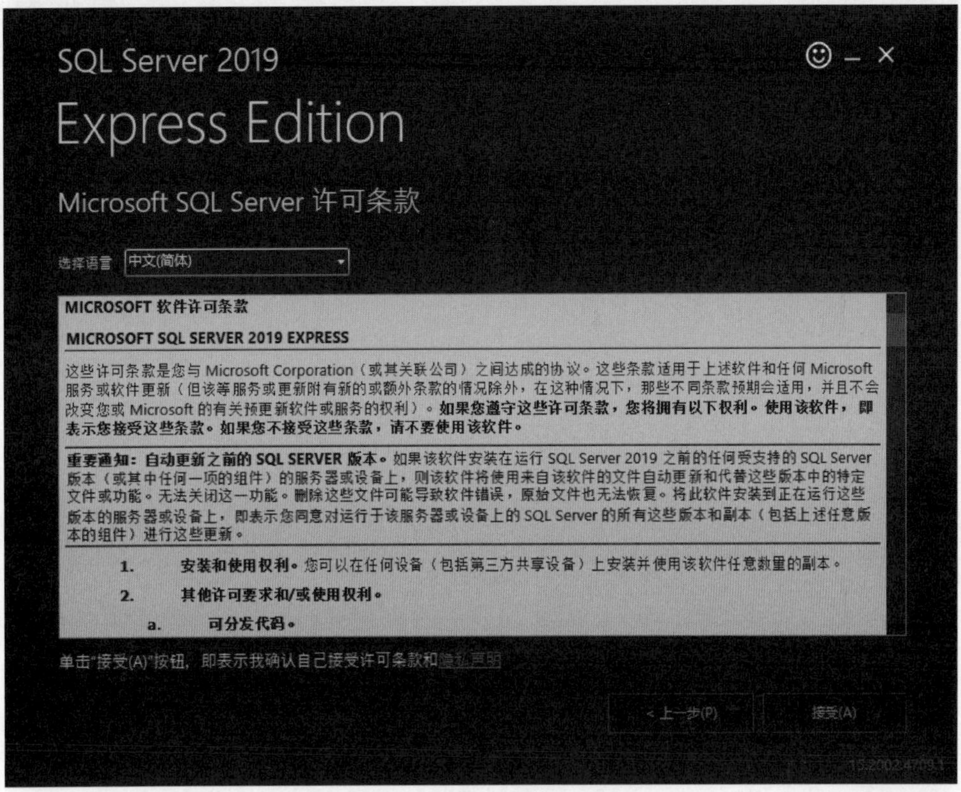

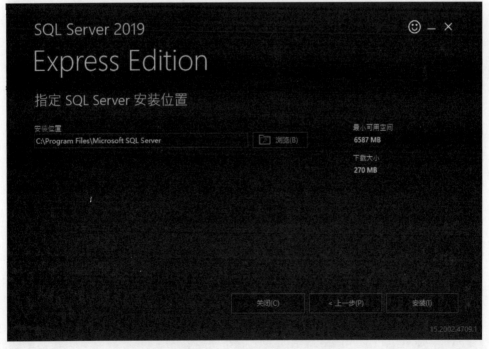

图 3.9 选择语言和许可条款

图 3.10 指定安装位置

图 3.11　下载安装程序包

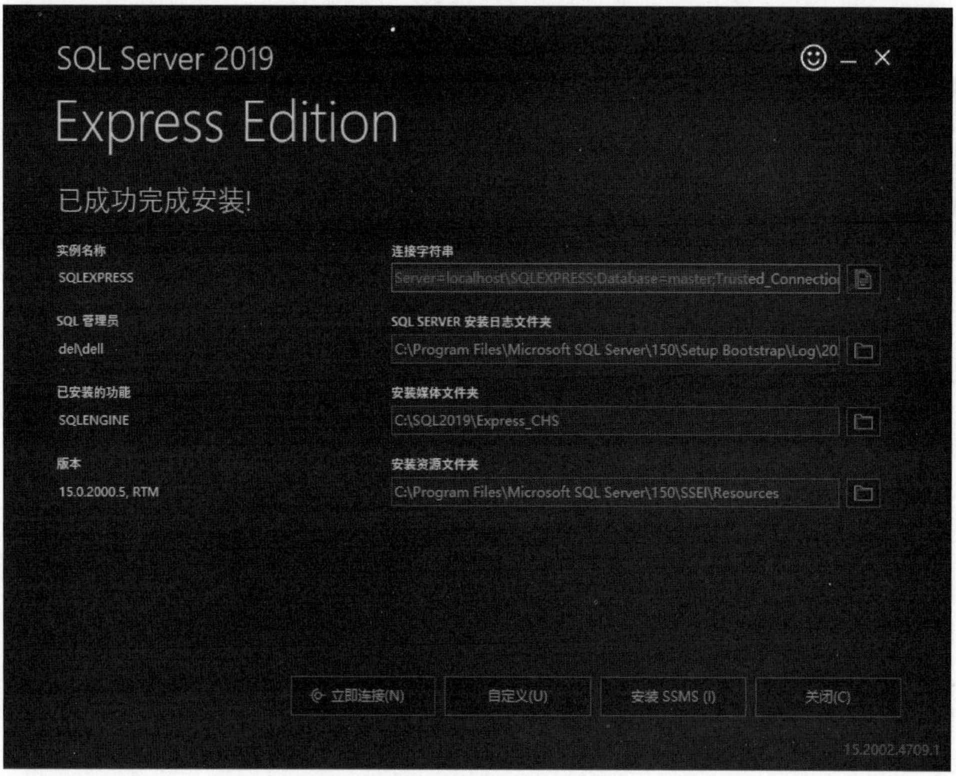

图 3.12　完成安装

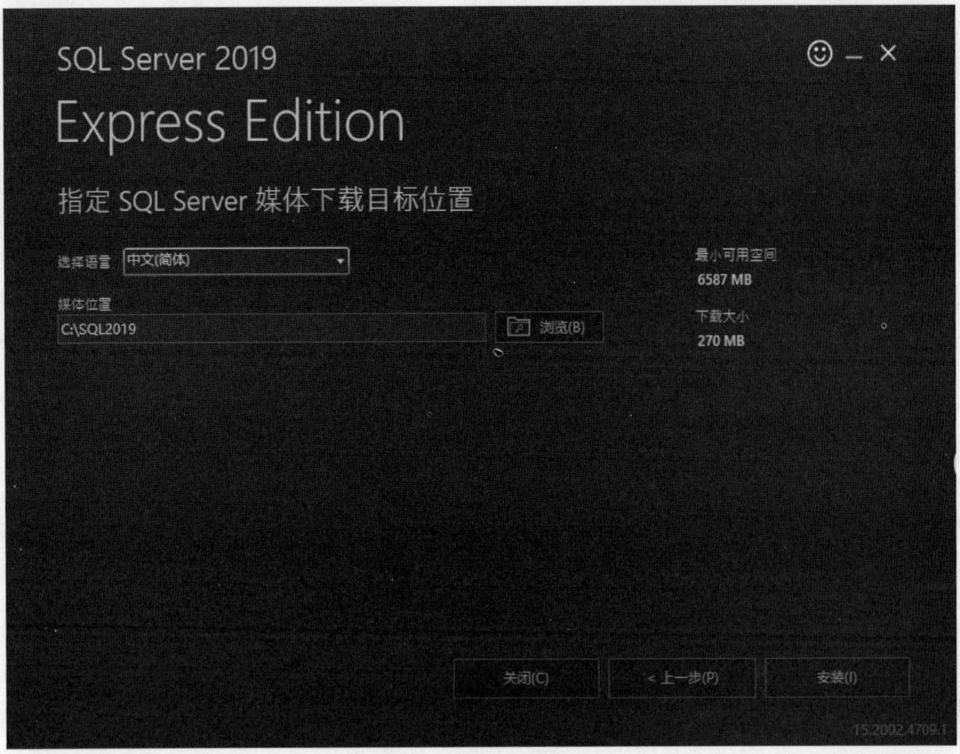

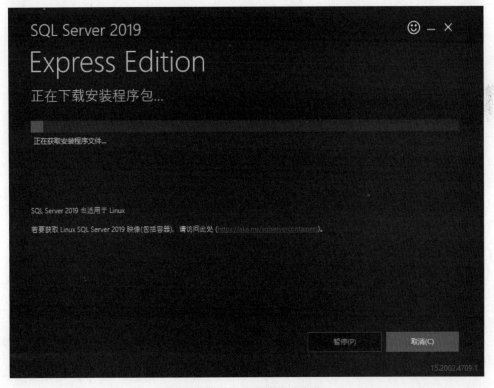

图 3.13　选择语言和位置

图 3.14　下载安装程序包

图 3.15　安装包下载成功

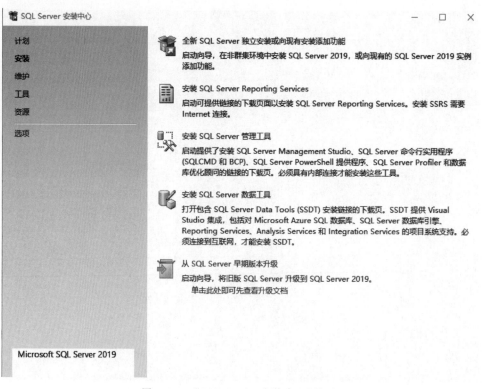

图 3.16　"SQL Server 安装中心"界面

（10）许可条款。开始安装后首先进入许可条款界面，如图 3.17 所示，勾选"我接受许可条款"复选框，然后单击"下一步"按钮，开始安装程序全局规则，其可确定在 SQL Server 安装程序支持文件时可能发生的问题，必须更正所有失败，安装程序才能继续。全部通过则直接进入下一界面——Microsoft 更新。

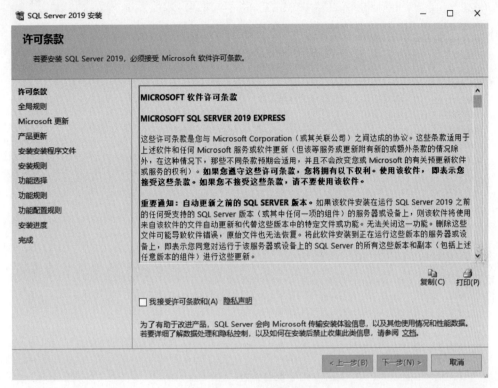

图 3.17　"许可条款"界面

（11）Microsoft 更新。如图 3.18 所示，可以选择勾选"使用 Microsoft 更新检查更新"复选框或者不选，单击"下一步"按钮，进入安装规则界面。

（12）安装规则。安装规则标识在运行安装程序时可能发生的问题，必须更正所有失败，安装程序才能继续。全部通过的界面如图 3.19 所示，单击"下一步"按钮进入功能选择界面。

（13）功能选择。如图 3.20 所示，选择自己所需的功能，不建议全选，很多功能暂时用不上。数据库引擎服务和 SQL 复制是必选项，实例根目录也可以选择修改。单击"下一步"按钮，进入服务器实例配置界面。

（14）实例配置。实例配置可以选择默认实例（MSSQLSERVER），也可以选择命名实例（SQLEXPRESS），如图 3.21 所示，这里选择命名实例，然后单击"下一步"按钮，进入服务器配置界面。

（15）服务器配置。如图 3.22 所示，直接单击"下一步"按钮，进入数据库引擎配置界面。

（16）数据库引擎配置。如图 3.23 所示，选择身份验证模式，前面介绍的基本安装中采用的就是 Windows 身份验证模式，此处选择混合模式，为 sa 账户设置密码，然后单击"下一步"按钮，开始安装。

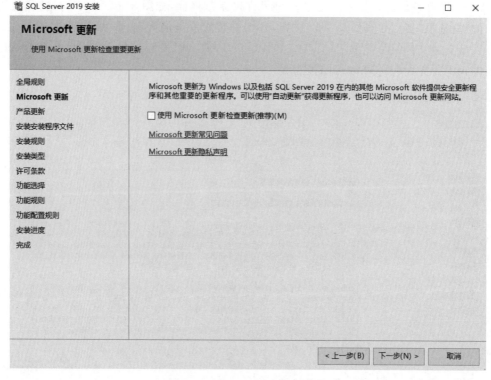

图 3.18 "Microsoft 更新"界面

图 3.19 "安装规则"界面

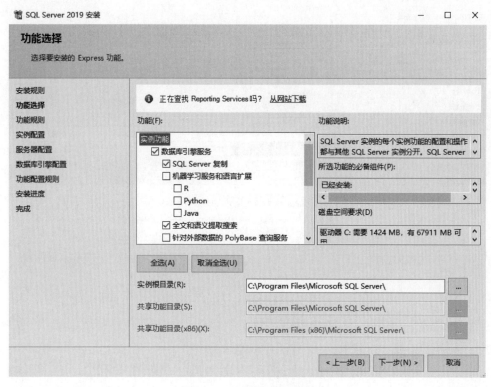

图 3.20　"功能选择"界面

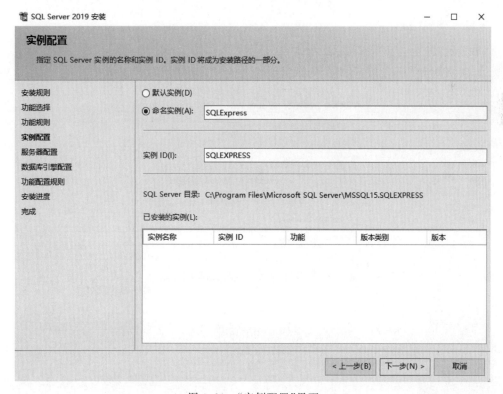

图 3.21　"实例配置"界面

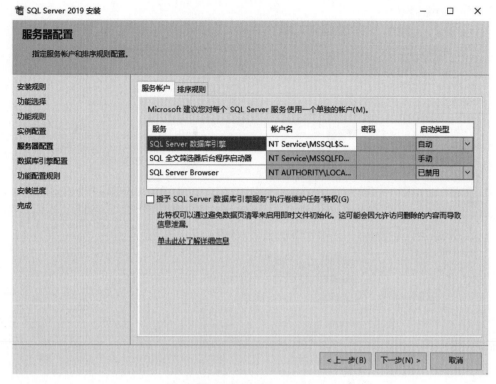

图 3.22 "服务器配置"界面

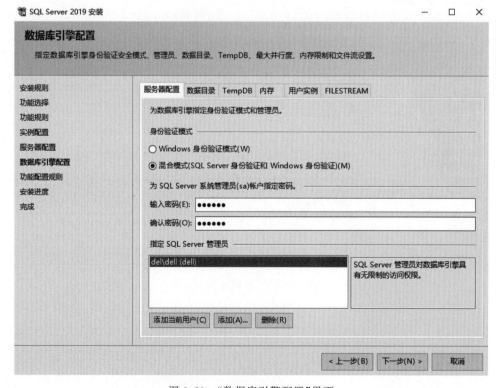

图 3.23 "数据库引擎配置"界面

（17）安装进度。安装界面如图3.24所示。这一过程所需时间相对较长，请耐心等待。

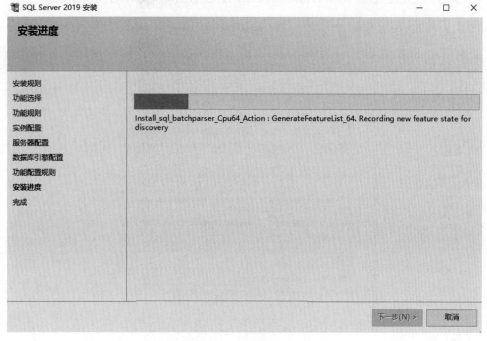

图3.24　"安装进度"界面

（18）安装完成。安装成功后界面如图3.25所示。

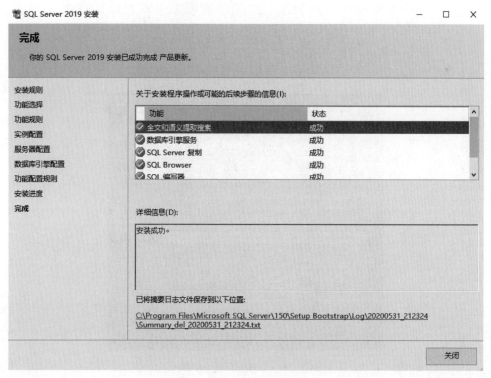

图3.25　安装进度（已完成）

3.3.3 SQL Server Management Studio(SSMS)的安装

（1）进入 SSMS 下载页面，如图 3.26 所示，下载 SSMS。

图 3.26　SSMS 下载页面

（2）下载后，找到 SSMS 安装文件，如图 3.27 所示。

图 3.27　SSMS 安装文件

（3）双击图 3.27 所示的文件开始 SSMS 安装，如图 3.28 所示。

图 3.28　SSMS 安装——首页

（4）选择安装位置后，单击"安装"按钮，进入图3.29所示界面。

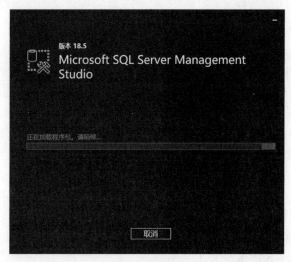

图 3.29 SSMS 安装

（5）安装完成后的界面如图3.30所示。

安装完成后，单击计算机左下角的"开始"可以看到"最近添加"，如图3.31所示。

图 3.30 SSMS 安装完成

图 3.31 安装完成后添加的应用

3.4 SQL 和 Transact-SQL 简介

3.4.1 SQL 概述

SQL（Structured Query Language，结构化查询语言）是一种最常用的关系数据库语言，SQL的核心部分和关系代数是等价的，但它还有一些重要的功能已经超越了关系代数的表达能力（如求和与统计功能以及对数据库进行的插入、删除、修改等更新操作），借助于

SQL,人们可以实现数据操纵、定义和控制等功能,SQL 也成了关系数据库的标准语言。

1. SQL 的发展

1972 年,IBM 公司开始研制实验型的关系数据库管理系统 System R,配制的查询语言称为 SQUARE(Specifying Queries As Relational Expression)。

1974 年,Boyce 和 Chamberlin 将 SQUARE 修改为 SEQUEL(Structured English QUEry Language)语言。这两个语言在本质上是相同的,但后者去掉了一些数学符号,并采用英语单词和结构式的语法规则,看起来很像是英语句子。用户比较欢迎这种形式的语言。后来 SEQUEL 简称为 SQL(Structured Query Language),即"结构化的查询语言",但 SQL 的发音仍为"sequel"。

1986 年 10 月,美国国家标准委员会(American National Standards Institute,ANSI)公布了 SQL 标准,并发布了 ANSI 文件 X3.135-1986《数据库语言 SQL》。

1987 年 6 月,国际标准化组织(International Standards Organization,ISO)正式将其采纳为国际标准,因此,上述标准被称为 SQL-86。

1989 年 4 月,ISO 提出了具有完整性特征的 SQL,并称之为 SQL-89。SQL-89 标准公布对数据库技术的发展和应用都起到了很大的推动作用。

1992 年 11 月,ISO 又公布了 SQL 的新标准,即 SQL-92。

此后随着新版本 SQL-99、SQL-2000 和 SQL-2003 的相继问世,SQL 语言进一步得到了广泛应用。

2. SQL 语言的特点

(1) 高度非过程化。SQL 语言进行数据操作时,SQL 用户(应用程序或终端用户)只要提出"做什么",具体怎么做则由系统找出一种合适的方法自动完成。因此用户无须了解存取路径和操作过程,这大大减轻了用户负担,而且有利于提高数据的独立性。

(2) 面向集合的操作方式。SQL 语句采用集合操作方式,不仅可以使用一条语句从一个或者多个表中查询出一组结果数据(元组的集合),而且一次插入、删除和更新操作的对象也可以是元组的集合。

(3) 语法简单。虽然 SQL 语言功能强大,但是由于设计巧妙,其语法极其简单,完成核心功能只用了 11 个动词,其语法结构接近英语,因此容易学习和使用。

(4) SQL 是关系型数据库的标准语言。无论用户使用哪家公司的产品,SQL 的基本语法都是一样的,有利于各种数据库之间交换数据,有利于程序移植,有利于实现高度的数据独立性,有利于实现标准化。

(5) 可嵌入式的数据库语言。SQL 既可以在交互方式下以命令的形式独立地执行,即用户只需要在终端键盘上直接键入 SQL 命令就可以对数据库进行操作;又可以嵌入高级语言(常用的语言有 C、Java、FORTRAN、Delphi、Visual Basic、PowerBuilder 等)的程序中,以实现对数据库中数据的存取操作,给程序员设计程序提供了很大的方便。

3. SQL 的基本功能

SQL 的基本功能包括数据操纵、数据定义和数据控制。下面分别对这 3 个功能进行简要介绍。

（1）数据操纵功能。

数据操纵功能是通过数据操纵语言（DML）实现对数据库中数据的操纵。DML包括4个基本语句：SELECT，对数据库中的数据进行检索；INSERT，往表中插入数据行；UPDATE，修改已经存在于表中的数据；DELETE，删除表中的数据行。

（2）数据定义功能。

数据定义功能通过数据定义语言（DDL）实现对数据库中各种数据对象（包括表、视图、索引、存储过程、触发器等）的定义、修改和删除。DDL包括3个基本语句：CREATE，新建数据库对象；ALTER，更新已有数据对象的定义；DROP，删除已经存在的数据对象。

（3）数据控制功能。

数据控制功能通过数据控制语言（DCL）实现事务管理、数据保护以及数据库的安全性和完整性控制。DCL包括4个基本语句：GRANT，授予权限；REVOKE，收回权限；COMMIT，提交事务；ROLLBACK，回滚事务。

3.4.2 Transact-SQL简介

Transact-SQL（T-SQL）是Microsoft公司在关系型数据库管理系统SQL Server中对标准SQL的具体实现，是Microsoft公司对SQL的扩展，具有SQL的主要特点，同时增加了变量、运算符、函数、流程控制和注释等语言元素，使得其功能更加强大。T-SQL增加的内容主要体现在如下3方面：

（1）增加了流程控制语句。SQL作为一种功能强大的结构化标准查询语言并没有包含流程控制语句，因此，不能单纯使用SQL构造出一种最简单的分支程序。T-SQL在这方面进行了多方面的扩展，增加了语句块、分支判断语句、循环语句等。

（2）加入了局部变量、全局变量等新概念，用户可以写出更复杂的查询语句。

（3）增加了新的数据类型，处理能力更强。

1. SQL Server 2019的数据类型

SQL Server 2019定义了33种标准数据类型，当然用户也可以自己定义数据类型，但很少用到，一般都使用标准数据类型。

（1）整数型。

整数型包括int、bigint、smallint、tinyint、bit 5种类型，它们的区别在于表示数据的范围不同，如表3.2所示。

表3.2 整数型

数据类型	存储空间/字节	说　明
int	4	存储 $-2^{31} \sim (2^{31}-1)$ 的所有正负整数
bigint	8	存储 $-2^{63} \sim (2^{63}-1)$ 的所有正负整数
smallint	2	存储 $-2^{15} \sim (2^{15}-1)$ 的所有正负整数
tinyint	1	存储 0~255 的所有正整数
bit	1	存储 1、0 或 NULL，非常适合用于开关标记

（2）实数型。

实数型数据包括精确实数型和近似实数型。精确实数型包括 decimal 和 numeric 两种类型,近似实数型包括 real 和 float 两种类型,如表 3.3 所示。

表 3.3　实数型

数据类型	存储空间/字节	说　明
decimal(m,n)	最多 17	定点型数据类型。可表示 $-10^{38}+1\sim10^{38}-1$ 的有固定精度和小数位的数值,其中 m 表示总的有效位数,n 表示小数点后的十进制数的位数,即表示精确到小数点后第 n 位。
numeric(m,n)		同 decimal(m,n)
real	4	可精确到第 7 位小数,其范围是 $-3.40\times10^{38}\sim3.40\times10^{38}$
float	8	可精确到第 15 位小数,其范围是 $-1.79\times10^{308}\sim1.79\times10^{308}$

（3）字符串型。

字符串型用于存储由英文字母、汉字、数字、特殊符号等组成的字符数据。根据编码方式的不同,字符串数据类型又分为 Unicode 字符串类型和非 Unicode 字符串类型。Unicode 编码方式是对所有字符均采用双字节统一编码,非 Unicode 编码方式是对不同国家或地区采用不同的编码长度,如英文字母使用一字节进行编码,而汉字使用两字节进行编码。常用的字符串数据类型如表 3.4 所示。

表 3.4　字符串型

数据类型	说　明
char(n)	固定长度,非 Unicode 编码,长度为 n,n 的取值范围 1～8000,若输入数据的字符数量小于 n,则系统自动在其后添加空格补齐
varchar(n)	可变长度,非 Unicode 编码,最大长度为 n,n 的取值范围 1～8000,若输入数据的字符数量小于 n,系统不会在其后添加空格补齐
text	存储大量可变长度非 Unicode 编码文本数据,其容量理论上是 $1\sim(2^{31}-1)$ 字节
nchar(n)	固定长度,Unicode 编码,长度为 n,n 的取值范围 1～4000,实际占用 2n 字节的存储空间
nvarchar(n)	可变长度,Unicode 编码,最大长度为 n,n 的取值范围 1～4000
ntext	存储大量可变长度 Unicode 编码文本数据,其容量理论上是 $1\sim(2^{31}-1)$ 字节

（4）货币型。

货币型用于存储货币值数据,它固定精确到小数点后 4 位,在输入货币类型数据时,应在其前面加上货币符号,如人民币符号￥或美元符号＄,SQL Server 2019 支持两种货币型,如表 3.5 所示。

表 3.5　货币型

数据类型	存储空间/字节	说　明
smallmoney	4	存储范围 $-2^{31}\sim(2^{31}-1)$
money	8	存储范围 $-2^{63}\sim(2^{63}-1)$

（5）日期和时间型。

日期和时间型是用于存储日期和时间的数据类型,SQL Server 2019 支持 6 种日期和时间型,如表3.6所示。

表 3.6 日期和时间型

数据类型	存储空间/字节	说　明
date	3	只存储日期,存储格式为 YYYY-MM-DD,可存储从 0001-01-01～9999-12-31 的日期数据
time(n)	3～5	只存储时间,n 的取值范围 0～7,存储格式为 hh:mm:ss[.nnnnnnn],取值范围为 00:00:00.0000000～23:59:59.9999999
datetime	8	存储日期和时间的结合体,存储格式为 YYYY-MM-DD hh:mm:ss[.nnnnnnn],可存储 1753-01-01～9999-12-31 的日期和时间数据,精确到千分之三秒
smalldatetime	4	可存储 1900-01-01～2079-06-06 的日期和时间数据,精确到分
datetime2(n)	6～8	可存储 0001-01-01 00:00:00.0000000～9999-12-31 23:59:59.9999999 的日期和时间数据,n 的取值范围 0～7,指定秒的小数位
datetimeoffset(n)	8～10	可存储 0001-01-01 00:00:00.0000000～9999-12-31 23:59:59.9999999 的日期和时间数据,n 的取值范围 0～7,指定秒的小数位。该类型带有时区偏移量,时区偏移量最大为±14 小时,包含了 UTC 偏移量,因此可以合理化不同时区捕捉的时间

（6）二进制型。

二进制型数据类型有 3 种：binary (n)、varbinary(n)和 image,如表 3.7 所示。

表 3.7 二进制型

数据类型	说　明
binary (n)	用于存储固定长度的二进制数据类型,其中 n 用于设置最大长度,n 的取值范围为 1～8000 字节
varbinary(n)	用于存储可变长度的二进制数据类型,其中 n 用于设置最大长度,n 的取值范围为 1～8000 字节
image	用于存储更大容量可变长度的二进制数据类型,最多可以存储 $2^{31}-1$ 字节,约为 2GB,它既可存储文本格式,也可存储 GIF 等多种格式类型的文件

（7）其他数据类型。

除了上面介绍的数据类型之外,SQL Server 2019 还支持如表 3.8 所示的 7 种数据类型。

表 3.8 其他数据类型

数据类型	说　明
geography	此类型用于存储诸如 GPS 纬度和经度坐标之类的椭球体(圆形地球)数据
geometry	此类型表示欧几里得(平面)坐标系中的数据
hierarchyid	层次类型,包含对层次结构中位置的引用,占用空间为 1～892B+2B 的额外开销

续表

数据类型	说　明
sql_variant	一种通用数据类型,它可以存储除了 text、ntext、image、timestamp 和它自身以外的其他类型的数据,其最大存储量为 8000B
timestamp	时间戳类型,每次更新时都会自动更新该类型的数据。其作用与邮局的邮戳类似,通常用于证明某项活动(操作)是在某一时刻完成的
uniqueidentitier	全局唯一标识符(GUID),其值可以从 Newsequentialid( )函数获得,这个函数返回的值对所有计算机来说是唯一的
xml	具有 SQL Server 2019 中其他类型的所有功能,还可以添加子树、删除子树和更新标量值等,最多存储 2GB 数据

2．变量、流程控制和注释

（1）变量。

变量用于存储临时存放数据,变量中的数据随着程序的运行而变化,变量定义时,必须有名字及数据类型两个属性。变量名用于标识该变量,变量类型确定了该变量存放值的格式、变量的取值范围及允许的运算。SQL Server 中的变量分为全局变量和局部变量两种。

全局变量是以"@@"开始的变量,全局变量是由系统提供且预先声明的变量,用户一般只能查看而不能修改全局变量的值。T-SQL 全局变量作为函数引用。例如,@@ERROR 返回执行的上一个 T-SQL 语句的错误号,@@CONNECTIONS 返回自上次启动 SQL Sever 以来连接或试图连接的次数。

局部变量是以"@"开始的变量,是用户声明的用以保存特定类型的单个数据值的对象,它局部于一个语句批,例如保存运算的中间结果作为循环变量等。

（2）流程控制。

高级语言的一个重要特性是具有流程控制的能力,流程可以将更多的语句组织在一起,成为一个程序,来完成更为复杂的功能。T-SQL 也引入了一些流程控制,主要包含 BEGIN…END 语句,IF…ELSE 语句,CASE 语句,循环语句和 RETURN 语句。

变量和流程控制语句的具体应用详见第 7 章数据库编程。

（3）注释。

注释是 T-SQL 程序代码中不被执行的文本,其作用是说明程序各模块的功能、设计思路等,方便程序的阅读、修改和维护。注释的方法有两种：一种是用"－－"(两个连续的减号),用于注释一行代码,注释掉不被执行的部分从"－－"开始,一直到行末尾结束；另一种是用"/＊"开头,用"＊/"结尾,用于注释多行代码,注释掉不被执行的部分为两个星号之间的文本。

3．运算符

运算符是用于执行特定操作的一种符号。SQL Server 2019 中使用的运算符有算术运算符、逻辑运算符、比较运算符、赋值运算符、字符串连接运算符、位运算符等。

算术运算符包括加(＋)、减(－)、乘(＊)、除(/)和取模(％)5 种,用于实现两个数值型表达式的运算,包括货币型。另外,加(＋)、减(－)运算符还可用于日期时间类型的数据的运算。

逻辑运算符用于逻辑判断,返回值为 TRUE 或 FALSE。逻辑运算符包括 AND、OR、NOT、BETWEEN、IN、LIKE、EXISTS、ALL、ANY、SOME 等。其应用会在后面章节中介绍。

比较运算符包括等于(＝)、大于(＞)、小于(＜)、大于或等于(＞＝)、小于或等于(＜＝)、不等于(＜＞或!＝)、不大于(!＞)、不小于(!＜),用于比较两个表达式的关系,几乎可以用于所有类型的表达式(text、ntext 和 image 数据类型除外)。

赋值运算符是等号(＝),用于给变量、字段赋值。

字符串连接运算符是加号(＋),用于把两个字符串连接起来形成一个新的字符串。表 3.4 中列出的字符串型数据类型的数据都可以用此运算符。

位运算符是实现两个操作数之间按位运算的符号,包括按位逻辑与(&)、按位逻辑或(|)、按位逻辑异或(^)和对一个操作数的按位取非操作(~)。进行位运算的操作数必须是整形数据或二进制数据(image 数据类型除外)。

4. SQL Server 2019 常用系统函数

系统函数是由系统预先编制好的程序代码,可以在任何地方调用。本文列举一些常用的系统函数,方便读者在使用时查阅。

(1) 字符串函数。

字符串函数用于字符串的处理,字符串的索引从 1 开始,常用的字符串函数如表 3.9 所示。

表 3.9 常用的字符串函数

函数表达式	功 能 说 明	示 例
SUBSTRING(表达式,起始,长度)	截取子字符串	SUBSTRING('ABCDE',3,2) 结果为'CD'
LEFT(表达式,长度)	从左边开始截取指定长度的子串	LEFT('ABCDE',3) 结果为'ABC'
RIGHT(表达式,长度)	从右边开始截取指定长度的子串	RIGHT('ABCDE',3) 结果为'CDE'
LTRIM(表达式)	删除字符串左边的空格	LTRIM('ABCD') 结果为'ABCD'
RTRIM(表达式)	删除字符串右边的空格	RFTRIM('ABCD') 结果为'ABCD'
UPPER(表达式)	将小写字符转换为大写字符	UPPER('abC12') 结果为'ABC12'
LOWER(表达式)	将大写字符转换为小写字符	LOWER('abC12') 结果为'abc12'
CHARINDEX(表达式 1,表达式 2)	返回表达式 1 在表达式 2 中第一次出现的起始位置,不存在则返回 0	CHARINDEX('ABC','abABCc')结果为 3
LEN(表达式)	返回字符串长度,右边空格不计入	LEN('ABC') 结果为 4

(2) 日期函数。

这里介绍 7 个常用的日期函数,如表 3.10 所示。

表 3.10　常用的日期函数

函数表达式	功能说明	示　例
GETDATE()	返回当前数据库系统的日期和时间	GETDATE()
YEAR(表达式)	返回表达式的年份值	YEAR(GETDATE())
MONTH(表达式)	返回表达式的月份值	MONTH(GETDATE())
DAY(表达式)	返回表达式的日期值	DAY(GETDATE())
DATEADD(标志,间隔,日期)	返回日期间隔后的日期,标志 YY:年份,MM:月份,DD:日	DATEADD(YY,2,GETDATE())返回系统日期时间两年后的日期时间；DATEADD(MM,2,GETDATE())返回系统日期时间两月后的日期时间
DATEDIFF(标志,日期1,口期2)	返回日期 2 和日期 1 之间的时间间隔,标志 YY:年份,MM:月份,DD:日	DATEDIFF(YY,'2020-2-15','2020-5-15')返回值是相差年份为 0；DATEDIFF(MM,'2020-2-15','2020-5-15')返回值是相差月份为 3
DATEPART(标志,日期)	返回日期在指定标志的整数值 YY:年份,MM:月份,DD:日	DATEPART(MM,'2020-2-15')返回值为 2

（3）数值函数。

常用的数值函数如表 3.11 所示。

表 3.11　常用的数值函数

函数表达式	功能说明	示　例
ABS(表达式)	返回表达式的绝对值	ABS(−6) 结果为 6
RAND([种子])	返回 0～1 的随机数	RAND()；RAND(1)
ROUND(表达式,精度)	返回表达式指定精度的四舍五入的值	ROUND(12.3456,2) 结果为 12.35
CEILING(表达式)	返回大于或等于表达式的最小整数	CEILING(12.34) 结果为 13
FLOOR(表达式)	返回小于或等于表达式的最大整数	FLOOR(12.34) 结果为 12
SQRT(表达式)	返回表达式的算术平方根	SQRT(25) 结果为 5
POWER(底,指数)	返回底的指数次方	POWER(5,3) 结果为 125

（4）类型转换函数。

常用的类型转换函数如表 3.12 所示。

表 3.12　常用的类型转换函数

函数表达式	功能说明	示　例
CAST（表达式 AS 数据类型[（长度）]）	将表达式由一种类型转换为另一种类型	CAST(9.5 AS int) 结果为 9；CAST(9.5 AS decimal(6,4)) 结果为 9.5000
CONVERT（数据类型[（长度）],表达式[,日期样式]）	将表达式由一种类型转换为另一种类型 日期样式如：1: MM/DD/YY 111: YYYY/MM/DD	CONVERT(int,9.5) 结果为 9；CONVERT（varchar（128），GETDATE(),1)结果为 05/15/20

（5）聚合函数。

聚合函数是对一组值进行计算，并返回单个值，常用的聚合函数有 5 个，除 COUNT 外，其他的聚合函数在计算时都忽略 NULL 值，如表 3.13 所示。

表 3.13 常用的聚合函数

函数表达式	功能说明	示 例
COUNT([ALL|DISTINCT] 表达式)	统计项数值 COUNT(*)返回所有的项数，包括 NULL 值和重复项；COUNT （ALL 表达式）返回非空的项数； COUNT(DISTINCT 表达式)返回 唯一且非空的项数	COUNT(*)； COUNT(AGE)； COUNT(DISTINCT AGE)
AVG([ALL|DISTINCT] 表达式)	计算平均值	AVG(AGE)
SUM([ALL|DISTINCT] 表达式)	求和	SUM(GRADE)
MIN([ALL|DISTINCT] 表达式)	计算最小值	MIN(AGE)
MAX([ALL|DISTINCT] 表达式)	计算最大值	MAX(AGE)

3.5 本章小结

本章首先介绍了 SQL Server 的发展历史、SQL Server 2019 的组件和管理工具、SQL Server 2019 的安装过程，然后介绍了 SQL 的基本功能和特点，最后介绍了 SQL Server 2019 的数据类型、变量、流程控制语句、运算符和常用函数，这些内容为后续章节的学习打下基础。

习题 3

简答题

1. SQL Server 2019 有哪些版本？
2. 简述 SQL Server 2019 的系统数据库构成。
3. 简述 SQL 的基本功能。
4. 简述 T-SQL 全局变量和局部变量的区别。
5. 简述 char(n)和 varchar2(n)两种数据类型的区别。
6. 简述常用的聚合函数及其功能。

第4章 数据库与数据表管理

视频讲解

数据库是一个逻辑数据管理器,它提供了一个相对独立的环境来存储和管理应用系统的数据。因此,构建数据库应用系统的第一步是建立数据库。SQL Server 数据库由表的集合组成,这里的表即为基本表,这些表用于存储一组特定的结构化数据。对数据库和基本表的定义和管理是建立数据库应用系统的核心操作。

4.1 SQL Server 2019 数据库的基本概念

SQL Server 2019 数据库利用操作系统文件,从逻辑的角度来组织和管理数据库中的数据。每个 SQL Server 2019 数据库至少包含两种操作系统文件,分别是数据文件和事务日志文件。数据文件存储数据和数据对象,例如表、索引、存储过程和视图等。事务日志文件是存储执行数据库事务过程中涉及的所有操作信息。用户可以根据需要建立多个数据文件,为了方便管理数据文件,可以将它们组合起来,放到文件组中。

4.1.1 数据库文件

SQL Server 2019 数据库文件包括 3 种类型:主数据文件、辅助数据文件和事务日志文件。每个数据库的文件都是独立存在的,不同数据库的文件不能共享。一个 SQL Server 2019 数据库必须包含一个主数据文件和一个事务日志文件。

1. 主数据文件

主数据文件用于存储数据库的启动信息和指向数据库中其他文件的指针。用户数据和数据对象可以选择存储在主数据文件中,也可以选择存储在辅助数据文件中。每个数据库只能有一个主数据文件,主数据文件的文件扩展名为.mdf。

2. 辅助数据文件

辅助数据文件用于存储主数据文件未存储的数据和数据对象。如果主数据文件足够大,能够容纳数据库中的所有数据和数据对象,则该数据库可以不用创建辅助数据文件。但是,在实际应用中,数据库的数据量通常非常大,超过单个操作系统文件数据量的最大值,这时就需要创建辅助数据文件数据量来存储数据。另外,如果系统中有多个物理磁盘,建议在不同的物理磁盘上创建辅助数据文件,以便将数据合理地分配在多个物理磁盘上,提高数据的读/写效率。辅助数据文件的文件扩展名为.ndf。

3.事务日志文件

事务日志文件用以记录事务的每个操作步骤对数据库所做的修改。事务日志是数据库的重要信息,当系统出现故障或数据库遭到破坏时,可以根据日志文件中记录的信息分析系统故障出现的原因,并且可以依据日志文件使数据库系统恢复到以前某个正确的状态。事务日志文件的扩展名为.ldf。

需要注意的是,把对数据库中数据的最终修改结果记录到数据文件中和把完成这个修改的操作步骤记录到日志文件中是两个完全不同的操作。在日志文件中保存的是整个修改过程的每一步操作,而在数据文件中仅保存了修改后的最终结果。因此,为了保证数据的安全,SQL Server 2019 数据库都是采用先记录日志的原则。

4.1.2　数据库文件组

为了便于分配和管理,SQL Server 2019 将多个数据文件组合起来,形成一个文件组(File Group)。一个数据库可以有一个或多个文件组,主文件组(Primary File Group)是系统自动创建的,用户可以根据需要添加次文件组。主文件组包含主数据文件和未放入其他文件组的所有辅助数据文件。用户创建的次文件组只能包含辅助数据文件。事务日志文件不属于任何文件组。

4.1.3　数据库的分类

在 SQL Server 2019 中,数据库可以分为系统数据库和用户数据库两种。

1.系统数据库

在安装 SQL Server 2019 数据库管理系统后,SQL Server 2019 会自动创建 5 个系统数据库,分别是 master,model,msdb,tempdb 和 resource。系统数据库对于数据库服务器的正常运行至关重要,下面分别介绍这 5 个系统数据库。

(1) master 数据库是最重要的系统数据库,记录所有系统级信息。如果在计算机上安装了 SQL Server 数据库管理系统,那么系统首先会建立一个 master 数据库来记录初始化信息,例如登录账号、系统配置信息等。之后,master 数据库还记录所有其他数据库的存在和数据库文件的存储位置。由于 master 数据库记录了如此多重要的信息,一旦 master 数据库发生故障,整个 SQL Server 数据库管理系统将无法正常运行。因此,必须要定期对 master 数据库进行备份。

(2) model 数据库是模板数据库,为用户建立新数据库提供了一个模板。model 数据库包含了建立新数据库时所需要的基本信息,当系统收到 CREATE DATABASE 命令时,系统会自动把 model 数据库中的全部内容复制到新建的数据库中。另外,对 model 数据库进行的任何修改都将应用于以后创建的所有数据库中。

(3) msdb 数据库是代理服务数据库。在数据库运行过程中,经常会出现一些非法操作,SQL Server 设置了一套代理程序,能够按照系统管理员的预先设计监控非法操作的发生,并及时向系统管理员发送警报。在代理程序调度一系列操作自动运行的过程中,系统要用到或实时产生很多相关信息,这些信息一般存储在 msdb 数据库中。

(4) tempdb 数据库是一个临时数据库,保存系统运行过程中产生的临时表、临时数据和存储过程。tempdb 数据库是一个全局资源,由整个系统的所有用户和数据库共用。每当关闭 SQL Server 时,tempdb 数据库保存的内容将自动删除。重启动 SQL Server 时,系统将重新创建空的 tempdb 数据库。

(5) resource 数据库是只读数据库,包含了 SQL Server 中的所有系统对象,这些系统对象在物理上保存在 resource 数据库中,但在逻辑上,它们显示在每个数据库的 sys 架构中(如 sys.objects)。resource 数据库是一个“隐藏”的数据库,用户无法使用 SQL 命令看到它,但可以查看它的一些信息。

2. 用户数据库

用户数据库是用户根据自己的需要建立的数据库。例如,建立一个存放学生选课信息的数据库、存放超市商品信息的数据库或者存放图书馆图书信息的数据库等。SQL Server 2019 可以包含多个用户数据库。

4.2　SQL Server 2019 数据库基本管理

4.2.1　数据库的创建

在 SQL Server 2019 中有两种常用的创建数据库的方法:一种是使用 SQL Server Management Studio(SSMS)图形化方式;另一种是使用 Transact-SQL(T-SQL)语句方式。创建数据库需要为数据库确定名称、大小、存放位置、文件名和所在文件组。

【例 4.1】　创建学生选课管理数据库,数据库的名称为 TMS。主数据文件逻辑名为 TMS.mdf,保存路径为 D:\TMS\DATA,日志文件的逻辑名为 TMS_log.ldf,保存路径为“D:\TMS\DATA”。主数据文件大小为 5MB,文件大小不受限制,单次增长比例为 10%;日志文件的初始大小为 2MB,最大为 100MB,单次增长量为 2MB。

1. 使用 SSMS 图形化工具创建数据库

使用 SSMS 图形化工具创建例 4.1 所要求的数据库。具体操作步骤如下。

(1) 打开 Microsoft SQL Server Management Studio 窗口,设置登录的“服务器类型”为“数据库引擎”,选择使用“Windows 身份验证”方式登录。

(2) 弹出 SSMS 窗口,在左侧的“对象资源管理器”窗口中右击“数据库”结点,在弹出的快捷菜单中选择“新建数据库”选项 ,如图 4.1 所示。

(3) 弹出“新建数据库”窗口,如图 4.2 所示。在这个窗口中有“常规”“选项”和“文件组”3 个选项页。

在“常规”页中设置数据库属性。“数据库名称”文本框中填写数据库名称 TMS,在“所有者”文本框中填写数据库所有者名称,或者单击右边的“...”按钮选择其他所有者,“默认值”指的是当前登录名。

设置数据库文件属性如下。

① 逻辑名称：显示该数据库文件的文件名。

② 文件类型：显示当前文件是数据文件还是日志文件。

③ 文件组：显示当前数据库文件所属的文件组。

④ 初始大小：设置该文件的初始容量。

⑤ 自动增长：当文件的当前容量不够用时，通过设置此项来决定文件的自动递增方式。共有两种递增方式，一种是自动分配指定的递增量，另一种是按文件初始容量的指定比例递增。本例中日志文件的最大值为 100MB，单次递增量为 2MB。通过单击"自动增长"列中的 TMS_log 所在行"…"按钮，在弹出的"更改 TMS_log 的自动增长设置"窗口进行设置。

⑥ 路径：指定存放该文件的路径。在默认情况下，默认存储路径为 SQL Server 2019 安装目录下的 data 子目录。本例通过单击"…"按钮，将存储路径设置为 D:\TMS\DATA。

图 4.1 选择"新建数据库"选项

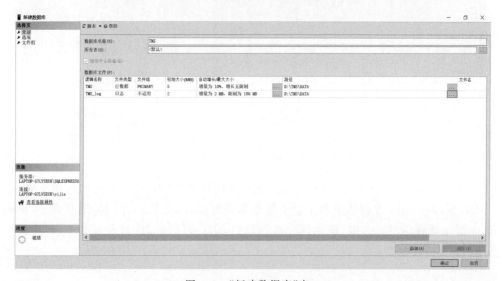

图 4.2 "新建数据库"窗口

⑦ 切换到"选项"页面,在此页面中可以设置数据库的排序规则、恢复模式、兼容级别和其他选项,如图 4.3 所示,本例对此页面中的所有项目均保持默认设置。

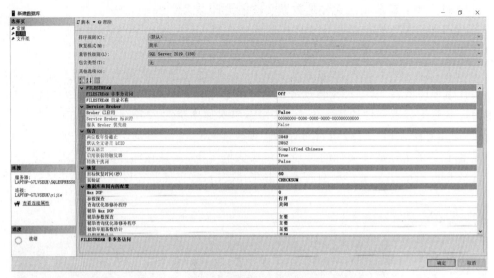

图 4.3　"新建数据库"窗口中的"选项"页面

⑧ 切换到"文件组"页面,设置数据库文件所属的文件组,还可以通过"添加"或者"删除"按钮更改数据库文件所属的文件组,如图 4.4 所示。

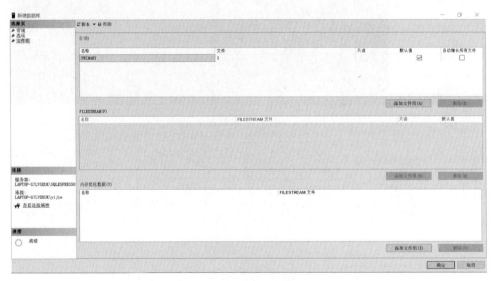

图 4.4　"文件组"页面

⑨ 完成上述操作后,单击"确定"按钮关闭"新建数据库"窗口,系统开始创建 TMS 数据库。SQL Server 2019 在创建过程中会对数据库进行检验,如果存在同名的数据库,则创建失败,并提示错误信息;否则,成功创建数据库后,用户可以通过"对象资源管理器"窗口查看新建的 TMS 数据库。

2. 使用 T-SQL 语句创建数据库

虽然使用 SSMS 图形化工具创建数据库非常方便,但是在某些情况下,不能使用图形化方式创建数据库。例如,在设计一个应用程序时,开发人员可能需要在程序代码中创建数据库,这时就需要使用 T-SQL 语句来创建数据库。

开发人员可以使用 T-SQL 提供的 CREATE DATABASE 语句来创建数据库,基本语法格式如下:

```
CREATE DATABASE <数据库名>
ON
    [PRIMARY]{ (NAME = <逻辑文件名>
    FILENAME = <物理文件名>
    [,SIZE = <初始大小>]
    [,MAXSIZE = {<文件最大长度>|UNLIMITED}]
    [,FILEGROWTH = <文件增长幅度>])
    }[, … n]
    LOG ON
    {(NAME = <逻辑文件名>
    FILENAME = <物理文件名>
    [,SIZE = <初始大小>]
    [,MAXSIZE = {<文件最大长度>|UNLIMITED}]
    [,FILEGROWTH = <文件增长幅度>])
    }[, … n]
```

参数说明如下。

(1) 数据库名:指定数据库名称,数据库名称的命名必须符合标识符规则,最多可以包含 128 个字符。

(2) ON:定义数据库文件。

(3) PRIMARY:定义主数据文件。

(4) LOG ON:定义事务日志文件。如果没有指定 LOG ON,系统将自动创建一个日志文件,其大小为该数据库的所有数据文件大小总和的 25% 或 512KB,取两者之中的较大者。

(5) NAME:用于定义数据文件或日志文件的逻辑名称,这个逻辑名称在数据库中必须唯一,并且必须符合标识符规则。

(6) FILENAME:用于定义数据文件或日志文件在硬盘上的存放路径和文件名称。

(7) SIZE:用来定义文件的初始大小,可以使用 KB、MB、GB 或 TB 作为计量单位,默认为 MB。如果没有为主数据文件指定大小,系统会使用 model 数据库中主文件的大小作为该文件的大小。如果没有为辅助数据库文件指定大小,那么系统默认为 1MB。

(8) MAXSIZE:用于设置数据库允许达到的最大长度,如果默认或指定为 UNLIMITED,则文件可以无限制增长,直至磁盘被充满为止。

(9) FILEGROWTH:用来定义文件的递增方式。

另外,在 T-SQL 语句中使用的部分特定符号及其作用如表 4.1 所示。

表 4.1　T-SQL 特定符号及作用

符号	作　　用
大写	表示 T-SQL 关键字
|(垂直条)	分隔括号或大括号中的语法项,只能使用其中一项
[ ](方括号)	可选语法项
{}(大括号)	必选语法项
[,…n]	表示前面的项可以重复 n 次,各项之间以逗号分隔
<label>	语法块的名称

【例 4.2】　使用 CREATE DATABASE 语句完成例 4.1 中学生选课管理数据库 TMS 的创建。操作步骤如下。

打开 SSMS 窗口,依次选择"文件"→"新建"→"数据库引擎查询"命令或者单击标准工具栏中的"新建查询"按钮,创建一个查询窗口,如图 4.5 所示。

图 4.5　"新建查询"窗口

在查询窗口内输入如下所示 CREATE DATABASE 语句:

```
CREATE DATABASE TMS
ON PRIMARY
  (NAME = TMS,
   FILENAME = 'D:\TMS\DATA\TMS.mdf',
   SIZE = 5,
   FILEGROWTH = 10 %
   )
LOG ON
  (NAME = TMS_log,
   FILENAME = 'D:\TMS\DATA\TMS_log.ldf',
   SIZE = 2,
   MAXSIZE = 100,
   FILEGROWTH = 2
   )
```

单击工具栏中的"执行"按钮,运行结果如图 4.6 所示。然后在"对象资源管理器"窗口中刷新,展开数据库结点就能看到刚创建的数据库 TMS。

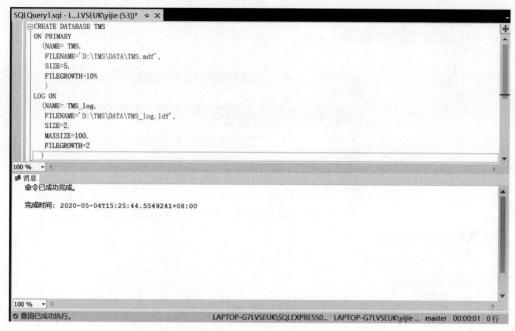

图 4.6 使用 CREATE DATABASE 语句并执行

4.2.2 数据库的管理

1. 查看数据库

对于已经存在的数据库,可以分别使用 SSMS 图形化工具和 T-SQL 语句来查看数据库的信息。

1)使用 SSMS 查看数据库的属性

打开 SSMS 窗口,在左侧"对象资源管理器"窗口中选中要查看的 TMS 数据库,右击,在弹出的快捷菜单中选择"属性"选项,进入"数据库属性-TMS"窗口,如图 4.7 所示。

2)用 T-SQL 语句查看数据库的属性

在 SQL Server 2019 系统中,使用 T-SQL 语句查看数据库信息的方法有多种,例如,可以使用系统视图或系统存储过程来查看数据库的基本信息。下面介绍两种查看数据库信息的基本方法。

(1)使用系统视图查看数据库基本信息,常见的视图如下。

sys. databases:查看有关数据库的基本信息。

sys. database_files:查看有关数据库文件的信息。

sys. filegroups:查看有关数据库文件组的信息。

(2)使用系统存储过程查看数据库基本信息,常见的存储过程如下。

sp_helpdb:显示指定数据库的信息。

sp_spaceused:显示整个数据库保留和使用的磁盘空间。

在 SQL Server 2019 服务器上可能存在多个用户数据库。在默认情况下,用户连接的

图 4.7　"数据库属性-TMS"窗口

是 master 系统数据库。用 USE 语句可以实现不同数据库之间的切换,基本语法格式如下:

USE <数据库名>

其中,数据库名为所要操作的数据库名称。

【例 4.3】　使用系统存储过程 sp_helpdb 查询 TMS 数据库的属性。

在"查询编辑器"窗口输入语句:

```
USE TMS
GO
EXEC sp_helpdb TMS
GO
```

单击工具栏上的"执行"按钮,执行结果如图 4.8 所示。

2. 数据库结构的修改

创建数据库后,可以对数据库属性进行更新,例如增加、删除或修改文件属性(包括更改文件名和文件大小),以及修改数据库选项等,同样可以分别使用 SSMS 图形化工具和 T-SQL 语句两种方式来完成修改操作。

(1) 使用 SSMS 图形化工具修改数据库。

使用 SSMS 图形化工具修改数据库和查看数据库的方式相同。首先,打开图 4.7 中显

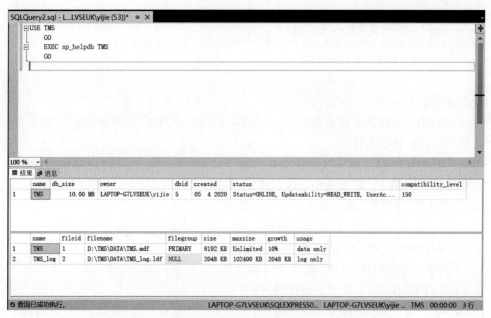

图 4.8　使用系统存储过程 sp_helpdb 查询 TMS 数据库的属性

示的"数据库属性-TMS"窗口,在此窗口不仅可以查看数据库的属性信息,还可以对其进行修改。在 TMS 的属性窗口中共有 8 个选项页,分别是"常规""文件""文件组""选项""更改跟踪""权限""扩展属性""查询存储"。通过这些选项页,可以修改数据库相关信息。这些选项页的具体介绍如下。

① 常规:可以查看所选数据库的常规属性信息。

② 文件:可以查看或修改所选数据库的数据文件和日志文件属性。

③ 文件组:可以查看文件组,或为当前数据库添加新的文件组。

④ 选项:可以查看或修改当前数据库的选项,包括当前数据库的排序规则、恢复模式和兼容级别信息。

⑤ 更改跟踪:可以查看或修改所选数据库的更改跟踪设置,启用或禁用数据库的更改跟踪。

⑥ 权限:可以查看或设置安全对象的权限,包括用户、角色的权限信息。

⑦ 扩展属性:可以通过使用扩展属性向数据库对象添加自定义属性,也可以查看或修改所选对象的扩展属性。

⑧ 查询存储:可以让数据库管理员探查查询、计划选项及其性能。这一性能会自动捕获查询、计划和运行时统计信息的历史记录并将其保留,以供用户查看。

(2) T-SQL 语句提供了修改数据库的语句 ALTER DATABASE,基本语法格式如下:

```
ALTER DATABASE <数据库名>
{
    ADD FILE <数据文件参数> [,...n] [TO FILEGROUP 文件组名称]
    |REMOVE FILE 数据文件名称
    |MODIFY FILE <数据文件参数>
    |ADD LOG FILE <日志文件参数> [,...n]
```

```
|ADD FILEGROUP 文件组名称
|REMOVE FILEGROUP 文件组名称
|MODIFY FILEGROUP 文件组名称 {文件组属性|NAME = 修改后文件组名称}
|MODIFY NAME = 修改后数据库名称
}
```

参数说明如下。

① ADD FILE <数据文件参数>[,…n][TO FILEGROUP 文件组名称]：表示向指定的文件组添加新的数据文件。

② REMOVE FILE：删除某一个文件。

③ MODIFY FILE：修改某个文件的属性。

④ ADD LOG FILE：添加新的事务日志文件。

⑤ ADD FILEGROUP：添加新文件组。

⑥ REMOVE FILEGROUP：删除指定文件组。

⑦ MODIFY FILEGROUP：修改文件组属性。

⑧ MODIFY NAME：修改数据库的名称。

【例 4.4】　为 TMS 数据库增加容量，数据库文件 TMS.mdf 的初始分配空间为 5MB，现在增至 15MB。

代码如下：

```
USE TMS
GO
ALTER DATABASE TMS
MODIFY FILE
(NAME = TMS,
 SIZE = 15)
GO
```

【例 4.5】　为 TMS 数据库增加辅助数据文件 TMS_dataT.ndf，初始分配空间为 5MB，最大长度为 50MB，按照 1%增长。

代码如下：

```
USE TMS
GO
ALTER DATABASE TMS
ADD FILE
(NAME = TMS_dataT,
FILENAME = 'D:\TMS\DATA\TMS_dataT.ndf',
SIZE = 5,
MAXSIZE = 50,
FILEGROWTH = 1 %
 )
GO
```

【例 4.6】　删除 TMS 数据库中的辅助数据文件 TMS_dataT.ndf。

代码如下：

```
USE TMS
```

```
GO
ALTER DATABASE TMS
REMOVE FILE TMS_dataT
GO
```

4.2.3　重命名或删除数据库

在 SQL Server 2019 系统中,对于已存在的数据库,可以更改其名称,当不使用该数据库时,还可以直接删除,释放系统空间。但是,在进行重命名或删除数据库之前,必须确保没有用户正在使用该数据库。

1. 使用 SSMS 图形化工具重命名或删除数据库

（1）重命名数据库。

打开 SSMS 窗口,在左侧"对象资源管理器"窗口中选中要更名的数据库对象,然后右击,在弹出的快捷菜单中选择"重命名"命令。之后,直接输入新数据库名,完成数据库的更名。

（2）删除数据库。

打开 SSMS 窗口,在左侧"对象资源管理器"窗口中选中要删除的数据库对象,然后右击,在弹出的快捷菜单中选择"删除"命令,在打开的"要删除的对象"对话框中选择要删除的数据库,然后单击"确定"按钮,即完成对选定数据库的删除。

2. 使用 T-SQL 语句重命名或删除数据库

（1）重命名数据库。

可以使用 ALTER DATABASE 的 MODIFY NAME 子句对数据库进行重命名,如例 4.7 所示。也可以使用系统存储过程 sp_renamedb 来更改数据库的名称,如例 4.8 所示,基本语法格式如下:

```
sp_renamedb <原数据库名>,<新数据库名>
```

其中,新数据库名为修改后的数据库名称。

【例 4.7】　修改 TMS 数据库名称为 TS_TMS。

代码如下:

```
USE TMS
GO
ALTER DATABASE TMS MODIFY NAME = TS_TMS
GO
```

【例 4.8】　使用存储过程 sp_renamedb 重写例 4.7。

代码如下:

```
USE TMS
GO
sp_renamedb 'TMS' , ' TS_TMS '
GO
```

（2）删除数据库。

删除数据库的 T-SQL 语句的基本语法格式如下：

```
DROP DATABASE <数据库名>[,数据库名]
```

参数 DROP 表示删除操作。

允许一次删除多个数据库,数据库名之间用逗号隔开。

【例 4.9】　删除更名后的数据库 TS_TMS。

代码如下：

```
USE TMS
GO
DROP DATABASE TS_TMS
GO
```

4.3　SQL Server 2019 中表的管理

在数据库中,表是最重要、最基本的数据库对象,是数据存储的基本单位。创建数据库的目的就是存储和管理数据。因此,表的创建和管理是 SQL Server 2019 最基本的操作,表结构的设计不仅要考虑数据的存储需求,而且要考虑如何设计才能更有效地管理数据。

假设学生选课管理数据库 TMS 中包含 3 张表,分别是学生表 S、课程表 C 和课程选修表 SC,3 张表的结构分别如表 4.2~表 4.4 所示。

表 4.2　学生表 S 的表结构

列　　名	描　　述	数 据 类 型	允 许 空 值	说　　明
SNO	学号	CHAR(10)	NO	主键
SNAME	姓名	CHAR(8)	NO	
SEX	性别	CHAR(2)	YES	
BIRTHYEAR	出生年份	INT	YES	
SDEPT	所在系	VARCHAR(20)	YES	
SCLASS	所在班级	VARCHAR(20)	YES	

表 4.3　课程表 C 的表结构

列　　名	描　　述	数 据 类 型	允 许 空 值	说　　明
CNO	课程号	CHAR(5)	NO	主键
CNAME	课程名	VARCHAR(20)	NO	
CNATURE	课程性质	VARCHAR(20)	YES	
CREDIT	学分	CHAR(2)	YES	
PRECNO	先修课程号	CHAR(4)	YES	
CDEPT	开课院系	VARCHAR(20)	YES	

表 4.4　课程选修表 SC 的表结构

列　　名	描　　述	数 据 类 型	允 许 空 值	说　　明
SNO	学号	CHAR(10)	NO	外键(和 CNO 共同组成主键)
CNO	课程号	CHAR(5)	NO	外键
GRADE	成绩	REAL	YES	

在 SQL Server 2019 中,与表相关的操作也都可以通过使用 SSMS 图形化工具或 T-SQL 语句来实现。

4.3.1　表的创建和修改

如果在 SQL Server 2019 系统中已经创建了一个数据库,那么,就可以在此数据库中定义表。在创建表时,需要考虑下面两方面内容。

(1) 确定表的结构,也就是确定表中有几列(也称为属性)、每列的名称以及每列的数据类型。

(2) 设计完整性约束,通过设计约束来实现实体完整性、域完整性和参照完整性。约束主要有 5 种类型,分别是主键约束(PRIMARY KEY)、外键约束(FOREIGN KEY)、唯一性约束(UNIQUE)、检查约束(CHECK)和默认约束(DEFAULT)。约束一旦创建成功,由 SQL Server 数据库引擎强制执行约束规则。

另外,只有完成表结构的创建,系统才会在磁盘上开辟相应的空间,用户才能向数据库中添加数据。

1. 使用 SSMS 图形化工具创建和修改表结构

1) 创建表的基本结构

【例 4.10】　为 TMS 数据库创建学生表 S,表的结构见表 4.2。

使用 SSMS 图形化工具的操作步骤如下。

(1) 打开 SSMS 窗口,在左侧"对象资源管理器"窗口中展开"数据库"结点,可以看到所有数据库,例如 TMS。展开 TMS 结点,右击"表"结点,在弹出的快捷菜单中选择"新建"→"表"选项,如图 4.9 所示。

(2) 进入"表设计器"窗口,在"列名"栏中输入各列的名称,在"数据类型"栏中选择对应数据类型。如果勾选"允许 Null 值"栏中的复选框,则表明该列可以取空值。

根据表 4.2 建立学生表 S,如图 4.10 所示。

(3) 单击"保存"按钮,在弹出的"选择名称"对话框中输入表名 S,如图 4.11 所示。然后单击"确定"按钮,保存整个创建过程。对于表 SC 和表 C,也可以选择用相同的方法进行创建。

(4) 如果需要修改表结构,展开"数据库"结点,在需要修改的表中右击,在弹出的快捷菜单中选择"设计"命令,重新打开表设计器,进行上述操作即可。

2) 创建和修改约束

(1) 主键约束。

主键(PRIMARY KEY)用于唯一标识表中的每行记录。可以定义表中的一列或一组

图 4.9　选择"新建"→"表"选项

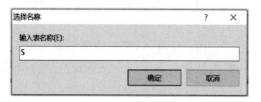

图 4.10　"表设计器"窗口

图 4.11　"选择名称"对话框

列为主键,用于强制实现表的实体完整性。主键列上不允许任何两行数据具有相同的值,而且列中每个属性值的取值也不能为空值(实体完整性)。

　　为了有效实现数据的管理,每张表都应该有主键,且只能有一个主键。在为表指定了主键后,数据库引擎将自动在主键列上创建唯一索引,来强制实现主键列上数据的唯一性。

【例 4.11】 使用 SSMS 图形化工具,为 TMS 数据库的 S 表在 SNO 列上创建主键约束。具体操作步骤如下。

① 打开 SSMS 窗口,在左侧"对象资源管理器"窗口中,选中需要添加主键约束的表 S 并右击,在弹出的快捷菜单中选择"设计"命令,弹出"表的设计器"窗口。

② 右击要设置为主键的列名 SNO,如果主键由多个列组成,则需要同时选中这些列(按住 Ctrl 或 Shift 键单击所有列)右击,在弹出的快捷菜单中选择"设置主键"命令,如图 4.12 所示。

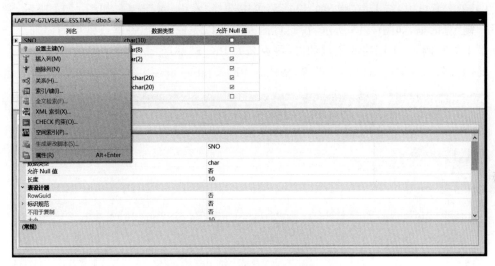

图 4.12 选择"设置主键"命令

③ 设置成功后,主键列的左边会显示钥匙图标,如图 4.13 所示。单击工具栏中的"保存"按钮,完成主键的设置。

列名	数据类型	允许 Null 值
SNO	char(10)	☐
SNAME	char(8)	☐
SEX	char(2)	☑
BIRTHYEAR	int	☑
SDEPT	varchar(20)	☑
SCLASS	varchar(20)	☑
		☐

图 4.13 设置 SNO 字段为主键

如果要删除主键约束,首先要删除表之间的参照关系,否则主键约束不允许删除。然后在"表的设计器"窗口中选择主键列右击,在弹出的快捷菜单中选择"删除主键"命令,删除表的主键。

(2) 唯一性约束。

唯一性(UNIQUE)约束用来设置除了组成主键约束的其他列数据的唯一性。在一个表中可以设置多个唯一性约束。尽管唯一性约束和主键约束都强制唯一性,但是唯一性约束允许列值取空值,这一点与主键约束不同。

如果要为已经添加了数据的列设置唯一性约束,数据库引擎将检查列中的现有数据是否满足唯一性。如果列中包含重复值,此次设置约束的操作不允许执行,并返回错误消息。具体创建过程见例4.12。

【例4.12】 使用SSMS图形化工具,为TMS数据库的表S在SNAME列上创建唯一约束。

具体操作步骤如下。

① 打开SSMS窗口,在左侧"对象资源管理器"窗口中,选中需要添加唯一性约束的表S,右击,在弹出的快捷菜单中选择"设计"命令,弹出"表的设计器"窗口。

② 在该窗口中,右击,在弹出的快捷菜单中选择"索引/键"选项,如图4.14所示,弹出"索引/键"对话框,如图4.15所示,在此对话框中可以完成主/唯一键或索引的添加。当前对话框中只有例4.11创建的主键约束,约束名为PK_S。

此约束名为数据库引擎自动设置,格式为PK_<tablename>,其中tablename是表名。

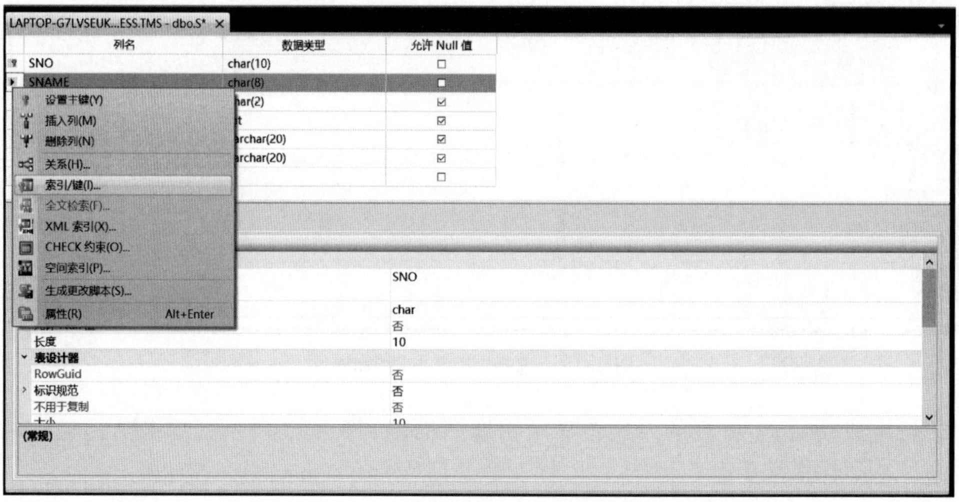

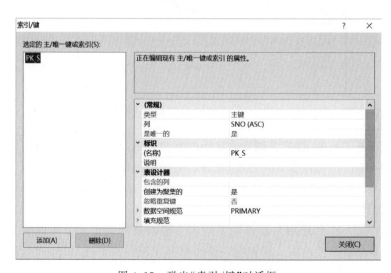

图4.14　选择"索引/键"选项

图4.15　弹出"索引/键"对话框

③ 单击"添加"按钮,添加唯一性约束。在"常规"选项中的"类型"下拉列表框中选择"唯一键"选项,如图 4.16 所示。

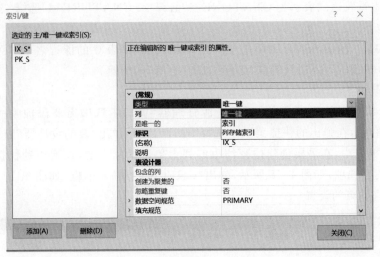

图 4.16　选择"唯一键"选项

④ 在"列"选项的右边单击省略号按钮(···),弹出"索引列"对话框,如图 4.17 所示。选择列名 SNAME 和排序顺序"升序",单击"确定"按钮,返回"索引/键"对话框。

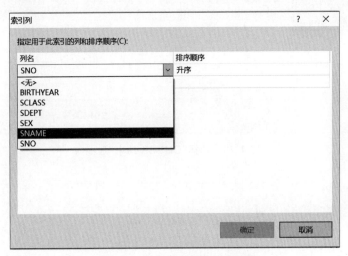

图 4.17　指定索引列和排序顺序

⑤ 在"索引/键"对话框的"标识"选项中的"名称"处可以为新创建的唯一性约束自定义约束名称,来代替数据库引擎自动为唯一性约束定义的名称,如输入 UNQ_sname。

⑥ 设置完成后,单击"关闭"按钮,返回"表设计器"窗口,然后单击工具栏中的"保存"按钮,完成唯一性约束的创建。如果要取消唯一性约束,则在该窗口的"选定的主/唯一键或索引"列表框中选择对应的唯一性约束的名称,单击"删除"按钮,完成删除操作。

(3) 检查约束。

检查(CHECK)约束通过限制一列或多列的取值范围来强制实现域完整性。如果用逻辑(布尔)表达式来判断当前数据的有效性,可以用逻辑表达式作为约束条件,根据逻辑表达式返回的 TRUE 或 FALSE 值,来判断当前数据是否满足约束要求。例如,可以通过创建检查约束将 TMS 数据库中表 C 的课程性质(CNATUR)列的取值限定为"必修"或者"选修"两个值,逻辑表达式表示为 CNATURE ='必修' or CNATURE ='选修',这个检查约束的实现过程见例 4.13。

【例 4.13】 使用 SSMS 图形化工具为 TMS 数据库表 C 的课程名(CNATURE)列添加检查约束,即"课程名"列只能取"必修"或者"选修"两个值。

操作步骤如下。

① 打开 SSMS 窗口,在左侧"对象资源管理器"窗口中选中需要添加唯一性约束的表 C,单击鼠标右键,在弹出的快捷菜单中选择"设计"命令,弹出"表的设计器"窗口。

② 在该窗口中,在需要创建检查约束的列上单击鼠标右键,在弹出的快捷菜单中选择"CHECK 约束"选项,如图 4.18 所示,弹出"CHECK 约束"对话框,如图 4.19 所示,在此窗口中完成检查约束的设置。

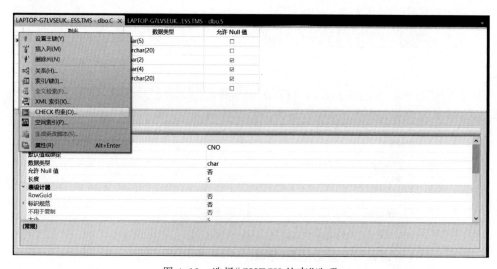

图 4.18　选择"CHECK 约束"选项

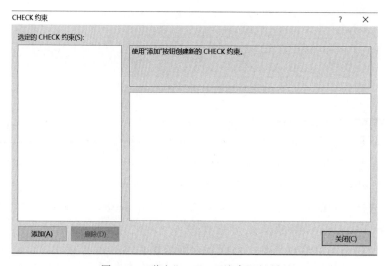

图 4.19　弹出"CHECK 约束"对话框

③ 单击"添加"按钮,添加 CHECK 约束,系统给出默认的约束名 CK_C,在"常规"的"表达式"文本框中输入约束条件"CNATURE ='必修' or CNATURE ='选修'",如图 4.20所示,单击"确定"按钮,完成设置。

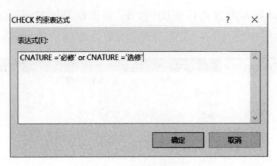

图 4.20　设置约束条件

④ 如果要修改已有的检查约束,可以在"选定的 CHECK 约束"列表框中选择要修改的CHECK 约束,修改约束表达式,如图 4.21 所示。"CHECK 约束"对话框中"表设计器"的"强制用于 INSERT 和 UPDATE"选项默认值为"是",表示检查约束在当前表成功设置后,对当前表中数据进行插入或更新操作时,需要检测数据是否满足检查约束;"强制用于复制"选项默认值为"是",表示在当前表上发生复制操作时,需要检测数据是否满足检查约束;"在创建或重新启用时检查现有数据"选项默认值为"是",表示在创建检查约束前,数据库引擎需要检测现存数据是否满足检查约束。

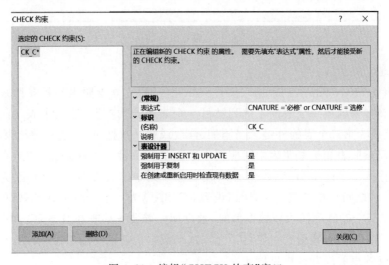

图 4.21　编辑"CHECK 约束"窗口

⑤ 单击"关闭"按钮,完成检查约束的创建或修改。

⑥ 如果需要删除某个检查约束,则在该对话框的"选定的 CHECK 约束"列表框中选定要删除的检查约束名,单击"删除"按钮,完成删除。

（4）默认约束。

默认（DEFAULT）约束用于给表中一列或多列设置默认值,一列只能设置一个默认约束。若为表中某列设置了默认约束,当用户向该表插入新数据时,如果没有为该列指定数据,那么数据库引擎就将默认值直接赋给该列(默认值可以为空值)。

【例 4.14】　使用 SSMS 图形化工具,为学生表 S 的 SEX 属性列设置默认值为"女"。具体方法如下。

在表设计器中选择需要设置默认值的列,在"列属性"的"默认值或绑定"栏中输入默认值"女",然后单击工具栏中的"保存"按钮,即完成默认值约束的创建,如图 4.22 所示。

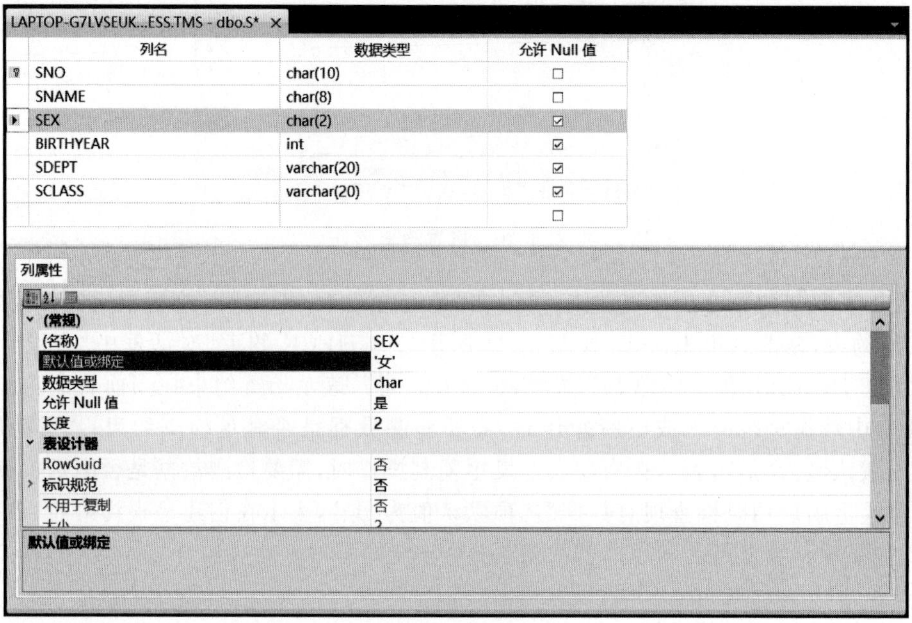

图 4.22　设置默认约束

(5) 外键约束。

外键(FOREIGN KEY)约束用来实现参照完整性,建立参照表和被参照表之间对应列之间的联系。如果构成一个表的主键列被另一个表中的列参照,这两个表之间就创建了联系,这个列就成为第二个表的外键。当添加、修改或删除数据时,通过外键约束,数据库引擎可以自动确保参照表和被参照表中对应列中数据的一致性。也就是说,如果在设置为外键约束的列中输入一个非空值,则此值必须在被参照列中已经存在。例如,因为课程选修表 SC 与课程表 C 之间存在参照关系,所以设置 SC. SNO 为一个参照了 S. SNO 的外键。设置完成后,当向 SC. SNO 列插入新数据值时,数据库引擎要先检查在 S. SNO 列中是否已经存在这个值,如果不存在,数据库引擎将不允许这个数据值插入 SC. SNO 表中,并返回错误信息。这个外键约束的设置过程见例 4.15。

【例 4.15】　使用 SSMS 图形化工具,为课程选修表 SC 中的 SNO、CNO 列分别设置外键约束。

本例只给出 SC. SNO 设置外键约束的过程,具体操作步骤如下。

① 在"对象资源管理器"窗口中,右击参照关系表 SC,再选择"设计"选项。

② 在"表的设计器"窗口中右击,在弹出的快捷菜单中选择"关系"选项。

③ 在"外键关系"窗口中单击"添加"按钮,如图 4.23 所示。在"选定的关系"列表框中显示数据库引擎自动为该外键约束设置的约束名,格式为 FK_< tablename1 >< tablename2 >,

其中 tablename1 是参照关系名,tablename2 是被参照关系名。此处为 FK_SC_S。

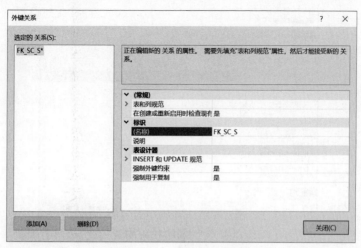

图 4.23 设置外键约束

④ 在"选定的关系"列表框中单击该关系。在"常规"选项中的"表和列规范"处,单击该属性右侧的省略号按钮(…)。在"表和列"窗口中,在"主键表"下拉列表中选择被参照表 S,并在下方的下拉框中选择当前被参照的列 SNO。在右侧的"外键表"下拉列表中选择参照表 SC,并在下方的下拉框中选择当前要设置为外键的列 SNO,如图 4.24 所示。

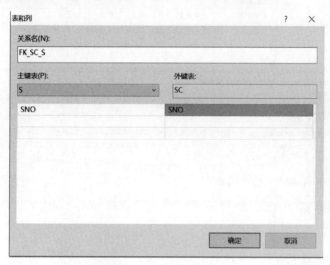

图 4.24 "表和列"窗口

⑤ 单击"确定"按钮完成该约束创建。

3) 删除表

如果某个表不再被使用时,可以将其删除以释放数据库空间。表被删除后,它的结构定义、数据、约束和索引都将永久地从数据库中被删除。表上的默认值将被解除绑定,任何与表关联的约束或触发器都将被自动删除。利用 SSMS 图形化工具删除表的方法见例 4.16。

【例 4.16】 使用 SSMS 图形化工具,删除 S 表。

展开"对象资源管理器"窗口,选择要删除的表 S,右击,在弹出的快捷菜单中选择"删除"命令,弹出"删除对象"窗口,如图 4.25 所示,单击"确定"按钮即可删除表。

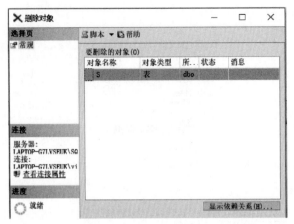

图 4.25　"删除对象"窗口

但是,如果当前删除的表 S 还存在参照关系,数据库引擎不允许此次删除操作,将返回错误信息,如图 4.26 所示。

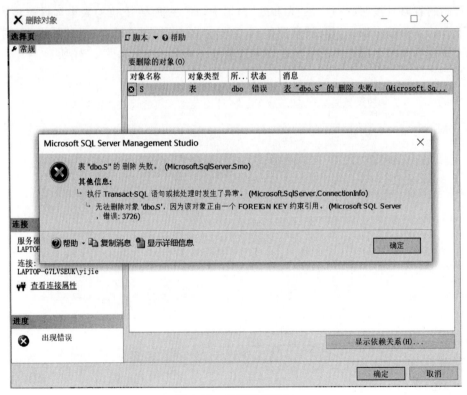

图 4.26　错误提示窗口

2. 使用 T-SQL 语句创建和修改表

1) 创建表

使用 CREATE TABLE 语句来创建表,具体包括指定列名、数据类型和完整性约束。

如果完整性约束涉及该表的多个列,必须定义在表级上;否则,既可以定义在列级上也可以定义在表级上。其基本语法格式如下:

```
CREATE TABLE <表名>
(
<列名 1> <数据类型> <列级完整性约束> [,... n]
<表级完整性约束> [,... n]
)
[ON <filegroup>|<"default">]
```

参数说明如下。

(1)表名:所要定义的表的名称。

(2)列名和数据类型:表中每列的名字,以及相应的数据类型。

(3)ON <filegroup>|<"default">:指明存储表文件的文件组。如果指定了 default,或直接省略该项的设置,则表示存储在默认文件组中。

(4)列级完整性约束包含如下几种。

① 默认约束。

```
[CONSTRAINT <默认约束名>] DEFAULT 常量表达式。
```

② 空值/非空值约束。

```
NULL/NOT NULL
```

③ 主键约束。

```
[CONSTRAINT <主键约束名>] PRIMARY KEY [CLUSTERED| NONCLUSTERED](主键),
```

其中,CLUSTERED|NONCLUSTERED 表示数据库引擎自动为主键约束所创建的唯一性约束是聚集索引或非聚集索引,默认为聚集索引(CLUSTERED)。

④ 外键约束。

```
[CONSTRAINT <外键约束名>] [FOREIGN KEY] REFERENCES <被参照表名>[(<主键>)]
```

⑤ 唯一性约束。

```
[CONSTRAINT <唯一性约束名>]UNIQUE[CLUSTERED|NONCLUSTERED]
```

⑥ 检查约束。

```
[CONSTRAINT <检查约束名>]CHECK(<逻辑表达式>)
```

(5)表级完整性约束如下。

① 多个列组合构成主键约束。

```
[CONSTRAINT <主键约束名>]PRIMARY KEY (列名 1,列名 2,...,列名 n)
```

② 多个列组合构成外键约束。

```
[CONSTRAINT <外键约束名>]FOREIGN KEY(列名 1,列名 2,...,列名 n) REFERENCES 被参照表(列名 1,列名 2,...,列名 n)
```

③ 多个列组合构成唯一性约束。

```
[CONSTRAINT <默认值约束名>]UNIQUE(列名 1,列名 2,...,列名 n)
```

④ 检查约束的逻辑表达式中包含多个属性列。

[CONSTRAINT <检查约束名>]CHECK(逻辑表达式)。

【例 4.17】 使用 T-SQL 语句,创建 TMS 数据库的学生表 S、课程表 C 和课程选修表 SC,表结构如表 4.2~表 4.4 所示。

代码如下:

```
USE TMS
GO
CREATE TABLE S
(
 SNO CHAR(10) NOT NULL
 CONSTRAINT PK_SNO PRIMARY KEY CLUSTERED
 CHECK(SNO LIKE '201800[0-9][0-9]'),
 SNAME CHAR(8) NOT NULL,
 SEX CHAR(2),
 BIRTHYEAR INT,
 SDEPT VARCHAR(20),
 SCLASS VARCHAR(20)
)
GO


USE TMS
GO
CREATE TABLE C
(
  CNO CHAR(5) NOT NULL
      CONSTRAINT PK_CNO PRIMARY KEY CLUSTERED,
  CNAME VARCHAR(20) NOT NULL,
  CNATURE VARCHAR(20) CHECK(CNATURE = '必修' or CNATURE = '选修'),
  CREDIT CHAR(2),
  PRECNO CHAR(4),
  CDEPT VARCHAR(20)
)
GO


USE TMS
GO
CREATE TABLE SC
(
  SNO CHAR(10) NOT NULL,
  CNO CHAR(5) NOT NULL,
  GRADE REAL NULL,
  PRIMARY KEY(SNO,CNO),
  FOREIGN KEY(SNO) REFERENCES S(SNO),
  FOREIGN KEY(CNO) REFERENCES C(CNO)
  )
GO
```

数据库系统执行完上面的 3 条 CREATE TABLE 语句后,就在 TMS 数据库中建立 3 张表 S、C 和 SC,但此时表中并没有数据。这时,只是建立了这 3 张表的结构,表的定义及相关约束的定义都存放在数据字典中。

2）修改表的结构

随着应用环境和需求的变化，有时需要修改已经建立的表结构，包括增加或删除列、修改列的名称、数据类型、增加新的完整性约束、删除已有的完整性约束等。

利用 ALTER TABLE 语句可以更改原有表的结构，基本语法格式如下。

```
ALTER TABLE <表名>
[ALTER COLUMN <列名> <列定义>]
|[ADD <列名> <数据类型> <约束>[, … n]]
|[DROP COLUMN <列名>[, … n]]
|[ADD CONSTRAINT <约束名> <约束>[, … n]]
|[DROP CONSTRAINT <约束名>[, … n]]
```

参数说明如下。

（1）表名：所要修改的表名。

（2）列名：所要修改的列名。

（3）ALTER COLUMN：修改列的定义。

（4）ADD：增加新列或约束。

（5）DROP：删除列或约束。

【例 4.18】　在 TMS 数据库中，对于表 S，增加一个地址列 ADDR，数据类型为 CHAR(30)。

代码如下：

```
USE TMS
GO
ALTER TABLE S
ADD ADDR CHAR(30)
GO
```

【例 4.19】　在 TMS 数据库中删除表 S 中 SNAME 列不能取空值的约束。

代码如下：

```
USE TMS
GO
ALTER TABLE S
ALTER COLUMN SNAME CHAR(8) NULL
GO
```

【例 4.20】　在 TMS 数据库中，对于表 S，将 AGE 列名改为 BIRTHDAY，数据类型为 DATE。

代码如下：

```
USE TMS
GO
ALTER TABLE S
DROP COLUMN BIRTHDAY
GO
ALTER TABLE S
ADD AGE DATE
GO
```

需要特别注意，修改操作不能随意执行，下面列举 4 种情况。

（1）设置为主键约束或外键约束的列不能修改。

（2）必须在删除所有基于列的索引和约束之后，才能删除该列。

（3）更改某些数据类型可能导致相关数据更改。例如，将 nchar 或 nvarchar 更改为 char 或 varchar 可能会导致转换扩展字符。

（4）无法将主键约束中的列从非 NULL 更改为 NULL。

因此，需要慎用 ALTER TABLE 语句，很多操作使用 ALTER TABLE 语句无法完成。

3）删除表的定义

当需要删除某个表时，可以使用 T-SQL 的 DROP TABLE 语句删除。该操作将删除表内所有数据行和表的定义。同时，任何依赖该表所建立的数据库对象（如视图、索引等）也同时被删除。其语法结构如下。

```
DROP TABLE <表名>
```

参数 DROP 表示删除操作。

【例 4.21】　从 TMS 数据库中删除学生表 S。

代码如下：

```
USE TMS
GO
DROP TABLE S
GO
```

4.3.2　表中数据的更新

对于 SQL Server 2019 数据库，表中数据的更新操作包括数据插入、删除和修改三种操作。

1. 使用 SSMS 图形化工具更新表中数据

【例 4.22】　使用 SSMS 图形化工具对表 S 中的数据进行插入、更新、删除操作。

具体操作步骤如下。

（1）打开 SSMS 窗口，在左侧"对象资源管理器"窗口中，展开"数据库"→TMS→"表"结点，选中要进行插入、更新或删除操作的表 S，右击，在弹出的快捷菜单选择"编辑前 200 行"命令，如图 4.27 所示。

（2）弹出 S 表窗口，显示该表中的数据。如果要插入数据，需要在最后空白行上输入数据，如图 4.28 所示。对于具有约束的列，数据库引擎会自动检查输入数据是否满足约束定义。

（3）新添加的数据项右侧的红色感叹号图标表示此单元格已更改，但更改值尚未被提交到数据库，关闭该窗口即完成提交。

图 4.27　选择"编辑前 200 行"命令

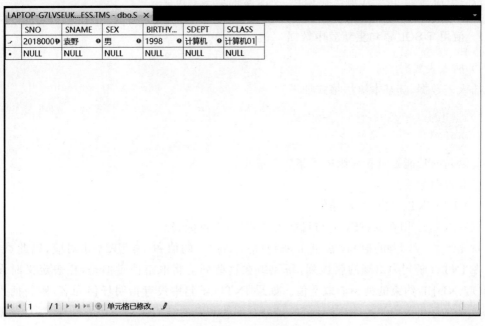

图 4.28　插入数据

（4）如果要修改数据，只需将光标定位到要修改的位置直接修改。同样需要注意修改后的数据的合法性，否则系统会报错。

（5）删除数据，选中要删除的一行或多行记录（按住键盘上的 Shift 键），然后再单击鼠标右键，在弹出的快捷菜单中选择"删除"命令，如图 4.29 所示。系统弹出删除确认窗口，单击"是"按钮确认删除，单击"否"按钮则取消删除。

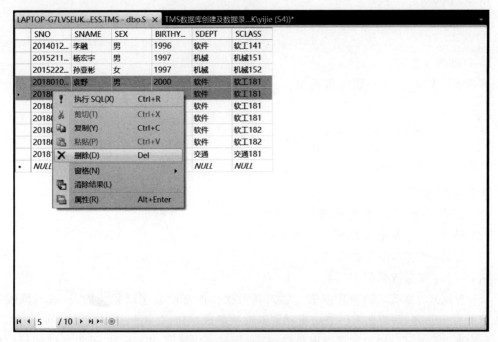

图 4.29　选择"删除"命令

（6）完成插入、更新或删除操作后,关闭数据记录窗口。

2. 使用 T-SQL 语句更新表中数据

1）插入表数据

插入表数据,其基本语法格式如下:

```
INSERT INTO <表名> [(<列 1> ,<列 2>...)]
VALUES(<常量 1> [,<常量 2>]...);
```

此语句的功能是将新元组插入指定的表中。

参数说明如下。

（1）INSERT：表示插入操作。

（2）INTO：用在 INSERT 与目标表之间,引出目标表。

新元组的<列 1>的值和<常量 1>相对应,<列 2>的值和<常量 2>相对应,以此类推。没有在 INTO 子句中出现的属性列,新元组在这些列上将取空值。但是,在表定义时设置了 NOT NULL 约束的列不能取空值。如果 INTO 子句中没有指明任何列名,则新插入的元组必须在每列上均给出值,并且值的排列顺序要和表的结构保持一致。另外,注意数据类型的相容性。

【例 4.23】　在 TMS 数据库中,向学生表 S 中插入记录('20181103','姜鹏飞','男',1998,'交通','交通 18')。

代码如下:

```
USE TMS
GO
INSERT INTO S
VALUES ('20181103','姜鹏飞','男',1998,'交通','交通 18')
GO
```

2）修改表中数据

修改表中数据,其基本语法格式如下:

```
UPDATE <表名>
SET <列名> = <表达式>
    [,<列名> = <表达式>]...
[WHERE <逻辑表达式>];
```

参数说明如下。

（1）UPDATE：表示更新操作。

（2）SET：指定要更新的列。

（3）表名：要修改数据的表名。

（4）列名：要修改数据的列名。

（5）表达式：修改后的新数据值。如果新数据值的修改会违反相关约束,或与修改列的数据类型不兼容,则数据库引擎会自动取消此次修改操作,并返回错误提示信息。

（6）逻辑表达式：修改数据选取条件,修改指定表中满足 WHERE 子句条件的行。如果省略 WHERE 子句,则表示修改表中所有行。

【例 4.24】　在 TMS 数据库中,将表 SC 中学生编号为 20180004 的学生所选课程号为 0121 的课程成绩改为 85。

代码如下:

```
USE TMS
GO
UPDATE SC
SET GRADE = 85
WHERE SNO =  '20180004' and CNO = '0121';
GO
```

3) 删除数据

如果表中不再需要某些元组,可以将它们从表中永久删除。删除数据的基本语法格式如下:

```
DELETE FROM <表名>
[WHERE <逻辑表达式>];
```

参数说明如下。

(1) DELETE:表示删除操作。

(2) 表名:要删除数据的表名。

(3) 逻辑表达式:指定逻辑表达式,判断表中每行是否使逻辑表达式为真,若为真,则表示当前行满足删除条件。

DELETE 语句的功能是从指定表中删除符合删除条件的行,如果没有 WHERE 子句,则删除所有行。

【例 4.25】　在 TMS 数据库中删除课程选修表 SC 中所有选课的信息。

代码如下:

```
USE TMS
GO
DELETE FROM SC
GO
```

【例 4.26】　在 TMS 数据库中删除学生表 S 中姓名为张坤的学生记录。

代码如下:

```
USE TMS
GO
DELETE S
WHERE SNAME = '张坤'
GO
```

使用 DELETE 语句可以从表中删除多行。如果将要被删除的行所在的表存在参照关系,那么在删除此行之前,应当首先删除被参照表中的相关数据记录,然后才能删除当前行。

4.4　本章小结

　　SQL Server 2019 数据库是美国 Microsoft 公司开发的一款成熟的关系型数据库管理系统。SQL Server 2019 数据库通过文件系统存储和管理数据和数据对象。在创建了一个数据库之后,就可以在数据库中定义表。这里的表即为基本表,是数据库中实际存在数据的逻辑表示。通过本章的学习,读者应能够熟悉 SQL Server 2019 的各种图形化用户界面的调用方式和使用方法,以及使用 T-SQL 语句来定义和管理数据库和表。

习题 4

一、单项选择题

1. 若要撤销数据库中已经存在的表 S,可用(　　)语句。
　　A. DELETE TABLE S　　　　　　　　B. DELETE S
　　C. DROP TABLE S　　　　　　　　　D. DROP S

2. 若要在基本表 S 中增加一列 CNAME(课程名),可用(　　)语句。
　　A. ADD TABLE S(CNAME CHAR(8))
　　B. ADD TABLE S ALTER(CNAME CHAR(8))
　　C. ALTER TABLE S ADD(CNAME CHAR(8))
　　D. ALTER TABLE S(ADD CNAME CHAR(8))

3. 学生关系模式 S(SNO,SNAME,SEX,AGE),S 的属性分别表示学生的学号、姓名、性别、年龄。若要在表 S 中删除属性"年龄",可选用的 SQL 语句是(　　)。
　　A. DELETE AGE from S　　　　　　　B. ALTER TABLE S DROP AGE
　　C. UPDATE S AGE　　　　　　　　　D. ALTER TABLE S 'AGE'

4. 设关系数据库中表 S 的结构为 S(SNAME,CNAME,GRADE),其中 SNAME 为学生名,CNAME 为课程名,二者均为字符型;GRADE 为成绩,为数值型,取值范围 0~100。若要把张二的化学成绩 80 分插入 S 中,则可用(　　)语句。
　　A. ADD INTO S VALUES('张二','化学','80')
　　B. INSERT INTO S VALUES('张二','化学','80')
　　C. ADD INTO S VALUES('张二','化学',80)
　　D. INSERT INTO S VALUES('张二','化学',80)

5. 设关系数据库中表 S 的结构为 S(SNAME,CNAME,GRADE),其中 SNAME 为学生名,CNAME 为课程名,二者均为字符型;GRADE 为成绩,为数值型,取值范围 0~100。若要更正王二的化学成绩为 85 分,则可用(　　)语句。
　　A. UPDATE S SET GRADE=85 WHERE SNAME='王二' AND CNAME='化学'
　　B. UPDATE S SET GRADE='85' WHERE SNAME='王二' AND CNAME='化学'
　　C. UPDATE GRADE=85 WHERE SNAME='王二' AND CNAME='化学'
　　D. UPDATE GRADE='85' WHERE SNAME='王二' AND CNAME='化学'

6. 若用如下的 SQL 语句创建表 SC：

CREATE TABLE SC (SNO CHAR(6) NOT NULL,CNO CHAR(3) NOT NULL,SCORE INTEGER,NOTE CHAR(20));

向 SC 表插入如下行时,(　　)行可以被插入。

    A. ('201009','111',60,必修)

    B. ('200823','101',NULL,NULL)

    C. (NULL,'103',80,'选修')

    D. ('201132',NULL,86,' ')

二、简答题

1. 试述 SQL Server 数据库文件组的基本组成。

2. 设有一个 SPJ 数据库,包括 S,P,J,SPJ 4 种关系模式：

```
S(SNO,SNAME,STATUS,CITY)
P(PNO,PNAME,COLOR,WEIGHT)
J(JNO,JNAME,CITY)
SPJ(SNO,PNO,JNO,QTY)
```

供应商表 S 由供应商代码(SNO)、供应商姓名(SNAME)、供应商状态(STATUS)、供应商所在城市(CITY)组成；

零件表 P 由零件代码(PNO)、零件名(PNAME)、颜色(COLOR)、重量(WEIGHT)组成；

工程项目表 J 由工程项目代码(JNO)、工程项目名(JNAME)、工程项目所在城市(CITY)组成；

供应情况表 SPJ 由供应商代码(SNO)、零件代码(PNO)、工程项目代码(JNO)、供应数量(QTY)组成,表示某供应商供应某种零件给某工程项目的数量为 QTY。

用 SQL 语句建立 4 个表,注意在建立表的过程中,要根据列名和语义说明设置必要的约束。

3. 针对题 2 中建立的 4 个表,试用 SQL 完成下列查询。

(1) 把全部红色零件的颜色改成蓝色。

(2) 由 S5 供给 J4 的零件 P6 改为由 S3 供应,请做必要的修改。

(3) 从供应商关系中删除 S2 的记录,并从供应情况关系中删除相应的记录。

(4) 将 (S2,J6,P4,200) 插入供应情况关系。

第 **5** 章

数据查询

视频讲解

建立数据库的目的是查询数据,因此,可以说数据查询是数据库的核心操作,也是 SQL 数据操作的主要内容。查询语句的功能是从数据库中检索满足条件的数据。查询的数据源可以是一张表(或视图),也可以是多张表(或视图),查询的结果是由 0 行(没有满足条件的数据)或多行记录组成的一个记录集合(结果表),并允许选择一列或多列作为输出结果的目标列。SELECT 语句还可以对查询的结果进行排序、汇总等。

5.1 基本查询

5.1.1 SELECT 语句的基本格式

SQL 提供了 SELECT 语句进行数据库的查询,该语句具有灵活的使用方法和丰富的功能。其一般格式为:

```
SELECT    [ALL|DISTINCT] [TOP n[PERCENT]]  <目标列表达式> [,<目标列表达式>, … ]
[INTO   <新表名>]
FROM      <表或视图名> [,<表或视图名>]…
[WHERE    <条件表达式>]
[GROUP BY  <列名 1 > [HAVING <条件表达式>]]
[ORDER BY  <列名 2 >[ASC | DESC]]
```

在上述结构中,SELECT 子句用于指定输出字段,FROM 子句用于指定数据的来源,WHERE 子句用于指定数据的选择条件,GROUP BY 子句用于对检索到的结果进行分组,HAVING 子句用于指定组的筛选条件,ORDER BY 子句用于对查询的结果进行排序。在这些子句中,SELECT 和 FROM 两个子句是必需的,其他子句是可选的,各子句的顺序必须和上面格式中的一样。

SELECT 语句既可以完成简单的单表查询,也可以完成复杂的连接查询和嵌套查询。下面以 TMS 数据库为例说明 SELECT 语句的各种用法。

5.1.2 简单查询

简单查询指查询过程中只涉及一个表的查询语句。简单查询是最基本的查询语句。

1. 从表中选择所有的数据内容

查询表的所有数据内容就是将表的所有行和所有列对应的数据全部列出来。将表中的所有属性列选出来可以有两种方法。一种方法是在 SELECT 关键字后面按照所要显示的列的顺序列出所有列名,如果列的显示顺序与其在基本表中的顺序相同,也可以简单地将<目标列表达式>指定为 * 。

【例 5.1】　查询全体学生的详细信息。

SELECT * FROM S

也可以写成:

SELECT SNO, SNAME, SEX, BIRTHYEAR, SDEPT, SCLASS
FROM S

执行结果如图 5.1 所示。

2. 显示所有的列,有限行

要显示所有的列,但要求结果表只包括有限的行,可在 SELECT 语句中引入 TOP 子句实现。

SELECT 语句中使用 TOP n 关键字输出查询结果集的前 n 行,使用 TOP n PERCENT 输出查询结果集的前面一部分,其中 n 为输出元组总数占结果集总元组数的百分比。

	SNO	SNAME	SEX	BIRTHYEAR	SDEPT	SCLASS
1	20140123	李融	男	1996	软件	软工141
2	20152114	杨宏宇	男	1997	机械	机械151
3	20152221	孙亚彬	女	1997	机械	机械152
4	20180101	袁野	男	2000	软件	软工181
5	20180102	刘明明	男	2000	软件	软工181
6	20180103	王睿	男	2000	软件	软工181
7	20180104	刘平	女	2000	软件	软工181
8	20180201	王珊	女	1999	软件	软工182
9	20180202	张坤	男	2000	软件	软工182
10	20181103	姜鹏飞	男	1998	交通	交通181

图 5.1　例 5.1 执行结果

【例 5.2】　要查看 TMS 数据库中,表 S 的数据组成情况,可通过列出该表前 5 行的所有列来了解。

SELECT TOP 5 * FROM S

执行上述语句可以显示表 S 中的所有列,但对返回结果表的行数进行了限制(TOP 子句),即只返回前 5 行。查询结果如图 5.2 所示。

TOP 子句在和 ORDER BY 子句一起使用来返回排序后的前 n 个记录时是非常有用的。例如,要得到年龄最大的学生信息,可用下列语句实现:

SELECT TOP 1 *
FROM S
ORDER BY BIRTHYEAR ASC

查询结果如图 5.3 所示。

	SNO	SNAME	SEX	BIRTHYEAR	SDEPT	SCLASS
1	20140123	李融	男	1996	软件	软工141
2	20152114	杨宏宇	男	1997	机械	机械151
3	20152221	孙亚彬	女	1997	机械	机械152
4	20180101	袁野	男	2000	软件	软工181
5	20180102	刘明明	男	2000	软件	软工181

图 5.2　例 5.2 查询结果(一)

	SNO	SNAME	SEX	BIRTHYEAR	SDEPT	SCLASS
1	20140123	李融	男	1996	软件	软工141

图 5.3　例 5.2 查询结果(二)

注意:上面的方法在有多人出生在相同年份时,仅能查询出自然顺序在第一行的元组,更精确的查询则需要使用到聚合函数,将在后面进行讨论。

【例 5.3】 查询学生表中前面 20％的学生信息。

```
SELECT TOP 20 PERCENT  *
FROM S
```

在此查询中输出(前面总人数的 20％)个元组。

关于对结果集进行排序的更多内容将在后文中讨论。

3. 选择表中特定的列

实际上,人们很少选择一个表中的所有信息,大多数情况下只对其中的某些行或列的信息感兴趣。可以通过在 SELECT 子句的<目标列表达式>中指定要查询的属性列名,有选择地列出感兴趣的列。

【例 5.4】 要查看全体学生的学号、姓名和出生年份,可用下列语句实现:

```
SELECT SNO,SNAME,BIRTHYEAR
FROM S
```

查询结果如图 5.4 所示。

注意:SELECT 列名列表中的列名必须用逗号分开,逗号前、后有没有空格都可以。

4. 对结果表进行排序

通过 ORDER BY 子句,可对返回的结果表的行按照在 ORDER BY 子句中指定的一列或多列进行升序(ASC)或降序(DESC)排列,默认为升序排列。通常,ORDER BY 子句中的列名必须在结果表的列名之中。

【例 5.5】 如果按出生年份降序排列例 5.4 的查询结果,可用下列语句实现:

```
SELECT SNO,SNAME,BIRTHYEAR
FROM S
ORDER BY BIRTHYEAR DESC
```

查询结果如图 5.5 所示。

	SNO	SNAME	BIRTHYEAR
1	20140123	李融	1996
2	20152114	杨宏宇	1997
3	20152221	孙亚彬	1997
4	20180101	袁野	2000
5	20180102	刘明明	2000
6	20180103	王睿	2000
7	20180104	刘平	2000
8	20180201	王珊	1999
9	20180202	张坤	2000
10	20181103	姜鹏飞	1998

图 5.4　例 5.4 查询结果

	SNO	SNAME	BIRTHYEAR
1	20180101	袁野	2000
2	20180102	刘明明	2000
3	20180103	王睿	2000
4	20180104	刘平	2000
5	20180202	张坤	2000
6	20180201	王珊	1999
7	20181103	姜鹏飞	1998
8	20152114	杨宏宇	1997
9	20152221	孙亚彬	1997
10	20140123	李融	1996

图 5.5　例 5.5 查询结果

如果在 ORDER BY 子句中有多列,则它们排序的优先顺序是它们在 ORDER BY 子句中从左到右出现的顺序。ORDER BY 子句中的第一列决定了各行排列的主次序,后面的列再对其进行更细致的排列。第一列的值相同的行,其顺序由 ORDER BY 子句中的第二列决定,以此类推。ASC 或 DESC 可以对每列分别进行设置。

【例 5.6】 如果先按出生年份降序、再按学号升序排列例 5.5 的查询结果,可用下列语句实现:

```
SELECT SNO,SNAME,BIRTHYEAR
FROM S
ORDER BY BIRTHYEAR DESC, SNO ASC
```

查询结果如图 5.6 所示。

ORDER BY 子句中的列可以是列名,也可以是一个整数,该数表示相应的列在 SELECT 子句目标列中的位置,如例 5.6 语句中的 ORDER BY 子句可以有下列几种等价形式:

(1) ORDER BY 3 DESC,1 ASC。

(2) ORDER BY BIRHYEAR,1 ASC。

(3) ORDER BY 3 DESC,SNO ASC。

在一个查询语句中只能有一个 ORDER BY 子句。在 SELECT、FROM、WHERE、ORDER BY 构成的查询语句中,ORDER BY 子句要放在查询语句的最后面。

5. 查询经过计算的值

SELECT 子句的目标列表达式为表达式,即其不仅可以是目标列,还可以是算术表达式、字符串常量、函数、列别名等。

【例 5.7】 查询全体学生的姓名及其年龄。

```
SELECT SNAME, '年龄: ',YEAR(GETDATE()) - BIRTHYEAR
FROM S
```

查询结果如图 5.7 所示。

	SNO	SNAME	BIRTHYEAR
1	20180101	袁野	2000
2	20180102	刘明明	2000
3	20180103	王睿	2000
4	20180104	刘平	2000
5	20180202	张坤	2000
6	20180201	王珊	1999
7	20181103	美鹏飞	1998
8	20152114	杨宏宇	1997
9	20152221	孙亚彬	1997
10	20140123	李融	1996

图 5.6 例 5.6 查询结果

	SNAME	(无列名)	(无列名)
1	李融	年龄:	23
2	杨宏宇	年龄:	22
3	孙亚彬	年龄:	22
4	袁野	年龄:	19
5	刘明明	年龄:	19
6	王睿	年龄:	19
7	刘平	年龄:	19
8	王珊	年龄:	20
9	张坤	年龄:	19
10	美鹏飞	年龄:	21

图 5.7 例 5.7 查询结果

6. 使用列别名

从例 5.7 查询结果可以看到,如果目标列表达式是经过处理的列,如字符串常量、算数表达式、函数等,查询结果集中该列显示为"无列名"。此时,可以使用列别名代替原列名。

在 SELECT 子句中可以通过以下 4 种方式来定义列别名。

(1) 使用 AS 关键字,如 SELECT SNO AS 学号 FROM S。

(2) 带单引号的列别名,如 SELECT SNO '学号' FROM S。

(3) 带双引号的列别名,如 SELECT SNO "学号" FROM S。

(4) 不带引号的列别名,如 SELECT SNO 学号 FROM S。

如果列别名包含空格、特殊符号等,那么必须将列别名放在双引号或者单引号内。

在下列 4 种情况下通常会使用列别名。

(1) 字段为英文,为方便查看,可以使用中文列别名代替英文字段。

(2) 多表查询时出现相同的列名。如果对多个数据表进行查询,查询结果中可能会出现相同的列名,很容易出现误解,这时候应采用列别名来解决上述问题。

(3) 在查询结果中添加列,在表中出现计算产生新的列时,可以使用列别名。

(4) 统计结果中出现的列,使用聚集函数语句对数据查询时,需要对产生的统计字段使用列别名。

因此,例 5.7 的查询也可以用下面语句完成:

```
SELECT SNAME   NAME,
       '年龄: '  'AGE OF STUDENT',
       YEAR(GETDATE()) - BIRTHYEAR AS AGE
FROM S
```

查询结果如图 5.8 所示。

需要注意的是,字段别名可以使用在 ORDER BY 子句中,但不能使用在 WHERE、GROUP BY 或 HAVING 语句中。

7. 禁止结果表返回重复行

在对一个表进行查询时,得到的结果中可能会有相同的元组,SELECT 语句提供了 DISTINCT 关键字可以保证结果表中行唯一,即 DISTINCT 可以删除结果表中的重复行。该关键字必须紧跟在关键字 SELECT 之后,在一个 SELECT 语句范畴内只可使用一次,且只对返回行有效(对 SELECT 子句指定的列集合中相同的行进行删除)。

【例 5.8】 列出学生表中所有的系名。

```
SELECT SDEPT
FROM S;
```

查询结果如图 5.9 所示。

	NAME	AGE OF STUDENT	AGE
1	李融	年龄:	23
2	杨宏宇	年龄:	22
3	孙亚彬	年龄:	22
4	袁野	年龄:	19
5	刘明明	年龄:	19
6	王睿	年龄:	19
7	刘平	年龄:	19
8	王翔	年龄:	20
9	张坤	年龄:	19
10	姜鹏飞	年龄:	21

图 5.8 例 5.7 查询结果(列别名方法)

	SDEPT
1	软件
2	机械
3	机械
4	软件
5	软件
6	软件
7	软件
8	软件
9	软件
10	交通

图 5.9 例 5.8 查询结果

要去掉重复的元组,需要用以下语句:

```
SELECT DISTINCT SDEPT
FROM S
```

该语句的执行结果如图 5.10 所示。

8. 查询满足给定条件的元组

可以通过 WHERE 子句指定返回的结果表中各行需要满足
的条件。WHERE 子句指定的条件表达式可能含有一个或多个
的谓词或选择条件,它们由各种运算符组合而成,常用的运算符
如表 5.1 所示。在 WHERE 子句中使用的列并不一定要求出现在 SELECT 子句的输出列
表中。

图 5.10　例 5.8 查询结果
（去掉重复元组）

表 5.1　常用的运算符

查询条件	谓词
比较运算符	$=,>,<,>=,<=,<>$
逻辑运算符	AND,OR,NOT
谓词	IN,BETWEEN AND,LIKE
空值	IS NULL

1）比较条件

比较条件最为简单,同 Java、C 等高级语言一样,用比较运算符比较两个常量或变量的
大小。用比较运算符构成的条件形式是:

```
列名    运算符    常量
列名    运算符    列名
常量    运算符    列名
```

如果比较字符型的列,该值就必须用单引号引起来。而且,对字符的比较是大小写敏
感的。

【例 5.9】　查询软件学院全体学生的名单。

```
SELECT SNAME
FROM S
WHERE SDEPT = '软件'
```

查询结果如图 5.11 所示。

对于数值型的列,如 INTEGER、SMALLINT 或 DECIMAL,被比较的值不能放在单引
号之内。

【例 5.10】　查询在 1999 年以前出生(不包括 1999)的学生姓名及出生年份。

```
SELECT SNAME, BIRTHYEAR
FROM S
WHERE BIRTHYEAR < 1999   (或 NOT BIRTHYEAR >= 1999)
```

查询结果如图 5.12 所示。

图 5.11　例 5.9 查询结果

图 5.12　例 5.10 查询结果

2) 复合查询条件

可以用 AND、OR、NOT 等逻辑运算符构造更复杂的查询条件。如图 5.13 所示,AND 的运算规律是同真时,结果为真;OR 的运算规律是只要有一个为真,结果即为真。

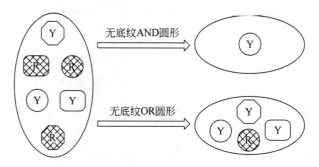

图 5.13　AND 运算和 OR 运算

【例 5.11】　查询出生在 1998—2000 年的学生姓名、所在系和出生年份。

```
SELECT SNAME, SDEPT, BIRTHYEAR
FROM S
WHERE BIRTHYEAR > = 1998 AND BIRTHYEAR < = 2000
```

该语句的查询结果如图 5.14 所示。

【例 5.12】　查询软件学院、机械学院和交通学院的学生姓名和所在学院名。

```
SELECT SNAME, SDEPT
FROM S
WHERE SDEPT = '软件' OR SDEPT = '机械' OR SDEPT = '交通';
```

该语句的查询结果如图 5.15 所示。

有时,需要用小括号()和逻辑运算符来构建复合查询条件。例如,要查询软件学院和机械学院的女生姓名、性别和所在学院,可以用下列语句实现:

```
SELECT SNAME, SEX, SDEPT
FROM S
WHERE (SDEPT = '软件' OR SDEPT = '机械') AND SEX = '女'
```

结果 消息

	SNAME	SDEPT	BIRTHYEAR
1	袁野	软件	2000
2	刘明明	软件	2000
3	王睿	软件	2000
4	刘平	软件	2000
5	王珊	软件	1999
6	张坤	软件	2000
7	姜鹏飞	交通	1998

图 5.14 例 5.11 查询结果

结果 消息

	SNAME	SDEPT
1	李融	软件
2	杨宏宇	机械
3	孙亚彬	机械
4	袁野	软件
5	刘明明	软件
6	王睿	软件
7	刘平	软件
8	王珊	软件
9	张坤	软件
10	姜鹏飞	交通

图 5.15 例 5.12 查询结果

3）谓词

SQL 中的谓词指的是返回值是逻辑值的函数。对于函数而言，返回值可以是数字、字符串或者日期等，但谓词的返回值全部是逻辑值（TRUE/FALSE/UNKNOW），谓词是一种特殊的函数。

（1）IN 谓词。

IN 谓词可用来确定一个值是否属于一个集合。这个值可以是数字、字符、日期或时间。字符、日期或时间必须用单引号引起来。

【例 5.13】 在例 5.12 结果中查询软件学院、机械学院和交通学院的学生姓名和所在学院名，也可以用下列语句实现。

```
SELECT SNAME, SDEPT
FROM S
WHERE SDEPT IN('软件','机械,'交通')
```

若查询既不是软件学院，也不是机械学院和交通学院的学生信息，则 WHERE 条件可以写为：

```
WHERE SDEPT NOT IN('软件','机械,'交通')
```

（2）BETWEEN 谓词。

在 WHERE 子句中用 BETWEEN 谓词可以判断一个值是否在按升序给定的两个值之间（包括和这两个值相等）。较低的值紧跟 BETWEEN 谓词书写，较高或相等的值写在 AND 后。下列 WHERE 子句：

```
WHERE AGE BETWEEN 12 AND 15
```

等价于

```
WHERE AGE >= 12 AND AGE <= 15
```

字符和数字混合的数据也可以用 BETWEEN 谓词。如：

```
WHERE SCLASS BETWEEN '机械 151' AND '软工 181'
```

【例 5.14】　在例 5.10 结果中查询出生在 1998—2000 年的学生姓名、所在系和出生年份,也可以用下列语句实现。

```
SELECT SNAME, SDEPT, BIRTHYEAR
FROM S
WHERE BIRTHYEAR BETWEEN 1998 AND 2000
```

(3) LIKE 谓词。

用 LIKE 谓词可以实现字符匹配。一般语法格式如下:

```
属性列 [NOT] LIKE '<匹配串>' [ESCAPE '<换码字符>']
```

其含义是查询指定的属性列值与<匹配串>相匹配的元组。<匹配串>可以是一个完整的字符串,也可以含有通配符％和_。

① ％(百分号):代表任意长度(可以为 0)的字符串。例如,a％b 表示以 a 开头、以 b 结尾的任意长度的字符串。ab、afb、acdeb 等都满足该匹配串。

② _(下画线):代表任意单个字符或汉字。例如,a_b 表示以 a 开头、以 b 结尾的长度为 3 的任意字符串。afb、amb 等都满足该匹配串。

【例 5.15】　查询所有姓王的同学的姓名和所在学院。

```
SELECT SNAME,SDEPT
FROM S
WHERE SNAME LIKE '王％'
```

图 5.16　例 5.15
查询结果

查询结果如图 5.16 所示。

LIKE 谓词可以和逻辑运算符 NOT 组合使用,例如,查询不是 2018 级的学生学号和姓名,可以用下列语句实现:

```
SELECT SNO, SNAME
FROM S
WHERE SNO NOT LIKE '2018％'
```

由于％和_在 LIKE 谓词中做通配符,因此,如果要查询的内容含有％或_,则需要使用 ESCAPE'<换码字符>'短语对通配符进行转义,所用的转义字符必须要用 ESCAPE 子句指定,并且该转义字符在一个 WHERE 子句中可使用多次。

【例 5.16】　查询以 DB_开头,且倒数第三个字符为 i 的课程的详细情况。

```
SELECT *
FROM C
WHERE CNAME LIKE 'DB\_％i_ _' ESCAPE '\'
```

在此 SELECT 语句中,反斜杠为转义字符,跟在它后面的下画线不再是通配符,而是下画线本身。

查询结果如图 5.17 所示。

4) 空值(NULL)应用

NULL 只和 IS 或 IS NOT 进行逻辑运算,它既不是数字 0,也不是空串。所以,下列的

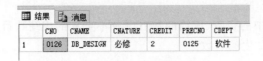

图 5.17 例 5.16 查询结果

SELECT 语句是错误的:

```
SELECT * FROM SC WHERE GRADE = NULL
```

当执行该语句时,数据库管理系统会提示错误信息。

【例 5.17】 查询成绩为空的学生的学号和相应的课程号。

```
SELECT SNO, CNO
FROM SC
WHERE GRADE IS NULL
```

5.1.3 聚合函数与分组

聚合函数对一组值执行计算,并返回单个值。除 COUNT 外,聚合函数都会忽略 Null 值。聚合函数经常与 SELECT 语句的 GROUP BY 子句一起使用。

1. SQL 中的聚合函数及应用

SQL 中的聚合函数及其应用见表 5.2。

表 5.2 SQL 中的聚合函数及应用

聚 合 函 数	应 用
SUM(列表达式)	求和
AVG(列表达式)	求平均值
MIN(列表达式)	求最小值
MAX(列表达式)	求最大值
COUNT(*)	返回满足条件的记录数
COUNT(<列名>)	返回满足条件的列中非空值的个数
COUNT(DISTINCT <列名>)	返回满足条件的列中不重复的非空值的个数

SUM,AVG,MIN,MAX,COUNT(*),COUNT(DISTINCT…) 等聚合函数的参数可以是一列中的一行或多行,而且 SUM 和 AVG 两个函数的参数必须是数值型的。

【例 5.18】 聚合函数 COUNT()几种使用方式的比较。

```
SELECT COUNT(*)                'COUNT(*)',
       COUNT(GRADE)            'COUNT(GRADE)',
       COUNT(DISTINCT GRADE)   'COUNT(DISTINCT GRADE)'
FROM   SC
```

查询结果如图 5.18 所示。

该语句返回 SC 表中的行数、成绩的数目以及不重复的成绩数目。

【例 5.19】　查询女生的人数。

```
SELECT COUNT( * )
FROM S
WHERE SEX = '女'
```

通常,函数 COUNT(*)的自变量是行集合,其结果是集合中的记录个数。其查询结果如图 5.19 所示。

图 5.18　例 5.18 查询结果

图 5.19　例 5.19 查询结果

再看下面的例子。

【例 5.20】　查询 0211 号课程的选课人数、平均成绩、最高成绩、最低成绩。

```
SELECT COUNT(SNO) AS 选课人数,
       AVG(GRADE) AS 平均成绩,
       MAX(GRADE) AS 最高成绩,
       MIN(GRADE) AS 最低成绩
FROM   SC
WHERE CNO = '0211'
```

该语句的查询结果如图 5.20 所示。

2. 分组-GROUP BY 子句

1) 简单分组查询

GROUP BY 子句将查询结果表的各行按一列或多列取值相等的原则进行分组。使用 GROUP BY 子句时,一个聚合数对每组生成一个值。对查询结果分组是为了细化聚合函数的作用对象。如果未对查询结果分组,聚合函数将作用于整个查询结果。在实际应用中,经常需要将查询结果进行分组,然后再对每个分组进行统计。

【例 5.21】　查询学生表中男、女生各多少人。

```
SELECT SEX AS 性别,COUNT(SNO) AS 人数
FROM S
GROUP BY SEX
```

查询结果如图 5.21 所示。

图 5.20　例 5.20 查询结果

图 5.21　例 5.21 查询结果

【例 5.22】 查询每门课程的选课人数,列出课程号及相应的人数。

```
SELECT CNO AS 课程号,COUNT(SNO) AS 选课人数
FROM SC
GROUP BY CNO
```

查询结果如图 5.22 所示。

【例 5.23】 查询每个学院的男、女生各多少人。

```
SELECT SDEPT, SEX, COUNT(SNO)
FROM S
GROUP BY SDEPT, SEX
ORDER BY SDEPT
```

查询结果如图 5.23 所示。

	课程号	选课人数
1	0117	2
2	0121	1
3	0125	2
4	0127	1
5	0211	3
6	0305	2

图 5.22 例 5.22 查询结果

	SDEPT	SEX	(无列名)
1	机械	男	1
2	机械	女	1
3	交通	男	1
4	软件	男	5
5	软件	女	2

图 5.23 例 5.23 查询结果

例 5.23 中,GROUP BY 子句含有两列,即两列的值都相等的为一组。在结果表中的前两行有相同的 SDEPT 列的值('机械'),但是 SEX 列的值不同。GROUP BY 子句的结果保证该子句指定的列组合的唯一。

注意:① 用 AS 子句命名的列不能用在 GROUP BY 子句中。

② GROUP BY 子句不能保证对结果表进行排序。要对结果表排序,需要用 ORDER BY 子句。

2) 带 HAVING 子句的分组查询

如果分组后还要求按一定的条件对这些组进行筛选,最终只输出满足指定条件的组,则可以使用 HAVING 短语指定筛选条件。

【例 5.24】 查询选修了两门以上课程的学生学号。

```
SELECT SNO
FROM SC
GROUP BY SNO
HAVING COUNT(CNO)> 2
```

WHERE 子句与 HAVING 子句的根本区别在于处理的对象不同。WHERE 子句作用于基本表或视图,从中选择满足条件的元组。HAVING 子句作用于组,从中选择满足条件的组。

注意:如果一个 SELECT 子句中有聚合函数(如 MIN、MAX、SUM、AVG 、COUNT(*)、COUNT(DISTINCT 列名)),并且还有其他列(即没有用到聚合函数的列)存在,那么,SELECT 子句所有没有用到聚合函数的列都必须包含在 GROUP BY 子句中(如例 5.23)。相反,GROUP BY 子句中的列不一定要出现在 SELECT 列表中。聚合函数也可以用在

HAVING 子句中。在 HAVING 子句中可以在表中任何一列上使用聚合函数,该列也可以不出现在 SELECT 子句中(如例5.24)。此外,聚合函数不能嵌套使用。

5.1.4 　输出结果选项

SELECT 语句中的 INTO 子句用于把查询结果存放到一个新建的表中,新建表名由<新表名>给出,新建表的列由 SELECT 子句中指定的列构成。

【例5.25】 将所有女生的学号、姓名和所在院系存入表 S_FEMALE 中。

```
SELECT SNO,SNAME,SDEPT
INTO S_FEMALE
FROM S
WHERE SEX = '女'
```

上例查询执行完成后即得到一个名为 S_FEMALE 的新表,表中数据如图5.24所示。

图 5.24 　例 5.25 查询结果

5.1.5 　SELECT 语句完整的语法

SELECT 语句完整的语法结构如下。

```
SELECT     <目标列表达式> [,<目标列表达式>]
[INTO      <新表名>]
FROM       <表或视图名> [,<表或视图名>]
[WHERE     <条件表达式>]
[GROUP BY  <列名 1> [HAVING <条件表达式>]]
[ORDER BY  <列名 2>[ASC | DESC]]
```

SQL 不同于其他编程语言的最明显特征是处理代码的顺序。在多数编程语言中,代码按编码顺序被处理,但是在 SQL 中,第一个被处理的子句是 FROM 子句,尽管 SELECT 语句第一个出现,但是几乎总是最后被处理。

SQL 中的每个步骤都会产生一个虚拟表,该虚拟表被用作下一个步骤的输入。这些虚拟表对调用者(客户端应用程序或者外部查询)不可用。只有最后一步生成的表才会被返回给调用者。如果没有在查询中指定某一子句,则将跳过相应的步骤。

整个语句的执行过程如下。

(1) 读取 FROM 子句中基本表和视图的数据,若为多个基本表或视图,则对它们执行笛卡儿积。

(2) 选取满足 WHERE 子句中给出的条件表达式的元组。

(3) 按 GROUP BY 子句中指定列的值分组,同时提取满足 HAVING 子句中条件表达式的那些组。

(4) 按 SELECT 子句中给出的列名或表达式求值输出。

(5) ORDER BY 子句对输出的目标列进行排序,按 ASC 升序排列,或按 DESC 降序排列。

(6) 创建新表,将查询到的输入插入新表中。

【例5.26】 下列语句的执行过程如图5.25所示。

```
SELECT    SNO,AVG(GRADE) 'AVE OF SCORE'
FROM      SC
```

```
WHERE     SNO <>'20180201'
GROUP BY SNO
HAVING    AVG(GRADE)> 70
ORDER BY 2
```

FROM			WHERE			GROUP BY			HAVING			SELECT		ORDER BY	
SNO	CNO	GRADE	SNO	CNO	GRADE	SNO	CNO	GRADE	SNO	CNO	GRADE	SNO	AVG OF SCORE	SNO	AVG OF SCORE
20140123	0211	56	20140123	0211	56	20140123	0211	56							
20152114	0305	91	20152114	0305	91	20152114	0305	91	20152114	0305	91	20152114	91	20152114	91
20152221	0305	82	20152221	0305	82										
20180101	0117	90	20180101	0117	90	20152221	0305	82	20152221	0305	82	20152221	82	20180101	82.5
20180101	0211	75	20180101	0211	75	20180101	0117	90	20180101	0117	90	20180101	82.5	20152221	82
20180102	0211	NULL	20180102	0211	NULL	20180101	0211	75	20180101	0211	75				
20180103	0117	60	20180103	0117	60	20180102	0211	NULL							
20180201	0121	80													
20180201	0125	56				20180103	0117	60							
20180201	0127	77													
20180202	0125	42	20180202	0125	42	20180202	0125	42							

图 5.25　SELECT 语句的执行过程

5.2　多表查询

5.2.1　连接查询

查询过程中只涉及一个表的查询称为简单查询。但通常需要借助一个数据库的多个表之间的联系,以从这些表中获得更多的信息。如图 5.26 所示,S 表中的每个学号在 SC 表中都有其相应的一行或多行来表示该学生的选课情况。观察两个表的数据可以发现,在 S 表中的任意一行,可以通过学号(SNO)与 SC 表中的某一行相联系,正是这种联系使人们有可能只使用一个查询语句,从多个表中获取更多的信息。这种一个查询同时涉及两个或两个以上的表称为连接查询。连接查询是关系数据库中最主要的查询,主要包括交叉连接、内连接、外连接等。

S

SNO	SNAME	SEX	BIRTHYEAR	SDEPT	SCLASS
20140123	李融	男	1996	软件	软工141
20152114	杨宏宇	男	1997	机械	机械151
20152221	孙亚彬	女	1997	机械	机械152
⋮	⋮	⋮	⋮	⋮	⋮

SC

SNO	CNO	GRADE
20140123	0211	56
20152114	0305	91
20152221	0305	82
20180101	0117	90
⋮	⋮	⋮

图 5.26　连接查询的实现原理

1. 交叉连接

交叉连接也称为笛卡儿积,它是没有连接条件下的两个表的连接,包含了所连接的两个表中所有元组的全部组合。该连接方式在实际应用中很少使用,语法格式如下:

```
SELECT <目标列表达式> [,...n]
FROM <表 1> CROSS JOIN <表 2>
```

【例 5.27】 查询所有学生可能的选课情况。

```
SELECT SNAME,CNAME
FROM S CROSS JOIN C
```

2. 内连接

内连接指从两个表的笛卡儿积中选出符合连接条件的元组。它使用 INNER JOIN 连接运算符,并使用 ON 关键字指定连接条件。内连接是一种常用的连接方式,如果在 JOIN 关键字前面没有指定连接类型,那么默认的连接类型就是内连接。内连接的语法格式如下:

```
SELECT <目标列表达式> [,...n]
FROM <表 1> INNER JOIN <表 2>
ON <连接条件表达式> [,...n]
```

注意:连接条件涉及的列的数据类型不必相同,但这些数据类型必须相容。计算连接条件的方式与计算其他搜索条件的方式相同,并且使用相同的比较规则。

当不指定连接条件时,则返回 FROM 子句中列出的表中行的所有组合,即使这些行可能完全不相关,这就是前面介绍的交叉连接,交叉连接查询的结果称为表的交叉积。

内连接只保留交叉积中满足指定连接条件的行。如果某行在一个表中存在,但在另一个表中不存在,则结果表中不包括该信息。

从概念上讲,DBMS 执行连接操作的过程是:首先取表 1 的第一个元组,然后从头开始扫描表 2,逐一查找满足连接条件的元组,找到后就将表 1 中的第 1 个元组与该元组拼接起来,形成结果表中的一个元组。表 2 完全查找完毕后,再取表 1 中的第 2 个元组,然后再从头开始扫描表 2,逐一查找满足条件的元组,找到后就将表 1 中的第 2 个元组与该元组拼接起来,形成结果表中的另一个元组。重复这个过程,直到表 1 中的全部元组都处理完毕为止。

【例 5.28】 在 TMS 数据库中,查找所有学生的学号、姓名和他们所选的课程号及成绩。

```
SELECT S.SNO,SNAME,CNO,GRADE
FROM S JOIN SC
ON S.SNO = SC.SNO
```

该语句的查询结果如图 5.27 所示。

因为列名 SNO 同时出现在 S 和 SC 两个表中,因此需要对其加以限制,即指明是哪个表里的 SNO。将 SELECT 子句中出现的来自多个表的相同列名加以限定,可以避免可能出

	SNO	SNAME	CNO	GRADE
1	20140123	李融	0211	56
2	20152114	杨宏宇	0305	91
3	20152221	孙亚彬	0305	82
4	20180101	袁野	0117	90
5	20180101	袁野	0211	75
6	20180102	刘明明	0211	NULL
7	20180103	王睿	0117	60
8	20180201	王鹏	0121	80
9	20180201	王鹏	0125	56
10	20180201	王鹏	0127	77
11	20180202	张坤	0125	42

图 5.27 例 5.28 查询结果

现的潜在错误。

通常情况下,连接两个表至少需要一个连接条件,要连接三个表,则至少需要两个连接条件。为保证不出现无连接的表,连接条件的最小数目通常是需要连接的表的数目减 1。其他条件可以通过 AND 或 OR 操作符进行添加。虽然可以用任意列来构造连接条件,但经常用一个表的主键和另一个表的外键进行连接操作。

【例 5.29】 查询选修了 0211 号课程的学生姓名和该门课程的成绩。

```
SELECT SNAME, GRADE
FROM S JOIN SC
ON S.SNO = SC.SNO
WHERE CNO = '0211'
```

查询结果如图 5.28 所示。

在上例中,JOIN 没有指定类型,则系统默认为内连接。选修了 0211 号课程为选择条件,可写在 WHERE 子句中,也可写在 ON 子句中用逻辑运算符与连接条件相连,不同情况下执行效率有差别。

【例 5.30】 查询选修了 0211 号课程的学生姓名和该门课程的课程名和成绩。

```
SELECT SNAME, CNAME, GRADE
FROM S JOIN SC ON S.SNO = SC.SNO
        JOIN C ON SC.CNO = C.CNO
WHERE C.CNO = '0211'
```

查询结果如图 5.29 所示。

图 5.28 例 5.29
查询结果

图 5.29 例 5.30 查询结果

上例也可以用下列语句实现:

```
SELECT SNAME, CNAME, GRADE
FROM S JOIN SC ON S.SNO = SC.SNO AND CNO = '0211'
        JOIN C ON SC.CNO = C.CNO
```

连接操作不仅可以在两个表之间进行,也可以是一个表与其自身进行连接,这种连接称为表的自身连接。

【例 5.31】 查询至少选修了课程号为 0121 和 0125 两门课的学生学号。

```
SELECT a.SNO
FROM SC a JOIN SC b
ON a.SNO = b.SNO
AND a.CNO = '0121'
AND b.CNO = '0125'
```

注意：上述语句的 FROM 子句中为参加连接的表定义了别名，这样，就可以在 SELECT 子句和 WHERE 子句中的属性名前分别用这些别名加以区分。而表 SC 有两个相关名，是因为该表在 FROM 子句中用到了两次。

3. 外连接

外连接是内连接和左表/右表中不在内连接中的那些行的并置。外连接中不仅包含那些满足连接条件的元组，而且某些表中不满足条件的元组也会出现在结果集中。也就是说，外连接只限制其中一个表的元组，而不限制另外一个表的元组。

外连接只能用于对两个表执行连接时。当对两个表执行外连接时，可任意将一个表指定为左表而将另一个表指定为右表，外连接有三种类型：左外连接、右外连接和全外连接。

（1）左外连接。

左外连接包括内连接和左表中未包括在内连接中的那些行，对连接条件左边的表不加限制。语法格式如下：

```
SELECT <目标列表达式> [,…n]
FROM <表 1> LEFT [OUTER] JOIN <表 2>
ON <连接条件表达式>
```

【例 5.32】　查询全体学生信息及他们的选课情况。

```
SELECT S. * , SC. *
FROM S LEFT OUTER JOIN SC
ON S. SNO = SC. SNO
```

查询结果如图 5.30 所示。

	SNO	SNAME	SEX	BIRTHYEAR	SDEPT	SCLASS	SNO	CNO	GRADE
1	20140123	李融	男	1996	软件	软工141	20140123	0211	56
2	20152114	杨宏宇	男	1997	机械	机械151	20152114	0305	91
3	20152221	孙亚彬	女	1997	机械	机械152	20152221	0305	82
4	20180101	袁野	男	2000	软件	软工181	20180101	0117	90
5	20180101	袁野	男	2000	软件	软工181	20180101	0211	75
6	20180102	刘明明	男	2000	软件	软工181	20180102	0211	NULL
7	20180103	王睿	男	2000	软件	软工181	20180103	0117	60
8	20180104	刘平	男	2000	软件	软工181	NULL	NULL	NULL
9	20180201	王珊	女	1999	软件	软工182	20180201	0121	80
10	20180201	王珊	女	1999	软件	软工182	20180201	0125	56
11	20180201	王珊	女	1999	软件	软工182	20180201	0127	77
12	20180202	张坤	男	2000	软件	软工182	20180202	0125	42
13	20181103	姜鹏飞	男	1998	交通	交通181	NULL	NULL	NULL

图 5.30　例 5.32 查询结果

在上例中，若只进行内连接，则没有选课的学生信息就不会出现在结果表中（因不满足连接条件）。使用左外连接，则左表（即 S 表）中不符合连接条件的学生信息也会体现在结果表中。

（2）右外连接。

包括内连接和右表中未包括在内连接中的那些行。语法格式如下：

```
SELECT <目标列表达式> [,…n]
FROM <表 1 > RIGHT [OUTER] JOIN <表 2 >
ON <连接条件表达式>
```

（3）全外连接。

包括内连接以及左表和右表中未包括在内连接中的那些行。语法格式如下：

```
SELECT <目标列表达式> [,…n]
FROM <表 1 > FULL [OUTER] JOIN <表 2 >
ON <连接条件表达式>
```

5.2.2 子查询

为了提高 SQL 语句的查询功能，通常需要将一个查询语句嵌入另一个 SQL 查询语句的 WHERE 子句或 HAVING 子句的条件中，这种查询语句称为嵌套查询或子查询。

假设要查询和李融同学同一个学院的学生信息，如果不用子查询，则需要首先求出李融同学所在的学院名，此处需要用到第一个 SELECT 语句；然后用这个学院名去构造第二个 SELECT 语句的 WHERE 条件，并通过执行第二个 SELECT 语句得到需要的结果。这个过程需要写两个 SELECT 语句，并分别执行。

这个问题也可以用一个包含子查询的 SELECT 语句完成。将第一个语句放在第二个语句的 WHERE 子句中需要学院名称的位置。在这里，第二个 SELECT 就作为一个外部（父）查询，内部的查询就被称为子查询。当子查询用在 WHERE 或 HAVING 子句中时，必须用小括号括起来。如下所示：

```
SELECT *
FROM S
WHERE SDEPT = (SELECT SDEPT
                FROM S
                WHERE SNAME = '李融');
```

上例中，子查询先运行，其结果用于构造主查询的 WHERE 条件，这种子查询称为无关子查询。

1. 无关子查询

无关子查询的执行不依赖父查询。它的执行过程是首先执行子查询语句，将得到的子查询结果集传递给父查询语句使用。无关子查询中对父查询没有任何引用。

（1）带有比较运算符的子查询。

带有比较运算符的子查询指主查询与子查询之间用比较运算符进行连接。当用户能确切知道内层查询返回的是单值时，可以用＞、＜、＝、＞＝、＜＝和＜ ＞等比较运算符。

【例 5.33】 查询成绩最高的学生学号、该成绩的课程号和成绩。

```
SELECT SNO, CNO, GRADE
FROM SC
WHERE GRADE = (SELECT MAX (GRADE)
                FROM SC)
```

子查询首先要确定最高的成绩是多少,并用它和每个学生的成绩进行比较。如果某个学生的成绩和最高成绩相等,则该判定条件为真,相应的行就被返回。查询结果如图 5.31 所示。

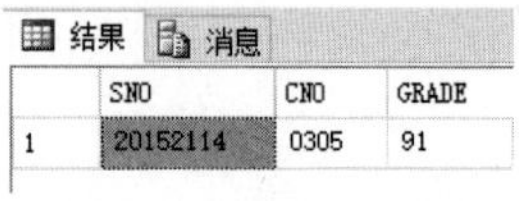

	SNO	CNO	GRADE
1	20152114	0305	91

图 5.31　例 5.33 查询结果

注意:带有比较运算符的子查询不能返回一个以上的值。

(2) 带有集合比较运算符的子查询。

子查询返回单值时可以用比较运算符,但返回多值时要用到集合比较运算符。集合比较运算符及其含义如表 5.3 所示。

表 5.3　集合比较运算符及其含义

运算符	含　义
ALL	如果一系列的比较都为 TRUE,则为 TRUE
ANY	如果一系列的比较中任何一个为 TRUE,则为 TRUE
BETWEEN	如果操作数在某个范围之内,则为 TRUE
EXISTS	如果子查询结果包含一些行(结果不空),则为 TRUE
IN	如果操作数等于表达式列表中的一个,则为 TRUE
NOT	对任何布尔运算的值取反
SOME	如果在一系列比较中有些为 TRUE,则为 TRUE

带有 IN 谓词的子查询指主查询与子查询之间用 IN 进行连接,判断某个属性列值是否在子查询的结果中。由于在嵌套查询中,子查询的结果往往是一个集合,所以谓词 IN 是嵌套查询中最常用到的谓词。用 IN 谓词的嵌套查询可以返回零个、一个或多个 IN 谓词左边的列(或列组合)的值。

【例 5.34】　查询选修了 0211 号课程的学生姓名和所在学院。

```
SELECT SNAME, SDEPT
FROM S
WHERE SNO IN (SELECT SNO
              FROM SC
              WHERE CNO = '0211' )
```

查询结果如图 5.32 所示。

【例 5.35】　查询没有选修任何课程的学生信息。

```
SELECT *
FROM S
WHERE SNO NOT IN (SELECT SNO
                  FROM SC )
```

查询结果如图 5.33 所示。

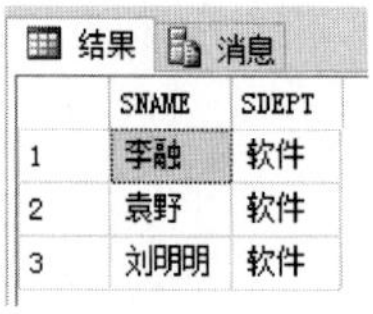

	SNAME	SDEPT
1	李融	软件
2	袁野	软件
3	刘明明	软件

图 5.32　例 5.34 查询结果

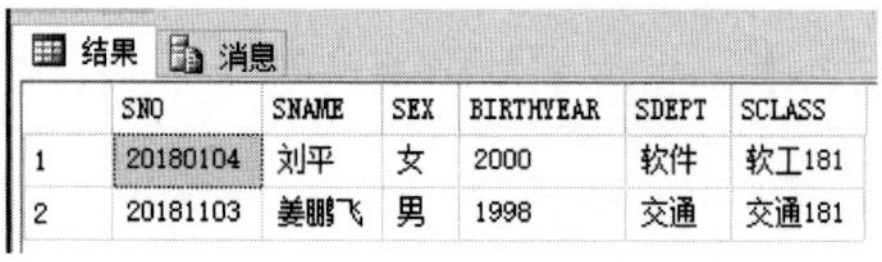

	SNO	SNAME	SEX	BIRTHYEAR	SDEPT	SCLASS
1	20180104	刘平	女	2000	软件	软工181
2	20181103	姜鹏飞	男	1998	交通	交通181

图 5.33　例 5.35 查询结果

该例中子查询首先查找出 SC 表中的学生学号(即选修了课程的学生学号),主查询则列出学号不在子查询结果中的学生信息,即没有选修任何课程的学生信息。

对 IN 谓词,如果任何子查询返回的任意一个非空值都和主查询所要查找的列的非空值相匹配,那么,数据表中包含该值的行都会出现在最终的结果表中。

子查询结果中的空值将不和主查询中的空值匹配。当在 IN 前使用逻辑运算符 NOT,如例 5.35 中所示,若子查询只返回非空值,那么,不和子查询相匹配的主查询的行都会出现在结果表中。如果 NOT IN 子查询中返回一个空值,那么主查询将总是返回一个空的结果表。因此,需要对 NOT IN 子查询中的空值加以注意。

【例 5.36】 查询年龄最小的学生的姓名和出生年份。

```
SELECT SNAME, BIRTHYEAR
FROM   S
WHERE BIRTHYEAR > = ALL(SELECT BIRTHYEAR
                        FROM   S )
```

查询结果如图 5.34 所示。

(3) HAVING 子句中的子查询。

除了 WHERE 子句外,子查询还可以用在分组数据的 HAVING 子句中。

【例 5.37】 查询所选课程的平均成绩高于所有学生成绩平均值的学生学号和平均成绩。

```
SELECT SNO,AVG(GRADE)
FROM SC
GROUP BY SNO
HAVING AVG(GRADE) > (SELECT AVG(GRADE)
                     FROM SC)
```

该语句的子查询结果为 70.9,即 HAVING 子句筛选出平均成绩大于 70.9 分的分组。最后的查询结果如图 5.35 所示。

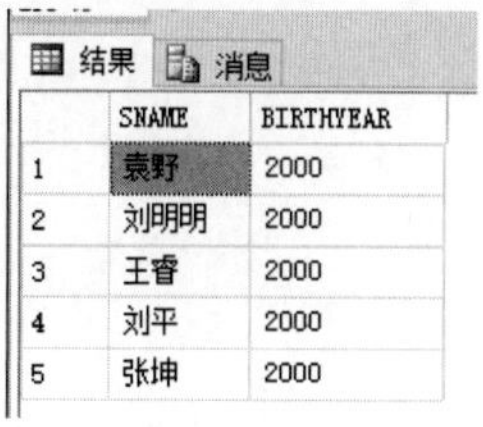

	SNAME	BIRTHYEAR
1	袁野	2000
2	刘明明	2000
3	王睿	2000
4	刘平	2000
5	张坤	2000

图 5.34 例 5.36 查询结果

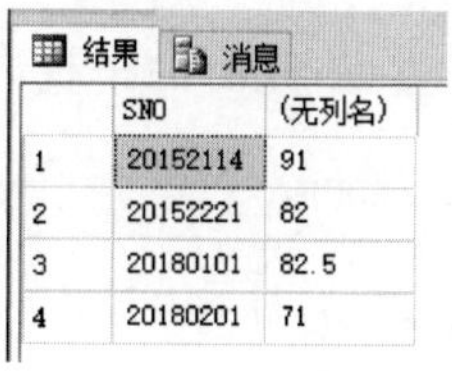

	SNO	(无列名)
1	20152114	91
2	20152221	82
3	20180101	82.5
4	20180201	71

图 5.35 例 5.37 查询结果

注意:除非另外指定了 TOP 语句,否则在子查询中不能含有 ORDER BY 子句,因为其执行结果是传递给外部主查询的,对用户不可见。子查询返回值的个数必须和外部 SELECT 的操作符相匹配;返回的项目数也必须和与之比较的项目数相同。

2. 相关子查询

相关子查询是引用了外部查询列的子查询。逻辑上讲,子查询会为外部查询的每行计算一次。而在物理上,它是一个动态的过程,会随情况的变化有所不同,有不止一种物理方法来处理相关子查询。在相关子查询中,子查询的执行依赖父查询,多数情况下子查询的WHERE 子句中引用了父查询的表。相关子查询的执行过程与无关子查询不同,无关子查询中子查询只执行一次,而相关子查询中的子查询需要重复地执行。

相关子查询执行过程如下:

① 从父查询中取出一个元组,将子查询中引用的元组相关列的值传给内层子查询;

② 执行子查询,得到子查询操作的结果或结果集;

③ 父查询根据子查询返回的结果或结果集得到满足条件的行;

④ 外层父查询依次取出下一个元组,重复步骤①~③,直到外层的元组全部处理完毕。

(1) 带有比较运算符的相关子查询。

与无关子查询类似,相关子查询中同样可以使用比较运算符及集合比较运算符。

【例 5.38】 查询每个学生比其自身平均成绩高的所有成绩,并给出该学生的学号、满足条件的课程号和成绩。

```
SELECT SNO,CNO,GRADE
FROM SC a
WHERE GRADE >(SELECT AVG(GRADE)
              FROM SC b
              WHERE b.SNO = a.SNO)
```

查询结果如图 5.36 所示。

在此查询语句中,子查询用于计算一个学生所有选修课程的平均成绩,此学生即为外层父查询所扫描到的学生(b. SNO = a. SNO),若学生的平均成绩满足父查询 WHERE 条件,则返回其相关信息。由于父子两层查询都引用了表 SC,为加以区别,分别起别名为 a 和 b。因为子查询计算哪个学生成绩是与父查

图 5.36 例 5.38 查询结果

询相关的,所以这种子查询称为相关子查询。SQL Server 的一种执行过程如下。

① 父查询顺序扫描表 SC,取出第一行元组,将该元组的 SNO 值(a.SNO = '20180201')传递给子查询。

② 执行子查询,此时的子查询即相当于执行语句:

```
SELECT AVG(GRADE)
FROM SC b
WHERE b.SNO = '20180201'
```

即计算学号为 20180201 的学生所选课程的平均成绩,得到值为 70.67。

③ 将子查询得到的该学生平均成绩 70.67 返回给父查询,则此时父查询 WHERE 语句即为:

```
WHERE GRADE > 70.67
```

若当前元组满足 WHERE 语句条件,则将其保留在父查询的查询结果集中。详细过程如图 5.37 所示:

④ 父查询依次取下一行元组,重复上述步骤,直到 SC 表所有元组扫描完成。

图 5.37　相关子查询执行过程示例

（2）带有谓词 EXISTS 的相关子查询。

EXISTS 是一个非常强大的谓词，它允许高效地检查指定查询是否产生某些行。EXISTS 的输入是一个子查询，它通常会关联到外部查询，但不是必须的，根据子查询是否返回行，该谓词返回 TRUE 或 FALSE。不同于其他谓词和逻辑表达式，无论输入子查询是否返回行，EXISTS 都不返回 UNKNOWN。

在使用谓词 EXISTS 的子查询中，只要子查询返回非空结果，则父查询的 WHERE 子句将返回逻辑真，否则返回逻辑假。至于返回结果集是什么数据对于子查询是无关紧要的，所以在子查询中的目标列表达式都用符号 *（即使给出字段名也没有实际意义）。

【例 5.39】　查询选修了 0211 号课程的学生姓名。

```
SELECT SNAME
FROM S
WHERE EXISTS (SELECT *
             FROM SC
             WHERE SNO = S.SNO AND CNO = '0211')
```

查询结果如图 5.38 所示。

SQL Server 执行该子查询的一种执行过程如下。

① 父查询顺序扫描表 S，取出第一行元组，将该元组的 SNO 值（即 S.SNO＝'20140123'）传递给子查询并执行子查询，则此时子查询即为执行语句：

```
SELECT *
FROM SC
WHERE SNO = '20140123' AND CNO = '0211'
```

查询结果如图 5.39 所示。

图 5.38　例 5.39 查询结果　　　　　图 5.39　子查询执行结果

② 子查询返回非空结果集,则父查询的 WHERE 子句返回逻辑真,即输出当前学生的姓名;若子查询返回空集,则父查询的 WHERE 子句返回逻辑假,不输出当前学生的姓名。

③ 父查询依次扫描 S 表,取出下一行元组,重复上述步骤,直到 S 表所有元组扫描完成。

【例 5.40】 查询选修了全部课程的学生姓名。

```
SELECT SNAME
FROM S
WHERE NOT EXISTS (SELECT *
                  FROM C
                  WHERE NOT EXISTS (SELECT *
                                    FROM SC
                                    WHERE SNO = S. SNO AND CNO = C. CNO)
```

一般情况下,有些带 EXSITS 或 NOT EXISTS 的子查询不能被其他形式的子查询等价替换,但所有带 IN、比较运算符、ANY 和 ALL 的子查询都能用带 EXISTS 的子查询等价替换。由于带 EXISTS 的相关子查询只关心内层查询是否有返回值,并不需要查询具体值,有时也是一种高效的方法。

5.2.3　联合查询

SELECT 语句返回的结果是若干条记录的集合。集合有其固有的一些运算,如并、交、差等。从集合运算的角度看,可以将每个 SELECT 语句当作一个集合,于是,可以对任意两个 SELECT 语句进行集合运算。SQL 中提供了并(UNION)、交(INTERSECT)和差(EXCEPT)等几种集合运算。下面分别介绍这几种运算。

1. 集合并(UNION)运算

两个查询的并(UNION)指将两个查询的返回结果集合并到一起,同时去掉重复的记录。显然,并运算的前提是两个查询返回的结果集在结构上要一致,即结果集的字段个数要相等以及字段的数据类型要相容。

【例 5.41】 查询软件学院的所有学生名及开设的所有课程名。

	SNAME
1	离散数学
2	李融
3	刘明明
4	刘平
5	软件测试
6	软件工程
7	数据库原理与应用
8	王睿
9	王珊
10	袁野
11	张坤

图 5.40　例 5.41 查询结果

```
SELECT SNAME
FROM S
WHERE SDEPT = '软件'
UNION
SELECT CNAME
FROM C
WHERE CDEPT = '软件'
```

查询结果如图 5.40 所示。

2. 集合交(INTERSECT)运算

两个查询的交(INTERSECT)指将两个查询的返回结果集中相同的元组组合起来。同样地,交运算也要求两个查询返回的结果集在结构上要一致。

【**例 5.42**】 查询软件学院选修了 0211 号课程的学生学号。

```
SELECT SNO
FROM S
WHERE SDEPT = '软件'
INTERSECT
SELECT SNO
FROM SC
WHERE CNO = '0211'
```

3. 集合差(EXCEPT)运算

两个查询的差(EXCEPT)指将属于左查询结果集但不属于右查询结果集的元组组合起来。差运算同样要求两个查询返回的结果集在结构上要一致。

【**例 5.43**】 查询选修了 0121 号课程但没选修 0127 号课程的学生学号。

```
SELECT SNO
FROM SC
WHERE CNO = '0121'
EXCEPT
SELECT SNO
FROM SC
WHERE CNO = '0127'
```

总之,SELECT 语句既可以完成简单的单表查询,也可以完成复杂的连接查询和嵌套查询。现将其各子句功能总结如下:

(1) SELECT 子句指定查询结果集的目标列。目标列可以直接从数据源中投影得到列名、与列名相关的表达式或数据统计的函数表达式,如算术表达式、标量函数、聚合函数等。目标列也可以是常量,如文字(数字或文本)等。如果目标列中使用了两个基本表(或视图)中相同的列名,要在列名前加表名限定,即使用"<表名>.<列名>"形式表示。

(2) FROM 子句用于指明查询的数据源。查询操作需要的数据源指基本表(或视图)。如果在查询中需要一表多用,则每次使用都需要一个表的别名标识,并在各自使用中用不同的表别名表示。

(3) WHERE 子句通过条件表达式描述关系中元组的选择条件。DBMS 处理语句时,以元组为单位,逐个考察每个元组是否满足条件,将不满足条件的元组筛选掉。

(4) GROUP BY 子句的作用是按分组列的值对结果集分组。分组可以使同组的元组集中在一起,使数据能够分组统计。当 SELECT 子句后的目标列中有统计函数时,如果查询语句中有分组子句,则统计为分组统计,否则为对整个结果集统计。GROUP BY 子句后可以接 HAVING 子句表达式选择条件,组选择条件为带有函数的条件表达式,它决定着整个组记录的取舍条件。

(5) ORDER BY 子句的作用是对结果集进行排序。查询结果集可以按多个排序列进行排序,每个排序列后都可以跟一个排序要求:当排序要求为 ASC 时,结果集的元组按排序列值的升序排序;当排序要求为 DESC 时,结果集的元组按排序列值的降序排列。

5.3 本章小结

SQL 是关系数据库的标准语言,其核心部分和关系代数是等价的,但它还有一些重要的功能已经超越了关系代数的表达能力。借助于 SQL,人们可以实现数据操纵、数据定义和数据控制等功能。

SQL 的数据操纵功能包括数据查询和数据更新两部分。SQL 的数据查询用 SELECT 语句实现,既可以进行简单查询,也可进行多表连接查询和嵌套查询(子查询)。在查询中可以运用标量函数和聚合函数实现相关计算,并可按查询结果的列进行分组和排序。SQL 应用是数据库课程学习的重点,通过本章学习,读者应能够熟练掌握 SQL 的语法,并能在实践中熟练运用 SQL 实现各种查询要求。

由于 SQL 是非过程化的语言,要实现 SQL 对数据库查询等操作的过程控制,可将 SQL 嵌入其他高级语言中。需要注意的是,各数据库厂商支持的 SQL 在遵循标准的基础上,也常常会进行不同的扩充或修改。

习题 5

应用题

设有一个 SPJ 数据库,包括 S,P,J,SPJ 4 个关系模式,具体描述如下文及表 5.4～表 5.7 所示。

设备供应商　S(SNO,SNAME,STATUS,CITY)
　　零件　P(PNO,PNAME,COLOR,WEIGHT)
工程项目　J(JNO,JNAME,CITY)
供应情况　SPJ(SNO,PNO,JNO,QTY)

表 5.4　S(设备供应商)

字 段 名	SNO	SNAME	STATUS	CITY
数据类型	char	char	char	char
长度	10	12	2	8
描述	供应商编号	供应商名称	供应状态	所在城市

表 5.5　P(零件)

字 段 名	PNO	PNAME	COLOR	WEIGHT
数据类型	char	char	char	Integer
长度	10	12	5	
描述	零件编号	零件名称	零件颜色	零件重量

表 5.6　J（工程项目）

字 段 名	JNO	JNAME	CITY
数据类型	char	char	char
长度	10	10	8
描述	工程编号	工程名	所在城市

表 5.7　SPJ（供应情况）

字 段 名	SNO	PNO	JNO	QTY
数据类型	char	char	char	Integer
长度	10	10	10	
描述	供应商编号	零件编号	工程编号	供应数量

用 SQL 语句完成如下查询：

(1) 查询所有供应商的姓名和所在城市；

(2) 查询重量大于 50g 的所有红色零件的名称；

(3) 查询工程编号以"J210_"开头的所有工程的工程号和所在城市；

(4) 查询没有给任何工程供应零件的设备供应商号；

(5) 查询使用供应商 S1（供应商号）所供应零件的工程号码；

(6) 查询工程 J2（工程编号）使用的各种零件的名称及其数量，并按数量降序排序；

(7) 查询上海厂商供应的所有零件编号（要求使用子查询完成）；

(8) 查询使用上海产的零件的工程名称；

(9) 查询上海供应商的数量；

(10) 查询每个城市的工程数量，给出城市名和数量；

(11) 查询每项工程使用的零件总数，给出工程名和零件的总数；

(12) 查询使用 3 种以上零件的工程编号。

第6章

视图和索引

视图是关系数据库系统提供给用户,使其从多种角度观察数据库中数据的重要机制。每个用户都能访问相同的数据,但每个用户都可以有自己的数据视图,该视图仅包含用户感兴趣的实体、属性和联系。视图是一个因用户而存在,并呈现在用户面前的关系,可以将其当作基本关系进行操作。

索引是一种结构,它提供了基于一个或多个列值快速访问表中数据的方法。索引的出现极大地提升了查询的性能。

视频讲解

6.1 视图

6.1.1 视图的作用

视图是从一个或几个基本表(或视图)导出的表,但它与基本表不同,是一个虚表。也就是说,数据库中只存放视图的定义,而不存放视图对应的数据,这些数据仍然存放在原来的基本表中。基本表中的数据发生变化,从视图中查询出的数据也就随之变化了。从这个意义上讲,视图就像是一个窗口,用户透过它可以看到数据库中自己感兴趣的数据及变化。合理地使用视图能够带来下列好处。

1. 简化用户操作

视图机制使用户可以将注意力集中在所关心的数据上。如果这些数据不是直接来自基本表,则可以通过定义视图,使数据库看起来结构简单、清晰,并且可以简化用户的数据查询操作。例如,那些定义了若干张表连接的视图,就将表与表之间的连接操作对用户隐藏起来了。简而言之,用户所做的只是对一个虚表的简单查询,而这个虚表是怎样得来的,用户无须了解。

2. 使用户以多种角度看待同一数据

视图机制能使不同的用户以不同的方式看待同一数据,当许多不同种类的用户共享同一个数据库时,这种灵活性是非常必要的。

3. 对重构数据库提供了一定程度的逻辑独立性

在关系数据库中,数据库的重构往往是不可避免的。重构数据库最常见的形式是将一个基本表垂直地分成多个基本表,例如将学生关系 S(SNO,SNAME,SEX,BIRTHYEAR, SDEPT,SCLASS)分为 SX(SNO,SNAME,SDEPT,SCLASS)和 SY(SNO,SEX, BIRTHYEAR,SDEPT)两个关系。此时,原表 S 为 SX 表和 SY 表自然连接的结果。如果通过连接 SX 表和 SY 表建立一个视图 Student,这样尽管数据库的逻辑结构改变了(变为了 SX 和 SY 两个表),但应用程序不必修改,因为新建立的视图定义为用户原来的关系,使用户的外模式保持不变,用户的应用程序通过视图仍然能够查找数据。

当然,视图只能在一定程度上保证数据的逻辑独立,例如由于视图的更新是有条件的,因此应用程序中修改数据的语句可能仍会因为基本表构造的改变而改变。

4. 对机密数据提供安全保护

视图机制可以在设计数据库应用系统时对不同的用户定义不同的视图,使机密数据不会出现在不应该看到这些数据的用户视图上。这样视图机制就自动提供了对机密数据的安全保护功能。

在 SQL Server 中,视图通常用来集中、简化和自定义每个用户对数据库的不同认识,也可用作安全机制,还可以在向 SQL Server 复制数据或从其中复制数据时使用视图。

6.1.2 创建视图

在 SQL Server 中,可以使用 SQL Server Management Studio 和 T-SQL 命令两种方法来创建视图。

1. 使用 SQL Server Management Studio 创建视图

(1) 在"对象资源管理器"窗口中,展开要创建新视图的数据库,右击"视图"文件夹,在弹出的快捷菜单中选择"新建视图(N)…"选项 ,如图 6.1 所示。

(2) 在"添加表"对话框中选择要在新视图中包含的元素,单击"添加"按钮,再单击"关闭"按钮,如图 6.2 所示。

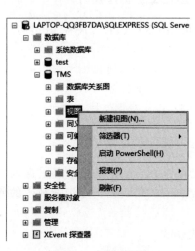

图 6.1 新建视图

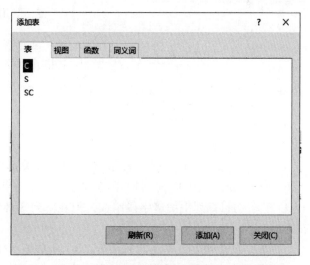

图 6.2 "添加表"对话框

(3) 在"关系图"窗口中,选择要在新视图中包含的列或其他元素,如图6.3所示。

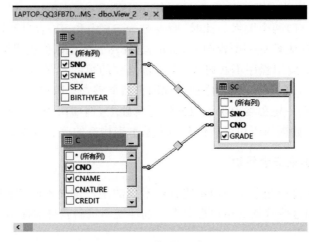

图6.3 "关系图"窗口

(4) 在"条件"窗口中,选择列的其他排序或筛选条件,如图6.4所示。

列	别名	表	输出	排序类型	排序顺序	筛选器
CNO		C	☑			
SNO		S	☑	升序	1	
CNAME		C	☑			
SNAME		S	☑			
GRADE		SC	☑	升序	2	

图6.4 "条件"窗口

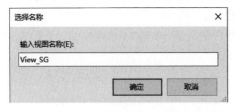

图6.5 "选择名称"对话框

(5) 在"文件"菜单上,单击"保存"按钮以保存视图名称,在"选择名称"对话框中,输入新视图的名称并单击"确定"按钮,如图6.5所示。

2. 使用 T-SQL 命令创建视图

创建视图可用 CREATE VIEW 语句实现,其格式如下:

```
CREATE VIEW view_name [ (column [ ,...n ] ) ]
    AS select_statement
  [ WITH CHECK OPTION ]
```

参数说明如下。

(1) view_name:新建视图名称,必须符合有关标识符的规则。

(2) column:视图中的列使用的名称。如果未指定属性列名,则该视图由子查询中 SELECT 子句目标列中的诸字段组成。但在下列3种情况下,必须明确指定组成视图的所有列名。

① 某个目标列不是单纯的属性名,而是函数或算术表达式;

② 多表连接时选出了几个同名列作为视图的字段;

③ 需要在视图中为某列启用新的更合适的名字。

（3）select_statement：定义视图的 SELECT 语句。子查询表达式可以是任意复杂的 SELECT 语句，也可以使用多张表和其他视图，但通常不允许含有 ORDER BY 子句和 DISTINCT 短语。

（4）WITH CHECK OPTION：表示对视图进行 INSERT、UPDATE 和 DELETE 操作时，要保证更新、插入或删除的行满足视图定义中子查询 WHERE 子句中的条件表达式。同时，WITH CHECK OPTION 可确保提交修改后，仍可通过视图看到数据。

【例 6.1】 建立计算机系学生的视图 V_MA，包括学号、姓名、所在班级，并要求进行修改和插入操作时保证该视图中只有计算机系的学生。

```
CREATE VIEW V_MA
AS
SELECT SNO, SNAME, SCLASS
FROM S
WHERE SDEPT = '计算机'
WITH CHECK OPTION
```

本例中省略了视图 V_MA 的列名，即由子查询中 SELECT 子句的 3 个列名组成。

由于在定义该视图时加上了 WITH CHECK OPTION 子句，以后对该视图进行插入、修改和删除操作时，DBMS 会自动加上 SDEPT＝'计算机'的条件。

【例 6.2】 创建学生选修课程的门数和平均成绩的视图 C_G，其中包含的属性列为（SNO，C_NUM，AVG_GRADE）。

```
CREATE VIEW C_G(SNO, C_NUM, AVG_GRADE)
AS
SELECT SNO, COUNT( * ), AVG(GRADE)
FROM SC
WHERE Grade is not null
GROUP BY SNO
```

本例中子查询 SELECT 子句的目标列选修课程的门数和平均成绩是通过聚集函数得到的，所以 CREATE VIEW 中必须明确定义组成视图的各属性列名。

【例 6.3】 建立一个学生视图 V_BD，包括学生的学号、姓名和年龄。

```
CREATE VIEW V_BD(SNO, SNAME, SAGE)
AS
SELECT SNO, SNAME, 2019 - BIRTHYEAR
FROM  S
```

本例中的视图是一个带表达式的视图，属性列年龄是通过计算得到的，所以在 CREATE VIEW 中也必须明确定义组成视图的各属性列名。

【例 6.4】 建立计算机系选修了 0211 号课程的学生的视图 V_C1，包括学生的学号、姓名和该门课成绩。

```
CREATE VIEW V_C1(SNO, SNAME, GRADE)
AS
SELECT  S. SNO, SNAME, GRADE
FROM  S join SC ON S. SNO = SC. SNO
```

```
WHERE  SDEPT = '计算机' AND CNO = '0211'
```

本例中的视图包含了 S 表和 SC 表的同名列 SNO,所以必须在视图名后面明确说明视图的各属性名。

【例 6.5】　建立计算机系选修了 0211 号课程且成绩在 90 分以上的学生视图 V_C2,包括学生的学号、姓名和该门课成绩。

```
CREATE VIEW V_C2
AS
SELECT  *
FROM V_C1
WHERE GRADE > 90
```

视图不仅可以建立在一个或多个基本表上,也可以建立在一个或多个已定义好的视图上,或建立在基本表与视图上。本例中的视图 V_C2 就是建立在视图 V_C1 之上的。

需要说明的是,组成视图的属性列名必须依照上面的原则,或者全部省略,或者全部指定,没有第三种选择。

6.1.3　修改视图

可以使用 SQL Server Management Studio 和 T-SQL 命令两种方法来更新视图。

1. 使用 SQL Server Management Studio 修改视图

(1) 在"对象资源管理器"窗口中,展开视图所在的数据库,右击要修改的视图,在弹出的快捷菜单中选择"设计"选项,如图 6.6 所示。

(2) 在"关系图"窗口中,通过以下一种或多种方式修改视图:

① 选中或清除要添加或删除的任何元素的复选框;

② 在关系图窗格中右击,在弹出的快捷菜单中选择"添加表…"选项,然后在"添加表"对话框中选择要添加到视图的其他列;

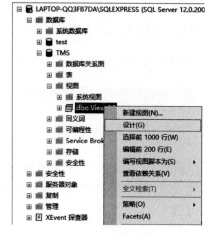

图 6.6　修改视图

③ 右击要删除的表的标题栏,然后选择"删除"选项,如图 6.7 所示。

(3) 在"文件"菜单中选择"保存"选项,以保存视图名称。

2. 使用 T-SQL 命令修改视图

修改视图可用 ALTER VIEW 语句实现,其格式如下:

```
ALTER VIEW view_name [ (column [ ,...n ] ) ]
     AS select_statement
    [ WITH CHECK OPTION ]
```

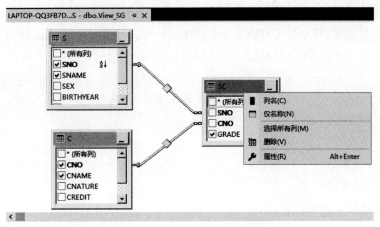

图 6.7 "关系图"窗口中修改视图

该语法格式和创建视图类似。

【例 6.6】 修改例 6.1 中的视图 V_MA,并要求该视图只查询数学系的男学生。

```
ALTER VIEW V_MA
AS
SELECT SNO, SNAME, SCLASS
FROM S
WHERE SDEPT = '数学' and SEX = '男'
WITH CHECK OPTION
```

本例中对原有视图中的条件进行了修改,但包含的属性列没有变化。

6.1.4 查询和删除视图

视图一经定义,就可以和基本表一样被查询、被删除。

1. 查询视图

查询视图的语法格式如下:

```
SELECT *
FROM  view_name
```

2. 删除视图

删除视图的语法格式如下:

```
DROP VIEW view_name
```

删除视图时将从系统目录中删除视图的定义和有关视图的其他信息,还将删除视图的所有权限。

6.1.5 更新视图

视图更新是指通过视图插入、删除和修改数据,将其语法格式与对基本表的数据更新成一样的。但是,对视图的更新操作将通过视图消解转换为对基本表的更新操作。如果要防止用户通过视图对数据进行更新操作时对不属于视图范围内的基本表数据进行操作,则在视图定义时要加上 WITH CHECK OPTION 子句。这样,在视图更新时,DBMS 会自动检查视图定义中子查询的 WHERE 子句条件,若操作的元组不满足条件,则拒绝执行该操作。

【例 6.7】 在例 6.6 建立的数学系学生的视图 V_MA 中,将学号为 20080001 的学生所在系改为计算机系。

```
UPDATE V_MA
SET SDEPT = '计算机'
WHERE SNO = '20080001'
```

转换成对基本表的更新为:

```
UPDATE S
SET SDEPT = '计算机'
WHERE SNO = '20080001' and SDEPT = '数学'
```

【例 6.8】 删除数学系学生视图 V_MA 中学号为 20080001 的学生的记录。

```
DELETE
FROM V_MA
WHERE SNO = '20080001'
```

转换成对基本表的更新为:

```
DELETE
FROM S
WHERE SNO = '20080001' and SDEPT = '数学'
```

在关系数据库中,并不是所有的视图都是可以更新的,因为有些视图的更新不能唯一有意义地转换成对相应表的更新。例如例 6.3 中创建的学生视图 V_BD,其中的属性列 Sage 是通过出生年份计算得到的,如果想对视图中某个同学的年龄进行修改,系统是无法实现的。因为对这个视图的更新无法转换成对基本表的更新,所以该视图是不可更新的。

目前,一般的数据库系统都只允许对行列子集视图进行更新操作。行列子集视图是指从单个基本表导出的,并且只是去掉了基本表的某些行和某些列,但保留了主键的视图。各系统对视图的更新还有更进一步的规定,由于各系统实现方法上的差异,规定也不尽相同。

在 SQL Server 2019 中,同样允许对行列子集视图进行更新。除此之外,只要满足下列条件,都可以对视图进行更新:

(1) 视图中被修改的列必须直接引用基本表列中的基础数据,而不能是通过计算表达式和聚集函数得到的结果列;

(2) 被修改的列不受 GROUP BY、HAVING 或 DISTINCT 子句的影响;

(3) 关键词 TOP 在视图定义的子查询表达式中的任何位置都不会与 WITH CHECK OPTION 子句一起使用。

6.2 索引

6.2.1 索引概念

视频讲解

如果把数据库比作一本书,那么表的索引就是这本书的目录,可见建立索引是加快表的查询速度的有效手段。用户可以根据应用环境的需要,在定义基本表时定义一个或多个索引,以提供多种存取路径,提升查找速度。一般来说,建立与删除索引由 DBA 或表的属主(即建立表的人)负责完成。系统在存取数据时会自动选择合适的索引作为存取路径,用户不必也不能做出选择。

SQL Server 2019 中提供有多种类型的索引,这里主要说明以下 3 种类型。

(1)聚集索引:聚集索引根据数据行的键值在表或视图中排序和存储这些数据行,索引的顺序与表中记录的物理顺序一致。一个表只能有一个聚集索引,因为数据行本身只能按一个顺序排序。只有当表包含聚集索引时,表中的数据行才按排序顺序存储。如果表没有聚集索引,则其数据行存储在一个称为堆的无序结构中。

用户在经常查询的列上建立聚集索引可以提高查询效率。建立聚集索引后,更新索引列数据往往会导致表中记录的物理顺序的变更,代价较大,因此,对于经常变更的列不宜建立聚集索引。

(2)非聚集索引:每个非聚集索引提供访问数据的不同排序顺序。可以为基本表查找数据时常用的每列创建一个非聚集索引。一个表可以拥有多个非聚集索引。聚集索引和非聚集索引的根本区别在于表中记录的物理顺序和与索引的顺序是否一致。

(3)唯一索引:唯一索引可以保证索引键中不包含重复的值。唯一索引的每个索引值只对应唯一的数据记录,即不允许表中不同的行在索引列上取相同值。因此,只有当该列数据本身具有唯一性时,指定唯一索引才有意义。聚集索引和非聚集索引都可以是唯一的。一个表可以有多个唯一索引。

在创建 PRIMARY KEY 约束时,如果不存在该表的聚集索引,同时没有强制指定使用唯一非聚集索引,则 SQL Server 2019 会默认在此主键字段上创建一个聚集索引。

在创建 UNIQUE 约束时,默认情况下将创建唯一非聚集索引。如果不存在该表的聚集索引,则可以指定唯一聚集索引。

默认情况下,SQL Server 2019 建立的索引是非聚集索引。

6.2.2 创建索引

在 SQL Server 中,可以使用 SQL Server Management Studio 和 T-SQL 命令两种方法来创建索引。

1. 使用 SQL Server Management Studio 创建索引

(1)在"对象资源管理器"窗口中,展开要创建索引的表。右击"索引"文件夹,在弹出的快捷菜单中选择"新建索引"选项,然后选择索引类型,如图 6.8 所示。

图 6.8　"新建索引"选项

（2）在"新建索引"对话框的"常规"页中，设置新索引的名称、类型、是否唯一等，然后添加要创建索引的列，单击"确定"按钮即可，如图 6.9 所示。

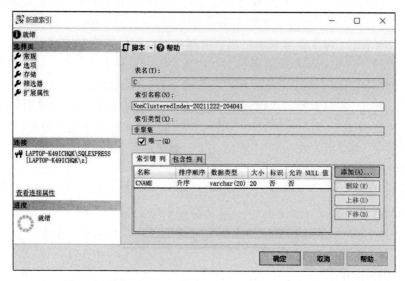

图 6.9　新建索引"常规"页

2. 使用 T-SQL 命令创建索引

创建索引使用 CREATE INDEX 语句，其一般格式是：

```
CREATE [ UNIQUE ] [ CLUSTERED | NONCLUSTERED ] INDEX index_name
    ON table_or_view_name (column [ ASC | DESC ] [ ,...n ] )
```

参数说明如下。

（1）UNIQUE：表示要建立的索引是唯一索引。

（2）CLUSTERED：表示要建立的索引是聚集索引。

（3）NONCLUSTERED：表示要建立的索引是非聚集索引。默认值是非聚集索引。

（4）index_name：创建的索引名称。

（5）table_or_view_name：指定要创建索引的基本表或视图的名称。

（6）column：索引可以在该表的一列或多列上，各列名之间用逗号分开。每列名后面次序指定索引值的排列次序，包括 ASC（升序）和 DESC（降序）两种，默认值是 ASC。

【例 6.9】 为课程表 C 的 CNAME 列创建名为 I_CNAME 的唯一索引。

```
CREATE UNIQUE INDEX I_CNAME
ON C(CNAME)
```

用户在单个列上创建的索引称为单一索引，同时在多个列上创建的索引则称为复合索引。

【例 6.10】 为选修课程表 SC 的 CNO、GRADE 列创建名为 I_CNO_GRADE 的复合索引。其中，CNO 为升序，GRADE 为降序。

```
CREATE INDEX I_CNO_GRADE
ON SC(CNO ASC,GRADE DESC)
```

6.2.3 删除索引

索引一经建立，就由系统使用和维护它，不需要用户干预。建立索引是为了减少查询操作的时间，但如果数据增删修改频繁，系统会花费许多时间来维护索引。这时，可以删除一些不必要的索引。

删除索引使用 DROP INDEX 语句，其语法格式为：

```
DROP INDEX index_name ON  table_or_view_name
```

【例 6.11】 删除课程表 C 的 I_CNAME 索引。

```
DROP INDEX I_CNAME ON C
```

删除索引时，系统会同时从数据字典中删去有关该索引的描述。

6.3 本章小结

本章主要介绍了数据库中视图和索引两个重要概念，包括它们的定义、作用，以及在 SQL Server 中使用 SQL Server Management Studio 和 T-SQL 命令两种方法对视图和索引具体的创建和操作。

习题 6

一、简答题

1. 什么是视图？什么是索引？

2. 简述视图的作用及其与数据库中基本表的联系与区别。

3. 简述聚集索引和非聚集索引的区别。

二、应用题

1. 设有一个 SPJ 数据库,包括 S,P,J,SPJ 四个关系模式,具体描述如表 6.1~表 6.4 所示。

设备供应商　S(SNO,SNAME,STATUS,CITY)
　　　零件　P(PNO,PNAME,COLOR,WEIGHT)
　工程项目　J(JNO,JNAME,CITY)
　供应情况　SPJ(SNO,PNO,JNO,QTY)

表 6.1　S(设备供应商)

字 段 名	SNO	SNAME	STATUS	CITY
数据类型	char	char	char	char
长度	10	12	2	8
描述	供应商编号	供应商名称	供应状态	所在城市

表 6.2　P(零件)

字 段 名	PNO	PNAME	COLOR	WEIGHT
数据类型	char	char	char	Integer
长度	10	12	5	
描述	零件编号	零件名称	零件颜色	零件重量

表 6.3　J(工程项目)

字 段 名	JNO	JNAME	CITY
数据类型	char	char	char
长度	10	10	8
描述	工程编号	工程名	所在城市

表 6.4　SPJ(供应情况)

字 段 名	SNO	PNO	JNO	QTY
数据类型	char	char	char	Integer
长度	10	10	10	
描述	供应商编号	零件编号	工程编号	供应数量

请建立一个供应情况的视图,包括供应商编号(SNO)、零件编号(PNO)、供应数量(QTY)。针对该视图完成下列查询:

(1) 找出三建工程项目使用的各种零件代码及其数量;

(2) 找出供应商 S1 的供应情况。

2. 为题 4 中工程项目表 J 的"所在城市"(CITY)列创建一个普通索引。

第 7 章　数据库编程

本章先介绍数据库编程中的变量及流程控制,随后介绍如何使用存储过程、触发器、用户定义函数,最后介绍游标的相关知识及使用方法。

为了扩展 SQL 的能力,T-SQL(Transact-SQL)相对于 SQL 的一个重大改进在于,T-SQL 提供了类似高级语言的编程功能,如定义存储过程(stored procedure)与自定义函数(user defined function)。需要注意的是,T-SQL 是一种面向集合的操作语言,集合的操作本身会有一些特性,这使得 T-SQL 不能完全被作为高级语言来对待。T-SQL 提供了一些高级语言中所没有的功能,如触发器(trigger)和游标操作(cursor)。T-SQL 由四部分组成:数据定义语言(DDL)、数据操作语言(DML)、数据控制语言(DCL)、T-SQL 增加的语言要素。这些语言元素包括变量、运算符、函数、流程控制语句等。前三部分在之前章节中已经进行了讲解,本章将针对 T-SQL 增加的一些关于编程的功能要素进行讲解。

7.1　变量及流程控制

7.1.1　变量

变量用于存储临时存放的数据,变量中的数据随着程序的运行而变化,变量定义时,必须有变量名及变量类型两个属性。变量名用于标识该变量,变量类型确定了该变量存放值的格式、取值范围及允许的运算。

1. 变量的种类

在 SQL Server 中,变量分为全局变量和局部变量两种。

(1) 全局变量是以"@@"开始的变量,局部变量是以"@"开始的变量。全局变量是由系统提供且预先声明的变量,用户一般只能查看不能修改全局变量的值。T-SQL 全局变量作为函数引用。例如,@@ERROR 返回执行上一个 T-SQL 语句的错误号,@@CONNECTIONS 返回自上次启动 SQL Server 以来连接或试图连接的次数。

(2) 局部变量是用户声明的用以保存特定类型的单个数据值的对象,它局部于一个语句批,例如保存运算的中间结果作为循环变量等。

2. 变量的声明与赋值

在 SQL Server 中,局部变量必须先声明,然后才能使用。声明局部变量的语法格式为:

```
DECLARE   @局部变量名 [AS] 数据类型 [1,...,n]
```

使用 DECLARE 声明完局部变量后,该变量的值将被初始化为 NULL。变量的赋值语法格式为:

```
SET   @局部变量名 = 值 | 表达式
```

【例 7.1】　本示例声明了三个整型变量:@x,@y,@z,并给@x,@y 变量分别赋予一个初始值,然后将两个变量的和赋值给@z,并显示变量@z 的结果。

```
DECLARE @x int, @y int, @z int
SET @x = 100
SET @y = 200
SET @z = @x + @y
PRINT  @z;
```

执行结果如下:

📄 消息
300

说明:PRINT 的作用是将用户定义的信息返回给客户端,其语法格式为:

```
PRINT 'ASCII 文本字符串'| @局部变量名 |字符串表达式 | @@ 函数名
```

各部分说明如下。

(1) @局部变量名是任意有效的字符数据类型的变量,此变量必须是字符型变量,例如 char(或 nchar),varchar(或 nvarchar),或者能够隐式转换为这些类型的变量。

(2) @@ 函数名是返回字符串结果的函数,或者是返回能够隐式转换为这些数据类型的函数。

(3) 字符串表达式是返回字符串的表达式,可包含串联(即字符串拼接,T-SQL 中用加号(+)实现)的字面值和变量。

【例 7.2】　创建局部变量并赋值,然后输出变量的值。

```
DECLARE @v1 char(8), @v2 char(50)
SET @v1 = '中国'
SET @v2 = @v1 + '是一个伟大的国家'
SELECT @v1, @v2;
```

执行结果如下:

	(无列名)	(无列名)
1	中国	中国　　是一个伟大的国家

【例 7.3】　创建一个局部变量,并在 SELECT 语句中使用该局部变量查找表 S 中所有男同学的学号、姓名。

```
DECLARE @xb char(2)
SET @xb = '男'
SELECT SNO, SNAME
FROM S
WHERE SEX = @xb;
```

执行结果如下：

	SNO	SNAME
1	20140123	李融
2	20152114	杨宏宇
3	20180101	袁野
4	20180102	刘明明
5	20180103	王睿
6	20180202	张坤
7	20181103	姜鹏飞

【例7.4】 将查询结果赋给变量。

```
DECLARE @xs char(10)
SET @xs = (SELECT SNAME FROM S WHERE SNO = '20180201')
SELECT @xs;
```

执行结果如下：

	（无列名）
1	王珊

【例7.5】 使用 SELECT 给局部变量赋值。

```
DECLARE @var1 nvarchar(20)
SELECT @var1 = '王珊'
SELECT @var1 AS 'NAME'
```

执行结果如下：

	NAME
1	王珊

说明：用 SELECT 语句赋值，其语法格式为：

SELECT{ <@局部变量名>=<表达式> }[, …n]

各部分说明如下。

（1）<@局部变量名>是除 cursor、text、ntext、image 外的任何类型变量名，变量名必须以@开头。

（2）<表达式>指任何有效的 SQL Server 表达式，包括标量子查询。字符串表达式是返回字符串的表达式。

（3）n 表示可给多个变量赋值。

7.1.2 流程控制

高级语言的一个重要特性是具有流程控制的能力，流程可以将更多的语句组织在一起，成为一个程序，来完成更为复杂的功能。T-SQL 也引入了一些流程控制，主要包含下面几类：

1. BEGIN…END 语句

BEGIN…END 语句能够将多个 T-SQL 语句组合成一个语句块,并将它们视为一个单元处理。其语法格式如下:

```
BEGIN
    <T-SQL 语句>[,…n]
    [<BEGIN…END>[,…n]]
END
```

BEGIN…END 语句中可以嵌套另外的 BEGIN…END 语句来使用。

2. IF…ELSE 语句

使用 IF…ELSE 语句可以有条件地执行语句。在程序中如果要对给定的条件进行判定,当条件为真或假时分别执行不同的 T-SQL 语句,可用 IF…ELSE 语句来实现。其语法格式如下:

```
IF <条件表达式>
    <命令行或语句块>
[ELSE[<条件表达式>]
    <命令行或语句块>]
```

其中,<条件表达式>可以是各种表达式的组合,但表达式的值必须是"真"或"假",ELSE 子句是可选的。IF…ELSE 语句用来判断当某一条件成立时执行某段程序,当条件不成立时执行另一段程序。如果不使用语句块,IF 或 ELSE 只能执行一条命令。IF…ELSE 语句可以嵌套使用。

【例 7.6】 在教学管理数据库中,如果 0117 号课程的平均成绩高于 80 分,则显示"0117 号课程的平均成绩还不错",否则显示"0117 号课程的平均成绩一般"。

```
IF (Select AVG(GRADE)
    From SC
    Where CNO = '0117' )>80
    PRINT '0117 号课程的平均成绩还不错'
ELSE
    PRINT '0117 号课程的平均成绩一般'
```

执行结果如下:

```
消息
0117号课程的平均成绩一般
```

3. CASE 语句

使用 CASE 语句可以进行多个分支的选择,从而避免了多重 IF…ELSE 语句的嵌套。CASE 语句有两种格式:一种是简单 CASE 语句,是将某个表达式与一组简单表达式进行比较来确定结果;另一种是搜索 CASE 语句,用一组逻辑表达式来确定结果。

1) 简单 CASE 语句

简单 CASE 语句的格式如下:

```
CASE <输入条件表达式>
    WHEN <条件表达式值 1 > THEN <返回表达式 1 >
    WHEN <条件表达式值 2 > THEN <返回表达式 2 >
    ⋮
[ELSE <返回表达式 n >]
END
```

该语句的含义是,先计算<输入条件表达式>的值,再将其值按指定的顺序与 WHEN 子句<条件表达式值>进行比较,返回满足条件的第一条 WHEN 子句的<返回表达式>。如果 WHEN 子句<条件表达式值>都不满足,则返回 ELSE 子句的<返回表达式 n >。

2) 搜索 CASE 语句

搜索 CASE 语句的格式如下:

```
CASE
    WHEN <条件表达式值 1 > THEN <返回表达式 1 >
    WHEN <条件表达式值 2 > THEN <返回表达式 2 >
    ⋮
[ELSE <返回表达式 n >]
END
```

该语句的含义是,按指定的顺序计算每个 WHEN 子句的<条件表达式值>,返回第一个<条件表达式值>为真的 THEN 子句的<返回表达式>。如果 WHEN 子句的<条件表达式值>都不为真,则返回 ELSE 子句的<返回表达式 n >。

【例 7.7】 在教学管理数据库中,显示 0117 号课程的成绩等级。

```
SELECT SNAME AS '姓名',
    CASE
        WHEN GRADE > = 90 THEN '优秀'
        WHEN GRADE > = 80 THEN '良好'
        WHEN GRADE > = 70 THEN '中等'
        WHEN GRADE > = 60 THEN '及格'
        WHEN GRADE < 60 THEN '不及格'
        END AS '成绩等级'
    FROM S JOIN SC ON S. SNO = SC. SNO
    WHERE CNO = '0117'
```

执行结果如下:

	姓名	成绩等级
1	袁野	优秀
2	王睿	及格

4. 循环语句

使用 WHILE 语句可以根据指定的条件重复执行一个 T-SQL 语句或语句块,只要条件成立,WHILE 语句就会重复执行下去。其语法格式如下:

```
WHILE <条件表达式>
BEGIN
```

```
        <命令行或语句块>
        [BREAK]
        [CONTINUE]
        <命令行或语句块>
END
```

该语句的含义是,WHILE 在设定<条件表达式>为真时会重复执行命令行或语句块,除非遇到条件表达式为假或遇到 BREAK 语句时才跳出循环。

BREAK 命令可以让程序无条件地跳出循环,结束 WHILE 命令的执行。

CONTINUE 命令使程序跳过 CONTINUE 命令之后的语句,回到 WHILE 循环的第一行命令。

【例 7.8】 在教学管理数据库中,利用循环的 PRINT 语句输出 S 表中女同学的信息。

```
        DECLARE @info VARCHAR(200)
        DECLARE @curs CURSOR
        SET @curs = CURSOR SCROLL DYNAMIC
        FOR
        SELECT   '学号是:' + SNO +
                 ';姓名是:' + SNAME +
                 ';性别是:' + SEX +
                 ';出生年份是:' + BIRTHYEAR +
                 ';系部是:' + SDEPT +
                 ';班级是:' + SCLASS
            FROM S
            WHERE SEX = '女'
            OPEN @curs
            FETCH NEXT FROM @curs INTO @info
            WHILE(@@fetch_status = 0)
            BEGIN
        PRINT @info
        FETCH NEXT FROM @curs INTO @info
END
```

执行结果如下:

```
消息
 学号是:20152221  ;姓名是:孙亚彬;性别是:女;出生年份是:1997;系部是:机械;班级是:机械152
 学号是:20180104  ;姓名是:刘平;性别是:女;出生年份是:2000;系部是:软件;班级是:软工181
 学号是:20180201  ;姓名是:王珊;性别是:女;出生年份是:1999;系部是:软件;班级是:软工182
```

5. RETURN 语句

使用 RETURN 语句可以从查询过程中无条件地退出,而不去执行位于 RETURN 之后的语句。其语法格式如下:

```
RETURN [<表达式>]
```

其中,<表达式>为一个整型数值或表数据,是 RETURN 语句要返回的值。

该语句的含义是向执行调用的过程或应用程序返回一个整数值或表数据。

注意:当用于存储过程时,不能返回空值。如果试图返回空值,将生成警告信息,并返回 0 值。

7.2 存储过程

存储过程是数据库对象之一,存储过程可以理解成数据库的子程序,在客户端和服务器端可以直接调用它。触发器是与表直接关联的特殊的存储过程,是在对表记录进行操作时触发的。

T-SQL 语句是应用程序与 SQL Server 数据库之间的主要编程接口,使用 T-SQL 编写代码时,可用两种方法存储和执行 SQL 代码。第一种是访问数据库的 SQL 语句直接编写在客户端应用程序中,然后由应用程序将这些 SQL 语句发送给 SQL Server 数据库服务器,如 C♯,Java 等程序客户端语言中嵌入访问数据库的 SQL 语句;第二种是将访问数据库的 SQL 语句存储在服务器端(实际上是作为数据库中的一个对象存储在某数据库中),然后由客户端应用程序调用执行这些代码。在很多情况下,许多代码可以被重复使用多次。每次都输入相同的代码不但烦琐,也使得客户机上大量命令语句逐条向 SQL Server 发送,降低了系统的运行效率。

因此,SQL Server 提供了一种方法,它将一些固定的操作集中起来,由 SQL Server 数据库服务器来完成,应用程序只需调用它的名称即可实现某个特定的任务,这些存储在服务器端数据库中,供客户端调用执行的方法就是存储过程。使用存储过程可以将 T-SQL 语句和控制流语句预编译到集合并保存到服务器端,使得管理数据库,显示数据库及其用户信息的工作更为容易。

7.2.1 存储过程概述

SQL Server 中,T-SQL 语言为了实现特定任务而将一些需要多次调用的固定的操作编写成子程序,并集中以一个存储单元的形式存储在服务器上,由 SQL Server 数据库服务器通过子程序名来调用它们,这些子程序就是存储过程。

存储过程是一种数据库对象,存储在数据库内,可由应用程序通过一个调用执行,而且允许用户声明变量、有条件执行,具有很强的编程功能。存储过程可以使用 EXECUTE 语句来运行。

1. 使用存储过程的优点和缺点

在 SQL Server 中使用存储过程而不使用存储在客户端计算机本地的 T-SQL 程序有以下几方面好处。

(1) 加快系统运行速度。存储程序只在创建时进行编译,以后每次执行存储过程都不需再重新编译。而一般 SQL 语句每执行一次就编译一次,所以使用存储过程可加快数据库执行速度。

(2) 封装复杂操作。当对数据库进行复杂操作时(如对多个表进行更新或删除时),可用存储过程将此复杂操作封装起来,与数据库提供的事务处理结合一起使用。

(3) 实现代码重用。可以实现模块化程序设计,存储过程一旦创建,以后即可在程序中调用任意次,这可以改进应用程序的可维护性,并允许应用程序统一访问数据库。

(4) 增强安全性。可设定特定用户具有对指定存储过程的执行权限,而不具备直接对存储过程中引用的对象具有执行权限。可以强制应用程序的安全性,参数化存储过程有助于保护应用程序不受 SQL 注入式攻击。

(5) 减少网络流量。存储过程存储在服务器上,并在服务器上运行。一个需要数百行 T-SQL 代码的操作可以通过一条执行过程代码的语句来执行,而不需要在网络中发送数百行代码,这样可以减少网络流量。

2. 存储过程的分类

存储过程是一个被命名的存储在服务器上的 T-SQL 语句的集合,是封装重复性工作的一种方法,它支持用户声明的变量、条件执行和其他强大的编程功能。

在 SQL Server 中,存储过程可以分为 3 类:系统存储过程、用户存储过程和扩展性存储过程。

1) 系统存储过程

系统存储过程是由 SQL Server 系统提供的存储过程,可以作为命令执行各种操作。系统存储过程定义在系统数据库 master 中,其前缀是 sp_。在调用时不必在存储过程前加上数据库名。

系统存储过程主要用来从系统表中获取信息,为系统管理员管理 SQL Server 提供帮助,为用户查看数据库对象提供方便。例如,执行 SP_HELPTEXT 系统存储过程可以显示规则、默认值、未加密的存储过程、用户函数、触发器或视图的文本信息;执行 sp_depends 系统存储过程可以显示有关数据库对象相关性的信息;执行 sp_rename 系统存储过程可以更改当前数据库中用户创建对象的名称。SQL Server 中许多管理工作是通过执行系统存储过程来完成的,许多系统信息也可以通过执行系统存储过程而获得。

2) 用户存储过程

用户存储过程指用户根据自身需要,为完成某一特定功能,在用户数据库中创建的存储过程。用户创建存储过程时,存储过程名的前面加上两个井号(♯♯),表示创建全局临时存储过程。在存储过程名前面加上单个井号(♯),表示创建局部临时存储过程。局部临时存储过程只在创建它的会话中可用,当前会话结束时除去。全局临时存储过程可以在所有会话中使用,即所有用户均可以访问该过程。它们都存在于 tempdb 数据库上。

存储过程可以接收输入参数、向客户端返回表格或者标量结果和消息、调用数据定义语言(DDL)和数据操作语言(DML),然后返回输出参数。

3) 扩展性存储过程

扩展性存储过程以在 SQL Server 环境外执行的动态链接库(DLL,Dynamic-Link Libraries)来实现。扩展性存储过程通过前缀"xp_"来标识,它们以与存储过程相似的方式来执行。

7.2.2 创建和执行自定义存储过程

在 SQL Server 中创建存储过程一般有两种方法,一种是使用 SSMS 图形界面来完成存储过程的创建,另一种则是使用 T-SQL 语句来实现。

1. 使用 SSMS 图形化界面创建存储过程

SQL Server 提供了一种简便的方法,即使用 SQL Server Management Studio 工具。

操作步骤如下。

(1) 打开 SQL Server Management Studio 窗口，连接到 TMS 数据库。

(2) 依次展开"服务器"→"数据库"→TMS→"可编程性"选单。

(3) 从列表中右击"存储过程"结点选择"新建存储过程"命令，然后将出现如图7.1所示显示 CREATE PROCEDURE 语句的模板，可以修改要创建的存储过程的名称，然后加入存储过程所包含的 SQL 语句。

(4) 修改完后，单击"执行"按钮即可创建一个存储过程。

图 7.1 创建存储过程

2. 使用 T-SQL 语句创建和执行存储过程

在 SQL Server 中，可以使用 T-SQL 语句 CREATE PROCEDURE 来创建存储过程。在创建存储过程时，应该指定所有的输入参数、执行数据库操作的编程语句、返回至调用过程或批处理时以示成功或失败的状态值、捕获和处理潜在错误时的错误处理语句等。使用 CREATE PROCEDURE 语句创建存储过程的语法如下：

```
CREATE PROC[EDURE] <存储过程名>
[{<@参数名> <数据类型>} [ = default ] [OUTPUT]
] [ ,...n ]
AS
<SQL 语句 [ ,...n ]>
```

其说明如下。

(1) <存储过程名>：用于定义存储过程名，必须符合标识符规则，且对于数据库及其所有者必须唯一；在 procedure_name 前面使用一个数字符号♯来创建局部临时过程，使用两个数字符号(♯♯)来创建全局临时过程。

(2) <@参数名>：为存储过程的形参，参数名必须符合标识符规则，并且首字符必须为@，可以声明一个或多个参数。执行存储过程时应提供相应的实参，除非定义了参数的默认值。

（3）<数据类型>：用于指定参数的数据类型。参数类型可以是 SQL Server 中支持的所有数据类型，也可以是用户自定义类型。但 cursor 类型只能用于 OUTPUT 参数，如果指定形参类型为 cursor，必须同时指定 VARYING 和 OUTPUT 关键字，OUT 与 OUTPUT 关键字意义相同。

（4）default 指定存储过程输入参数的默认值，默认值必须是常量或 NULL。如果定义了 default 值，则无须指定此参数的值即可执行存储过程。如果存储过程使用带 LIKE 关键字的参数，则默认值可以包含通配符％、_、[]、[^]。

（5）OUTPUT 指示参数是输出参数。此选项的值可以返回给调用 EXECUTE 的语句。使用 OUTPUT 参数将值返回给过程的调用方。

【例 7.9】　含复杂 SELECT 语句的存储过程：查询学生王珊的考试情况，列出学生的姓名、课程名和考试成绩。

代码如下：

```
CREATE PROCEDURE PS_GRADE @S_NAME CHAR(10)
AS
    SELECT SNAME, CNAME, GRADE
    FROM S JOIN SC ON S.SNO = SC.SNO
    JOIN C ON SC.CNO = C.CNO
    WHERE SNAME = @S_NAME
```

执行此存储过程：

```
EXEC PS_GRADE '王珊'
```

执行结果如下：

	SNAME	CNAME	GRADE
1	王珊	软件工程	80
2	王珊	数据库原理与应用	55
3	王珊	软件测试	77

说明：在本例中，@S_NAME 作为输入参数，为存储过程传送指定学生的姓名。如果存储过程有输入参数并且没有为输入参数指定默认值，在调用此存储过程时，必须为输入参数指定一个常量值。

【例 7.10】　含多个输入参数并有返回值的存储过程：利用教学管理数据库的三个基本表，创建一个存储过程 PV_GRADE，查询某个学生某门课的考试成绩，并返回该学生该门课程的成绩。

```
CREATE PROCEDURE PV_GRADE @S_NAME CHAR(10),@C_NAME VARCHAR(20) = '软件工程', @S_GRADE REAL
OUTPUT
AS
    SELECT @S_GRADE = GRADE
    FROM S JOIN SC ON S.SNO = SC.SNO
    JOIN C ON SC.CNO = C.CNO
    WHERE SNAME = @S_NAME AND CNAME = @C_NAME
```

执行此存储过程：

```
DECLARE @S_GRADE REAL
EXEC PV_GRADE '王珊','数据库原理与应用',@S_GRADE OUTPUT
```

```
PRINT '王珊的数据库成绩为：' + STR(@S_GRADE)
```

执行结果如下：

```
消息
王珊的数据库成绩为：        55
```

注意：在创建存储过程的 SELECT 子查询语句中赋值语句和目标列不能同时应用，如例 7.10 中不能有 SELECT SNAME，@S_GRADE＝GRADE。执行带多个参数的存储过程时，参数的传递方式有以下两种。

（1）按参数位置传递值，如例 7.10 中存储过程（PV_GRADE）执行语句：

```
EXEC PV_GRADE '王珊','数据库原理与应用'
```

（2）按参数名传递值，例如，7.10 中存储过程（PV_GRADE）执行语句也可以使用语句：

```
EXEC PV_GRADE  @S_NAME = '王珊', @C_NAME = '数据库原理与应用'
```

两种调用方式返回的结果相同。如果在定义存储过程时为参数指定默认值，则在执行存储过程时可以不为有默认值的参数提供值，如例 7.10 的存储过程：

```
EXEC PV_GRADE '王珊'
```

相当于执行：

```
EXEC PV_GRADE '王珊','软件工程'
```

7.2.3 存储过程的其他操作

存储过程的其他操作还包括查看、修改和删除等。

1. 查看存储过程信息

用户可以执行系统存储过程 sp_helptext 来查看创建的存储过程的内容，也可以执行系统存储过程 sp_help 来查看存储过程的名称、拥有者、类型和创建时间，以及存储过程中所使用的参数信息等。其语法格式如下：

```
sp_helptext <存储过程名称>
sp_help <存储过程名称>
```

【例 7.11】 查看存储过程 PV_ GRADE 的相关信息。

```
EXEC sp_helptext PV_GRADE
```

执行结果如下：

	Text
结果 消息	
1	CREATE PROCEDURE PV_GRADE @S_NAME CHAR(10), @C_N...
2	AS
3	SELECT @S_GRADE=GRADE
4	FROM S JOIN SC ON S. SNO=SC. SNO
5	JOIN C ON SC. CNo=C. CNo
6	WHERE SNAME=@S_NAME AND CNAME=@C_NAME
7	

【例7.12】 查看存储过程 PV_ GRADE 的名称、参数等相关信息。

EXEC sp_help PV_GRADE

执行结果如下：

	Name	Owner	Type	Created_datetime
1	PV_GRADE	dbo	stored procedure	2020-03-09 01:16:46.080

	Parameter_name	Type	Length	Prec	Scale	Param_order	Collation
1	@S_NAME	char	10	10	NULL	1	Chinese_PRC_CI_AS
2	@C_NAME	varchar	20	20	NULL	2	Chinese_PRC_CI_AS
3	@S_GRADE	real	4	24	NULL	3	NULL

2. 修改存储过程

在 SQL Server 中修改存储过程主要有两种方式：①使用 SMS 图形化方式修改存储过程，如图7.2所示；②使用 T-SQL 语句方式修改存储过程。

图7.2 修改存储过程

1）使用 SSMS 图形化方式修改存储过程

修改存储过程的步骤如下。

（1）在"对象资源管理器"窗口中展开要修改存储过程的数据库。

（2）依次展开"数据库"、存储过程所属的数据库以及"可编程性"选项。

（3）展开"存储过程"选项，右击要修改的存储过程，在弹出的快捷菜单中选择"修改"命令进行修改即可。

2）使用 T-SQL 语句方式修改存储过程

如果需要更改存储过程中的语句或参数，可以删除后重新创建该存储过程，也可以直接修改该存储过程。对于删除后再重建的存储过程，所有与该存储过程有关的权限都将丢失。而修改存储过程可以对相关语句和参数进行修改，并且保留相关权限。

SQL Server 提供的修改存储过程的 T-SQL 语句是 ALTER PROCEDURE,其语法格式如下:

```
ALTER PROC[EDURE] <存储过程名>
[{<@参数名> <数据类型>}[ = default ][ OUTPUT ]
][ ,...n ]
 AS
< SQL 语句[ ,...n ]>
```

修改存储过程的语句与定义存储过程的语句基本是一样的,只是将 CREATE PROC[EDURE]换成语句 ALTER PROC[EDURE]。

【例 7.13】 将存储过程修改为一个输入参数(学生姓名)和两个输出参数(总成绩和平均成绩)。

```
ALTER PROCEDURE PS_GRADE @S_NAME CHAR(10),
        @S_AVG REAL = 0 OUTPUT, @S_SUM INT = 0 OUTPUT
AS
    SELECT @S_AVG = AVG(GRADE), @S_SUM = SUM(GRADE)
    FROM S join SC on S.SNo = SC.SNO
    WHERE SNAME = @S_NAME
```

3. 删除存储过程

在 SQL Server 中删除存储过程主要有两种方式:①使用 SSMS 图形化方式删除存储过程;②使用 T-SQL 语句方式删除存储过程。

1) 使用 SSMS 图形化方式删除存储过程

删除存储过程的步骤如下。

(1) 在"对象资源管理器"窗口中展开要删除存储过程的数据库。

(2) 依次展开"数据库"、存储过程所属的数据库以及"可编程性"选项。

(3) 展开"存储过程",右击要刷除的存储过程,在快捷菜单中选择"删除"命令,弹出"删除对象"对话框,单击"确定"按钮即可。

2) 使用 T-SQL 语句方式删除存储过程

使用 DROP PROCEDURE 语句可以从当前的数据库中删除用户定义的存储过程。删除存储过程的基本语法如下所示。

```
DROP PROCEDURE <存储过程名> [,...n]
```

【例 7.14】 删除存储过程 PS_ GRADE。

```
DROP PROCEDURE PS_ GRADE
```

如果另一个存储过程调用某个已被删除的存储过程,SQL Server 将在执行调用进程时显示一条错误消息。但是,如果定义了具有相同名称和参数的新存储过程来替换已被删除的存储过程,那么引用该过程的其他过程仍能成功执行。

7.3 触发器

触发器与存储过程非常相似,触发器也是 SQL 语句集,两者唯一的区别是触发器不能用 EXECUTE 语句调用,而是在用户执行 T-SQL 语句时自动触发(激活)执行。下面将对触发器的概念以及类型进行详细介绍。

7.3.1 触发器概述

触发器是一个在修改指定表中的数据时执行的存储过程。人们经常通过创建触发器来强制实现不同表中的逻辑相关数据的引用完整性或者一致性。由于用户不能绕过触发器,所以可以用它来强制实施复杂的业务规则,以此确保数据的完整性。

触发器不同于前面介绍的存储过程。触发器主要是通过事件进行触发而被执行的,存储过程可以通过存储过程名字而被直接调用。当对某一表进行诸如 UPDATE、INSERT、DELETE 等操作时,SQL Server 就会自动执行触发器所定义的 SQL 语句,从而确保对数据的处理必须符合由这些 SQL 语句所定义的规则。

1. 触发器的作用

触发器的主要作用就是实现由主键和外键所不能保证的复杂的参照完整性和数据的一致性。它能够对数据库中的相关表进行级联修改,强制比 CHECK 约束更复杂的数据完整性,并自定义错误消息,维护非规范化数据,以及比较数据修改前后的状态。

与 CHECK 约束不同,触发器可以引用其他表中的列。在下列情况下,使用触发器将强制实现复杂的引用完整性。

(1) 强制数据库间的引用完整性。

(2) 创建多行触发器,当插入、更新或者删除多行数据时,必须编写一个处理多行数据的触发器。

(3) 执行级联更新或级联删除这样的动作。

(4) 级联修改数据库中所有相关表。

(5) 撤销或者回滚违反引用完整性的操作,防止非法修改数据。

2. 与存储过程的区别

触发器与存储过程主要的区别在于触发器的运行方式。存储过程必须由用户、应用程序或者触发器来显式地调用并执行,而触发器是当特定事件出现的时候,自动执行或者激活的,与连接到数据库中的用户或者应用程序无关。

当一行被插入、更新或者从表中删除时,触发器才运行,同时这还取决于触发器是怎样创建的。在数据修改时,触发器是强制业务规则的一种很有效的方法。一个表最多有 3 种不同类型的触发器:当 UPDATE 发生时使用一个触发器;DELETE 发生时使用一个触发器;INSERT 发生时使用一个触发器。

3. 触发器的分类

在 SQL Server 系统中,按照触发事件的不同可以将触发器分成两大类:DML 触发器和 DDL 触发器。

1) DDL 触发器

DDL 触发器当服务器或者数据库中发生数据定义语言(DDL)事件时将被调用。这些语句主要是以 CREATE、ALTER、DROP 等关键字开头的语句。DDL 触发器的主要作用是执行管理操作,例如审核系统、控制数据库的操作等。DDL 触发器只在响应由 T-SQL 语法所指定的 DDL 事件时才会触发。通常情况下,如果要执行以下操作,可以使用 DDL 触发器。

(1)要防止对数据库架构进行某些更改;

(2)希望数据库中发生某种情况以响应数据库架构中的更改;

(3)要记录数据库架构中的更改或者事件。

2) DML 触发器

DML 触发器是当数据库服务器中发生数据操作语言(DML)事件时要执行的操作。通常所说的 DML 触发器主要包括 3 种:INSERT 触发器、UPDATE 触发器、DELETE 触发器。DML 触发器可以查询其他表,还可以包含复杂的 T-SQL 语句,将触发器和触发它的语句作为可在触发器内回滚的单个事务对待。如果检测到错误,则整个事务自动回滚。

DML 触发器在以下方面非常有用。

(1) DML 触发器可通过数据库中的相关表实现级联更改。不过,通过级联引用完整性约束可以更有效地进行这些更改。

(2) DML 触发器可以防止恶意或者错误的 INSERT、UPDATE 以及 DELETE 操作,并强制执行比 CHECK 约束定义的限制更为复杂的其他限制。DML 触发器能够引用其他表中的列。

(3) DML 触发器可以评估数据修改前后表的状态,并根据该差异采取措施。

(4)一个表中的多个同类 DML 触发器(INSERT、UPDATE 和 DELETE)允许采取多个不同的操作来响应同一个修改语句。

4. DELETED 表和 INSERTED 表

SQL Server 为每个触发器语句都创建了两种特殊的表:DELETED 表和 INSERTED 表。这是两个逻辑表,由系统亲自创建和维护,用户不能对其进行修改。它们存放在内存而不是数据库中。这两个表的结构总是与被该触发器作用的表的结构相同。触发器执行完成后,与该触发器相关的这两个表也会被删除。

DELETED 表保存了 INSERT 操作中新插入的数据和 UPDATE 操作中更新后的数据。在执行 DELETE 或者 UPDATE 操作时,被删除的行从触发触发器的表中被移动到 DELETED 表,这两个表不会有共同的行。

INSERTED 表保存了 DELETE 操作删除的数据和 UPDATE 操作中更新前的数据。在执行 INSERT 或者 UPDATE 事务时,新的行被同时添加到触发触发器的表和 INSERTED 表中,INSERTED 表的内容是触发触发器的表中新行的副本。

7.3.2 创建触发器

和创建存储过程类似,在 SQL Server 中创建触发器有两种方法:①使用 SSMS 图形界面来完成触发器的创建;②使用 T-SQL 语句来实现。

1. 使用 SSMS 界面创建触发器

具体步骤如下。

(1) 在"对象资源管理器"窗口中展开要创建 DML 触发器的数据库和其中的表或视图。

(2) 右击"触发器"选项,在弹出的快捷菜单中选择"新建触发器"命令,弹出"新建触发器"对话框,如图 7.3 所示,在其中编辑有关的 T-SQL 命令。

(3) 命令编辑完后进行语法检查,然后单击"确定"按钮,至此,一个 DML 触发器成功创建。

图 7.3 创建触发器

2. 使用 T-SQL 语句方式创建触发器

对于不同的触发器,其创建语法大多相似,区别与表示触发器的特性有关。创建触发器的基本语法格式如下:

```
CREATE TRIGGER   <触发器名>
ON { <表名> | <视图名> }
{ FOR | AFTER | INSTEAD OF }
{ [ INSERT ] [ , UPDATE ] [ , DELETE ]}
AS
    <T-SQL 语句 | 语句块>;
```

说明如下。

(1) 触发器名在数据库中必须是唯一的。

(2) ON 子句用于指定在其上执行触发器的表名或者视图名。

(3) AFTER|INSTEAD OF 指定触发器触发的时机,AFTER 指定触发器只有在引发触发器执行的 SQL 语句都已成功执行后,才执行此触发器。INSTEAD OF 指定执行触发器而不是引发触发器执行的 SQL 语句,从而替代触发语句的操作。

（4）FOR 的作用同 AFTER。

（5）INSERT、UPDATE、DELETE 是指定在表或视图上执行哪些数据修改语句时将触发触发器的关键字,必须至少指定一个选项。在触发器定义中允许使用以任意顺序组合的这些关键字。如果指定多个操作,则各操作之间用逗号分隔。

（6）T-SQL 语句|语句块指定触发器所执行的 T-SQL 语句或语句块。

创建触发器时,需要注意以下几点。

（1）在一个表上可以建立多个名称不同、类型各异的触发器,每个触发器可由所有 3 个操作类引发。对于 AFTER 型的触发器,可以在同一种操作上建立多个触发器;对于 INSTEAD OF 型的触发器,在同一种操作上只能建立一个触发器。

（2）大部分 SQL 语句都可用在触发器中,但也有一些限制。例如,所有创建和更改数据库及其对象的语句、所有的 DROP 语句都不允许在触发器中使用。

（3）在触发器中可以使用两个特殊的临时表：INSERTED 表和 DELETED 表,而且这两个临时表只能用在触发器代码中。

在触发器中对这两个临时表的使用方法同一般基本表一样,可以通过这两个临时表记录的数据来判断所进行的操作是否符合约束。

【例 7.15】　在教学管理数据库中,为学生表 S 创建一个简单的 DML 触发器 reminder,在插入和修改数据时,都会自动显示提示信息。

```
CREATE TRIGGER reminder ON S
    AFTER INSERT, UPDATE
AS
  PRINT '对 S 表进行了数据的插入或修改';
```

向 S 表中插入一行数据：

```
INSERT INTO S VALUES('20180128','刘冰','女',2000,'软件','软工 141');
```

或者更新一行数据：

```
UPDATE S SET SDEPT = '机械' WHERE SNO = '20180104';
```

执行结果如下：

📄 消息
对S表进行了数据的插入或修改

（1 行受影响）

对 S 表进行查询时,该行记录已经插入成功,执行结果如下：

	SNO	SNAME	SEX	BIRTHYEAR	SDEPT	SCLASS
1	20140123	李融	男	1996	软件	软工141
2	20152114	杨宏宇	男	1997	机械	机械151
3	20152221	孙亚彬	女	1997	机械	机械152
4	20180101	袁野	男	2000	软件	软工181
5	20180102	刘明明	男	2000	软件	软工181
6	20180103	王睿	男	2000	软件	软工181
7	20180104	刘平	女	2000	机械	软工181
8	20180128	刘冰	女	2000	软件	软工141
9	20180201	王珊	女	1999	软件	软工182
10	20180202	张坤	男	2000	软件	软工182

【例 7.16】　在教学管理数据库中,用 T-SQL 语句为 S 表创建一个 DELETE 类型的触发器 DEL_COUNT,删除数据时,显示删除学生的个数。

```
CREATE TRIGGER DEL_COUNT ON S
AFTER DELETE
AS
    Declare @COUNT VARCHAR(50)
    Select @COUNT = STR(@@ROWCOUNT) + '个学生被删除'
    Select @COUNT
RETURN;
```

向 S 表删除数据:

```
DELETE FROM S WHERE SDEPT = '交通';
```

执行结果如下:

【例 7.17】　在教学管理数据库中的 SC 表中,限制不能将不及格的学生的成绩改为及格,如果违反约束,给出提示信息:"不能将不及格成绩修改及格"。

这是典型的实现限制操作功能的触发器,用于满足用户的业务规则,这种类型的限制只能通过触发器实现。

```
CREATE TRIGGER tri_Grade
ON SC AFTER UPDATE
AS
    IF EXISTS (
        SELECT * FROM INSERTED a JOIN DELETED b
        ON a.SNO = b.SNO AND a.CNO = b.CNO
        WHERE b.GRADE < 60 AND a.GRADE > = 60)
    BEGIN
        ROLLBACK
        PRINT '不能将不及格成绩修改及格'
        END
```

向 SC 表更新数据:

```
UPDATE SC SET GRADE = 62 WHERE SNO = '20180202';
```

执行结果如下:

```
消息
不能将不及格成绩修改及格
消息 3609, 级别 16, 状态 1, 第 1 行
事务在触发器中结束。批处理已中止。
```

【例 7.18】　在教学管理数据库中创建 DDL 触发器 TMS_LIMITED,防止数据库中任一表被删除或修改。

```
CREATE TRIGGER TMS_LIMITED
```

```
ON DATABASE
AFTER DROP_TABLE, ALTER_TABLE
AS
PRINT  '不允许对教学管理数据库的表进行修改或删除';
```

修改教学数据库中 S 表结构，删除 SCLASS 列：

```
ALTER TABLE S DROP COLUMN SCLASS
```

执行结果如下：

```
消息
不允许对教学管理数据库的表进行修改或删除
```

【例 7.19】 在教学管理数据库中用前触发器实现，限制 SC 表中学生成绩必须为 0～100。

```
CREATE TRIGGER tri_LIMITED
ON SC INSTEAD OF INSERT
AS
IF NOT EXISTS(SELECT * FROM INSERTED
            WHERE GRADE < 0 OR GRADE > 100)
    INSERT INTO SC SELECT * FROM INSERTED
ELSE PRINT '学生成绩不在 0～100'
```

向 S 表中插入学生选课记录：

```
INSERT INTO SC VALUES(('20140123', '0125',101);
```

执行结果如下：

```
消息
学生成绩不在0～100

(1 行受影响)
```

7.3.3 触发器的其他操作

管理触发器包括查看触发器的相关信息，修改与删除触发器，以及禁用与启用触发器等操作。

1. 查看触发器信息

因为触发器是一种特殊的存储过程，所以也可以执行系统存储过程 sp_helptext 来查看创建的触发器的内容；执行系统存储过程 sp_help 来查看触发器的名称、拥有者、类型和创建时间，以及触发器中所使用的参数信息等。其语法格式如下：

```
sp_helptext <触发器名称>
sp_help <触发器名称>
```

【例 7.20】 教学管理数据库中，利用 sp_helptext 查看例 7.16 创建的触发器 DEL_COUNT 的内容。

```
EXEC sp_helptext  DEL_COUNT;
```

执行结果如下：

	Text
1	CREATE TRIGGER DEL_COUNT ON S
2	AFTER DELETE
3	AS
4	Declare @COUNT VARCHAR(50)
5	Select @COUNT=STR(@@ROWCOUNT)+' 个学生被删除'
6	Select @COUNT
7	RETURN;

用户还可以通过使用系统存储过程 sp_helptrigger 来查看某张特定表上存在的触发器的相关信息。其语法格式如下：

```
sp_helptrigger  <表名>
```

【例 7.21】 在教学管理数据库中，利用 sp_helptrigger 查看 SC 表的触发器。

```
EXEC sp_helptrigger SC;
```

执行结果如下：

	trigger_name	trigger_owner	isupdate	isdelete	isinsert	isafter	isinsteadof	trigger_schema
1	tri_Grade	dbo	1	0	0	1	0	dbo
2	tri_LIMITED	dbo	0	0	1	0	1	dbo

2. 修改触发器

在 SQL Server 中修改触发器主要有两种方式：①使用 SSMS 图形化方式修改触发器；②使用 T-SQL 语句方式修改触发器。

使用 SSMS 图形化方式修改触发器类似于修改存储过程，在此不再赘述。

使用 T-SQL 语句修改触发器的格式如下：

```
ALTER TRIGGER <触发器名>
ON { <表名>|<视图名> }
{ FOR|AFTER|INSTEAD OF}
    {[INSERT][,UPDATE][,DELETE]}
AS
    { <T-SQL 语句>|<语句块> };
```

该语句中参数的含义与 CREATE TRIGGER 语句中的相同，在此不再赘述。

3. 删除触发器

在 SQL Server 中删除触发器主要有两种方式：①使用 SSMS 图形化方式删除触发器；②使用 T-SQL 语句方式删除触发器。

使用 SSMS 图形化方式删除触发器类似于删除存储过程，在此不再赘述。

使用 T-SQL 语句方式删除触发器的格式如下：

```
DROP TRIGGER <触发器名>;
```

【例 7.22】 在教学管理数据库中,删除 S 表上的触发器 DEL_COUNT。

```
DROP TRIGGER DEL_COUNT;
```

注意:删除触发器所在的表时,SQL Server 将自动删除与该表相关的触发器。

4. 禁用和启用触发器

删除了触发器后,触发器就从当前数据库中消失了。禁用触发器不会删除触发器,该触发器仍然作为对象存在于当前数据库中。但是,在执行 INSERT、UPDATE 或 DELETE 语句(在其上对触发器进行了编程)时,触发器将不会被触发。已禁用的触发器可以被重新启用,启用触发器并不是要重新创建它。在创建触发器时,触发器默认为启用状态。

当暂时不需要某个触发器时,可以将其禁用,如果需要,再重新启用。其语法格式如下:

```
ALTER TABLE <表名>
[ENABLE|DISABLE] TRIGGER
[ALL<触发器名>[,...n]];
```

参数说明如下。

(1) ENABLE|DISABLE:指定启用或禁用触发器。

(2) ALL:指定启用或禁用表中所有的触发器。

(3) <触发器名>:指定启用或禁用的触发器的名称。

【例 7.23】 在教学管理数据库中,禁用 S 表上创建的所有触发器。

```
ALTER TABLE S
DISABLE TRIGGER ALL;
```

7.4 用户定义函数

用户定义函数与系统内置函数类似,可以接受参数,执行复杂的操作并将操作结果以值的形式返回,也可以将结果用表格变量返回。

7.4.1 用户定义函数概述

用户定义函数是 SQL Server 的数据库对象,它不能用于执行一系列改变数据库状态的操作,但可以像系统函数一样在查询或存储过程等程序段中使用,也可以像存储过程一样通过 EXECUTE 命令来执行。用户定义函数中存储了一个 T-SQL 例程,可以返回一定的值。

用户定义函数与存储过程的区别如下。

(1) 存储过程支持输出参数,向调用者返回值。用户定义函数只能通过返回值返回数据。

(2) 存储过程可以作为一个独立的主体被执行,而用户定义函数可以出现在 SELECT 语句中。

(3) 存储过程的功能比较复杂,而用户定义函数通常都具有比较明确的、有针对性的功能。

1. 用户定义函数的优点

用户定义函数具有以下优点。

(1) 模块化程序设计。可将特定的功能封装在一个用户定义函数中,并存储在数据库中。函数只需创建一次,以后便可以在程序中多次调用,并且用户定义函数可以独立于程序源代码进行修改。

(2) 执行速度快。与存储过程相似,用户定义函数可实施缓存计划,即用户定义函数只需编译一次,以后可以多次重用,从而降低了 T-SQL 代码的编译开销。这意味着每次使用用户定义函数时均无须重新解析和重新优化,从而缩短了执行时间。

(3) 减少网络流量。用户定义函数与存储过程相同,可以减少网络通信的流量。此外,用户定义函数还可以用在 WHERE 子句中,在服务器端过滤数据,以减少发送至客户端的数字或行数。

2. 用户定义函数的分类

在 SQL Server 中根据函数返回值形式的不同将用户定义函数分为 3 种类型。

1) 标量型函数

标量型函数(scalar functions)返回子句(RETURNS 子句)中定义类型的单个数据值,不能返回多个值。函数体语句定义在 BEGIN…END 语句块内,其中包含了可以返回值的 T-SQL 命令。

2) 内联表值型函数

内联表值型函数(inline table-valued functions)以表的形式返回一个返回值,即返回的是在 RETURN 子句中指定的 TABLE 类型的数据行集(表)。内联表值型函数没有含 BEGIN…END 语句块的函数体。其返回的表由一个位于 RETURN 子句的 SELECT 命令语句从数据库中筛选出来。内联表值型函数的功能相当于一个参数化的视图。

3) 多语句表值型函数

多语句表值型函数(multi-statement table-valued functions)可以看作标量型函数和内联表值型函数的结合体。它的返回值是一个表,但它和标量型函数一样有一个含 BEGIN…END 语句块的函数体,返回值的表中的数据是由函数体中的语句插入的。由此可见,它可以进行多次查询,对数据进行多次筛选与合并,弥补内联表值型函数的不足。

7.4.2 创建用户定义函数

用户可以使用 CREATE FUNCTION 语句创建用户定义函数。根据函数的返回值不同,创建的方法也有所不同。

1. 创建标量型函数

标量型函数的函数体由一条或多条 T-SQL 语句组成,写在 BEGIN 与 END 之间,其语法格式如下:

```
CREATE FUNCTION <函数名>
```

```
([<@形参名><数据类型>[,…n]])
RETURNS <返回值数据类型>
AS
    BEGIN
    < T-SQL 语句>|<语句块>
    RETURN <返回表达式>
END
```

说明如下。

（1）[<@形参名><数据类型>[,…n]]为用户定义函数的参数，可声明一个或多个。执行函数时，如果未定义参数的默认值，则用户必须为每个已声明的参数提供值。

（2）<返回值数据类型>不能是 text、ntext、image 和 timestamp 类型。

（3）< T-SQL 语句>|<语句块>定义参数的一系列 T-SQL 语句。

（4）RETURN <返回表达式>指定标量函数返回的标量值。

另外，在 BEGIN…END 之间，必须有一条 RETURN 语句，用于指定返回表达式，即函数的返回值。

【例 7.24】 在教学管理数据库中定义一个函数 S_AVG，当给定一个学生的姓名时，返回该学生的平均成绩。

```
CREATE FUNCTION S_AVG (@S_NAME CHAR(10))
RETURNS REAL
AS
BEGIN
    DECLARE @S_AVERAGE REAL
    SELECT @S_AVERAGE = AVG(GRADE)
    FROM S JOIN SC ON S.SNO = SC.SNO AND S.SNAME = @S_NAME
  RETURN @S_AVERAGE
END
```

【例 7.25】 调用函数 S_AVG 语句。

```
PRINT dbo.S_AVG('王珊');
```

执行结果如下：

消息
70.6667

说明：DBO 是每个数据库的默认用户，具有所有者权限，即 DBOwner。

在标量型函数创建后，可以在"对象资源管理器"窗口中查看到新建的用户定义函数。其方法是依次单击"对象资源管理器"→"数据库"→TMS→"可编程性"→"函数"选项。

调用用户定义函数与调用系统内置函数的方法一样，但需要在用户定义函数名前加"dbo."前缀，以表示该函数的所有者。

2．创建内联表值型函数

内联表值型函数的返回值是一个表，该表的内容是查询语句的结果。在内联表值函数中，通过单个 SELECT 语句定义 TABLE 返回值。内联表值函数没有相关联的返回变量，也没有函数体。

创建内联表值型函数的语法格式如下：

```
CREATE FUNCTION <函数名>
([<@形参名><数据类型>[,...n]])
RETURNS TABLE
[AS]
      RETURN(SELECT <查询语句>)
```

其中，RETURNS TABLE 子句说明返回值是一个表。最后的 RETURN 子句中的 SELECT 语句用于返回表中的数据。

【例 7.26】　在教学管理数据库中定义函数 S_CNO，当给定一个学生的学号时，返回该学生所学课程的所有课程名。

```
CREATE FUNCTION S_CNO (@S_NO CHAR(8))
RETURNS TABLE
AS
    RETURN
      (SELECT SNO, CNAME
       FROM SC JOIN C ON SC.CNO = C.CNO AND SNO = @S_NO)
```

类似于标量型函数，内联表值型函数在创建后，同样可以在"对象资源管理器"窗口中查看到新建的用户定义函数。

因为内联表值型函数返回的是表变量，所以可以用 SELECT 语句调用。

【例 7.27】　调用例 7.26 中定义的内联表值型函数 S_CNO，求学号为 20180201 的学生选修的课程名。

```
SELECT * FROM S_CNO('20180201')
```

执行结果如下：

	SNO	CNAME
1	20180201	软件工程
2	20180201	数据库原理与应用
3	20180201	软件测试

3. 创建多语句表值型函数

RETURNS 指定 TABLE 作为返回的数据类型，在 BEGIN…END 语句块中定义的函数主体包含 T-SQL 语句，这些语句的结果生成行并插入返回的表中。

创建多语句表值型函数的语法格式如下：

```
CREATE FUNCTION <函数名>
([<@形参名><数据类型>[,...n]])
RETURNS <@返回变量> TABLE(表结构定义)
[AS]
    BEGIN
    <T-SQL 语句>|<语句块>
```

```
    RETURN
END
```

RETURNS<@返回变量>指明该函数的返回局部变量,该变量的数据类型是 TABLE,而且在该子句中还需要对返回的表进行表结构的定义。

BEGIN…END 之间的语句块是函数体,函数体中必须包含一条不带参数的 RETURN 语句用于返回表。

【例 7.28】 在教学管理数据库中创建查询指定系的学生学号、姓名和平均成绩的内联表值函数。

```
CREATE FUNCTION S_TABLE(@dept VARCHAR(20))
 RETURNS TABLE
AS
 RETURN (
 SELECT S.SNO,SNAME,AVG(GRADE) AS AVGGRADE
 FROM S JOIN SC ON S.SNO = SC.SNO
 WHERE SDEPT = @dept
 GROUP BY S.SNO,SNAME)
```

类似于标量型函数,多语句表值型函数在创建后,同样可以在"对象资源管理器"窗口中查看新建的用户定义函数。

因为多语句表值型函数返回的是表值,所以可以用 SELECT 语句调用多语句表值型函数。

【例 7.29】 调用例 7.28 中定义的多语句表值型函数 S_ TABLE,查询软件系学生的学号、姓名和考试成绩。

```
SELECT * FROM S_TABLE('软件')
```

执行结果如下:

	SNO	SNAME	AVGGRADE
1	20140123	李融	56
2	20180101	袁野	82.5
3	20180102	刘明明	NULL
4	20180103	王睿	60
5	20180201	王珊	70.6666666666667
6	20180202	张坤	42

4. 使用 SSMS 图形化方式创建函数

在"对象资源管理器"窗口中创建函数的操作步骤与创建存储过程类似,在此不再赘述。

7.4.3 用户定义函数的其他操作

用户定义函数的其他操作包括查看用户定义函数的相关信息、修改与删除用户定义函数等。

1. 查看用户定义函数信息

执行系统存储过程 sp_helptext 来查看创建的用户定义函数内容;执行系统存储过程

sp_help 来查看用户定义函数名称、拥有者、类型和创建时间,以及用户定义函数中所使用的参数信息等。其语法格式如下:

```
sp_helptext <用户定义函数名称>
sp_help <用户定义函数名称>
```

2. 修改用户定义函数

在 SQL Server 中修改用户定义函数主要有两种方式:①使用 SSMS 图形化方式修改用户定义函数;②使用 T-SQL 语句方式修改用户定义函数。

使用 SSMS 图形化方式修改用户定义函数类似于修改存储过程,在此不再赘述。

使用 T-SQL 语句修改用户定义函数的语法格式如下:

```
ALTER FUNCTION <函数名>
([<@形参名><数据类型>[,…n]])
RETURNS <@返回变量> TABLE(表结构定义)
[AS]
    BEGIN
    <T-SQL 语句>|<语句块>
    RETURN
END
```

修改用户定义函数的语法格式及相关参数的含义与创建用户定义函数相似,此处不再赘述。

3. 删除用户定义函数

在 SQL Server 中删除用户定义函数主要有两种方式:①使用 SSMS 图形化方式删除;②使用 T-SQL 语句方式删除。

使用 SSMS 图形化方式删除用户定义函数类似于删除存储过程,此处不再赘述。

使用 T-SQL 语句删除用户定义函数的语法格式如下:

```
DROP FUNCTION <用户定义函数名>
```

视频讲解

7.5 游标

游标通常是在存储过程中使用的,在存储过程中使用 SELECT 语句查询数据库时,查询返回的数据存放在结果集中。用户在得到结果集后,需要逐行逐列地获取其中包含的数据,从而在应用程序中使用这些值。游标就是一种定位并控制结果集的机制。如果要在存储过程中对数据进行处理,就要使用游标来读取结果集中的数据,可以说比较复杂的存储过程几乎都离不开游标。

7.5.1 游标概述

游标是一种能从包括多个元组的集合中每次读取一个元组的机制。游标总是与一条 SELECT 查询语句相关联,它允许应用程序对查询结果集中的每个元组进行不同的操作。

游标可被看作一个指针,如果把 SELECT 查询结果集看作一张二维表格,可以先用游标指向表格的任意行,然后允许用户对该行数据进行处理。

游标有以下主要功能。

(1) 允许定位在结果集的特定行。

(2) 从结果集的当前位置检索一行或多行。

(3) 支持对结果集中当前位置的行进行数据修改。

(4) 如果其他用户需要对显示在结果集中的数据库数据进行修改,游标可以提供不同级别的可见性支持。

(5) 提供在脚本、存储过程和触发器中使用的、访问结果集中的数据的 T-SQL 语句。

游标被定义后存在两种状态,即打开和关闭。当游标关闭时,游标结果集不存在;当游标打开时,用户可以按行读取或修改游标结果集中的数据。

SQL Server 支持 3 种类型的游标,即 T-SQL 游标、API 游标和客户游标。

1) T-SQL 游标

T-SQL 游标是由 DECLARE CURSOR 语法定义的,主要用在 T-SQL 脚本、存储过程和触发器中。它主要用在服务器端,对从客户端发送给服务器端的 T-SQL 语句或批处理、存储过程、触发器中的 T-SQL 进行管理。T-SQL 游标不支持读取数据块或多行数据。

2) API 游标

API 游标支持在 OLE DB、ODBC 以及 DB_library 中使用游标函数,主要用在服务器上。每次客户端应用程序调用 API 游标函数,SQL Server 的 OLE DB 提供者、ODBC 驱动器或 DB_library 的动态链接库(DLL)都会将这些客户请求传送给服务器以对 API 游标进行处理。

3) 客户游标

客户游标主要是当在客户机上缓存结果集时使用。在客户游标中,有一个默认的结果集被用来在客户机上缓存整个结果集。客户游标仅支持静态游标,不支持动态游标。

由于服务器游标并不支持所有的 T-SQL 语句或批处理,所以客户游标常常被用作服务器游标的辅助。因为在一般情况下,服务器游标能支持绝大多数的游标操作。由于 API 游标和 T-SQL 游标用在服务器端,所以被称为服务器游标,也被称为后台游标,而客户端游标被称为前台游标。

本节主要讲解利用 T-SQL 语句定义的服务器游标。

7.5.2 游标的操作

利用 T-SQL 语句定义的游标是在服务器端实现的,操作游标有 5 个主要步骤,即声明游标、打开游标、读取游标、关闭游标和释放游标。使用游标的典型过程如下。

(1) 声明用于存放游标返回的数据变量,需要为游标结果集中的每个列声明一个变量。

(2) 使用 DECLARE CURSOR 语句定义游标的结果集内容。

(3) 使用 OPEN 语句打开游标,真正产生游标的结果集。

(4) 使用 FETCH INTO 语句得到游标结果集当前行指针所指行的数据。

(5) 使用 CLOSE 语句关闭游标。

(6) 使用 DEALLOCATE 语句释放游标所占的资源。

1. 声明游标

和使用其他类型变量一样,在使用一个游标之前必须先声明它,声明游标的语法格式如下:

```
DECIARE CURSOR <游标名>[INSENSITIVE][FORWARD_ONLY|SCROLL]CURSOR
FOR < SELECT 语句>
[FOR READ ONLY|UPDATE[OF <列名>[,...n]]]
```

参数说明如下。

(1) <游标名>:定义的游标名称。

(2) INSENSITIVE:定义的游标所选出来的元组存放在一个临时表中(建立在 tempdb 数据库中),对该游标的读取操作都由临时表来应答。因此,对基本表的修改并不影响游标读取的数据,即游标不会随着基本表内容的改变而改变,同时,也无法通过游标来更新基本表。如果不使用该保留字,则对基本表的更新、删除都会反映到游标中。

(3) FORWARD_ONLY|SCROLL:FORWARD_ONLY 模式下,结果集的数据提取不支持滚动操作,只支持游标从头到尾顺序提取。SCROLL 模式则可以在提取数据时,进行各种滚动操作。默认为 SCROLL 模式。

(4) < SELECT 语句>:定义结果集的 SELECT 语句。

(5) READ ONLY:表示定义的游标为只读游标,表明不允许使用 UPDATE、DELETE 语句更新游标内的数据。默认游标允许更新。

(6) UPDATE[OF <列名>[,...n]]:指定游标内可以更新的列,如果没有指定要更新的列,则表明所有列都允许更新。

【例 7.30】 声明一个名为 S_Cursor 的游标,用以读取软件系所有学生的信息。

```
DECLARE S_Cursor   CURSOR
FOR SELECT  *
FROM    S
WHERE   Sdept = '软件'
```

2. 打开游标

声明一个游标后,还必须使用 OPEN 语句打开游标,这样才能对其进行访问。打开游标的语法格式如下:

```
OPEN[GLOBAL]<游标名>|<游标变量名>
```

参数说明如下。

(1) GLOBAL:指定游标为全局游标。

(2) <游标名>:已声明的游标名称。如果一个全局游标与一个局部游标同名,则要使用 GLOBAL 表明全局游标。

(3) <游标变量名>:游标变量的名称,该名称可以引用一个游标。

当执行打开游标的语句时,服务器将执行声明游标时使用的 SELECT 语句。如果声明游标时使用了 INSENSITIVE 选项,则服务器会在 tempdb 中建立一个临时表,存放游标将要进行操作的结果集的副本。

利用 OPEN 语句打开游标后,游标位于查询结果集的第一行,并且可以使用全局变量@@ cursor_rows 获得最后打开的游标中符合条件的行数。

【例 7.31】 打开例 7.30 所声明的游标。

```
OPEN S_Cursor
```

游标的结果数据集如下:

	SNO	SNAME	SEX	BIRTHYEAR	SDEPT
1	20140123	李融	男	1996	软件
2	20180101	袁野	男	2000	软件
3	20180102	刘明明	男	2000	软件
4	20180103	王睿	男	2000	软件
5	20180128	刘冰	女	2000	软件
6	20180201	王珊	女	1999	软件
7	20180202	张坤	男	2000	软件

3. 读取游标

打开游标后,就可以利用 FETCH 语句从查询结果集中读取数据了。使用 FETCH 语句一次可以读取一条记录,具体语法格式如下:

```
FETCH [[NEXT|PRIOR|FIRST|LAST
        |ABSOLUTE n|@nvar
        |RELATIVE n|@nvar]
FROM]
[GLOBAL]<游标名>|<游标变量名>
[INTO @变量名[0,...n]]
```

参数说明如下。

(1) NEXT:返回结果集中当前行的下一行,并将当前行向后移一行。如果 FETCH NEXT 是对游标的第一次读取操作,则返回结果集的第一行。NEXT 是默认的游标读取选项。

(2) PRIOR:读取紧邻当前行的前面一行,并将当前行向前移一行。如果 FETCH PRIOR 为对游标的第一次读取操作,则没有行返回且游标置于第一行之前。

(3) FIRST:读取结果集中的第一行并将其设为当前行。

(4) LAST:读取结果集中的最后一行并将其设为当前行。

(5) ABSOLUTE n|@nvar:如果 n 或@nvar 为正数,读取从结果集头部开始的第 n 行,并将返回的行变为新的当前行;如果 n 或@nwar 为负数,读取从结果集尾部之前的第 n 行,并将返回的行变为新的当前行;如果 n 或@nwar 为 0,则没有行返回。其中,n 必须为整型常量,@nvar 必须为 smallint、tinyint 或 int 类型的变量。

(6) RELATIVE n|@nvar:如果 n 或@nvar 为正数,则读取当前行之后的第 n 行,并将返回的行变为新的当前行;如果 n 或@nvar 为负数,则读取当前行之前的第 n 行,并将返回的行变为新的当前行;如果 n 或@nvar 为 0,则读取当前行。其中,n 必须为整型常量,@nvar 必须为 smallint、tinyint 或 int 类型的变量。

(7) GLOBAL:指定游标为全局游标。

(8) INTO @变量名[,…n]：允许读取的数据存放在多个变量中。在变量行中的每个变量必须与结果集中相应的属性列对应(顺序、数据类型等)。

@@FETCH_STATUS 全局变量返回上次执行 FETCH 命令的状态,返回值如下。

(1) 0：表示 FETCH 语句成功。

(2) −1：表示 FETCH 语句失败或此行不在结果集中。

(3) −2：表示被读取的行不存在。

【例 7.32】　从例 7.30 所声明的游标中读取数据。

```
FETCH NEXT FROM S_Cursor
```

4. 关闭游标

在处理完结果集中的数据之后,必须关闭游标来释放结果集。用户可以使用 CLOSE 语句来关闭游标,但此语句不释放与游标有关的一切资源。语法格式如下：

```
CLOSE [GLOBAL]<游标名>|<游标变量名>
```

其中,各参数与打开游标的参数含义一致。

【例 7.33】　关闭例 7.30 所声明的游标。

```
CLOSE S_Cursor
```

5. 释放游标

游标使用之后不再需要时,需要释放游标,以获取与游标有关的一切资源。语法格式如下：

```
DEALLOCATE [GLOBAL]<游标名>|<游标变量名>
```

其中各参数与打开游标的参数含义一致。

【例 7.34】　释放例 7.30 所声明的游标。

```
DEALLOCATE S_Cursor
```

7.5.3　利用游标修改和删除表数据

通常情况下,使用游标从数据库的表中检索出数据,以实现对数据的处理。但在某些情况下,还需要修改或删除当前数据行。SQL Server 中的 UPDATE 语句和 DELETE 语句可以通过游标来修改或删除表中的当前数据行。

修改当前数据行的语法格式如下：

```
UPDATE <表名>
SET <列名> = <表达式>|DEFAULT|NULL[,…n]
WHERE CURRENT OF [GLOBAL] <游标名>|<游标变量名>
```

删除当前数据行的语法格式如下：

```
DELETE FROM <表名>
```

WHERE CURRENT OF [GLOBAL] <游标名>|<游标变量名>

其中，CURRENT OF [GLOBAL] <游标名>|<游标变量名>表示当前游标或游标变量指针所指的当前行数据。CURRENT OF 只能在 UPDATE 和 DELETE 语句中使用。

【例 7.35】　声明带 SCROLL 选项的游标，并通过绝对定位功能实现游标当前行的任意方向的滚动。游标 S_Cur 用于读取学生表中男同学的信息并将第 3 个男同学的专业改为机械。

```
DECLARE S_Cur SCROLL CURSOR FOR
SELECT *
FROM S
WHERE SEX = '男'
OPEN S_Cur
FETCH ABSOLUTE 3 FROM S_Cur
UPDATE S
SET SDEPT = '机械'
WHERE CURRENT OF S_Cur
CLOSE S_Cur
DEALLOCATE S_Cur
```

游标结果集如下：

	SNO	SNAME	SEX	BIRTHYEAR	SDEPT
1	20140123	李融	男	1996	软件
2	20152114	杨宏宇	男	1997	机械
3	20180101	袁野	男	2000	软件
4	20180102	刘明明	男	2000	软件
5	20180103	王春	男	2000	软件
6	20180202	张坤	男	2000	软件

修改第 3 个男同学的专业后结果如下：

	SNO	SNAME	SEX	BIRTHYEAR	SDEPT
1	20180101	袁野	男	2000	机械

【例 7.36】　声明一个查询王姓的学生姓名和系的游标，并输出游标结果。

```
DECLARE @SNAME CHAR(10), @SDEPT VARCHAR(20)
DECLARE SNAME_Cur SCROLL CURSOR FOR
SELECT SNAME, SDEPT
FROM S
WHERE SNAME LIKE '王%'
OPEN SNAME_Cur
FETCH NEXT FROM SNAME_Cur INTO @SNAME, @SDEPT
WHILE @@FETCH_STATUS = 0
BEGIN
PRINT @SNAME + @SDEPT
FETCH NEXT FROM SNAME_Cur INTO @SNAME, @SDEPT
END
CLOSE SNAME_Cur
DEALLOCATE SNAME_Cur
```

游标执行结果如下：

```
消息
    王睿      软件
    王珊      软件
```

7.6　本章小结

虽然 SQL 命令功能强大，但是，有时需要数据库过程化编程语言控制更新，或连接其他驱动程序或应用程序。根据 DBMS 的情况，过程代码可以位于模块、表单或外部应用程序。数据库存储过程、触发器、用户自定义函数是过程代码的重要应用。这些过程被诸如插入、更新或删除数据等数据库事件触发，或作为响应执行。数据库游标提供了一种程序检查中查询多行数据并且逐行遍历的方法。游标指向的某行可以由程序查看、修改或删除。可滚动的游标允许向前或向后移动，但是，只是有可能，应该尽量沿一个方向移动。程序可以使用可更新的游标修改或删除当前行的数据。程序可以使用带参数的查询动态选择符合其他条件的行。

习题 7

一、理解并给出下列术语的定义

存储过程触发器　　　触发器　　　用户定义函数　　　游标

二、简答题

1. 简述存储过程与触发器的区别。
2. AFTER 触发器和 INSTEAD OF 触发器有什么不同？
3. 对游标的操作有哪些？

三、应用题

1. 在教学管理数据库中，创建一个名为 STU_ AGE 的存储过程，该存储过程根据输入的学号，输出该学生的出生年份。

2. 在教学管理数据库中，创建一个名为 GRADE_ INFO 的存储过程，其功能是查询某门课程的所有学生成绩，显示字段为 CNAME、SNO、SNAME、GRADE。

3. 在教学管理数据库中，创建一个 INSERT 触发器 TR_C_ INSERT，当在 C 表中插入新记录时，触发该触发器，并给出"你插入了一门新的课程！"的提示信息。

4. 在教学管理数据库中，创建一个 AFTER 触发器，要求实现以下功能：在 SC 表上创建一个插入、更新类型的触发器 TR_ GRADE_ CHECK，当在 GRADE 字段中插入或修改成绩后，触发该触发器，检查分数是否为 0～100。

5. 在教学管理数据库中，创建一个触发器 INSERT_TRIGGER，当向 SC 表插入记录时，对该记录针对学生表 S 进行参照完整性检查，不满足时输出"违背数据的一致性"。

6. 在教学管理数据库中,创建用户定义函数 C_MAX,根据输入的课程名称,输出该门课程分数最高的学生的学号。

7. 在教学管理数据库中,创建用户定义函数 SNO_ INFO,根据输入规范化理论研究的是关系模式中各属性之间的数据依赖关系及其对关系模式性能的影响,探讨“好”的关系模式应该具备的性质,以及达到“好”的关系模式的设计算法的课程名称。输出选修该门课程的学生的学号、姓名、性别、系和成绩。

8. 声明一个名为 S_Cursor 的游标,用以读取软件系所有学生的信息。

9. 声明一个游标 S_Cur 用以读取学生表中女同学的信息,并将第二个女同学的年龄修改为 25。

第 8 章

关系规范化理论

视频讲解

本章先介绍关系数据库设计及其规范化理论,以及数据库逻辑设计的理论依据,再介绍关系规范化的判定标准,最后介绍如何规范关系模型。

8.1 关系规范化的必要性

8.1.1 关系数据库逻辑设计问题

前面已经讨论了关系数据库和关系模型的基本概念。但针对具体问题,如何构造一个适合的关系模型,即如何选择一个比较好的关系模式的集合,每个关系又应该由哪些属性组成。这都属于数据库设计的问题,确切地讲是数据库逻辑设计的问题。数据库设计的全过程将在第 9 章详细讨论。

实际上,设计任何一个数据库系统,不论是层次的、网状的还是关系的,都会遇到如何构造合适的数据模式,即逻辑结构的问题。由于关系模型有严格的数学理论基础,并可以向其他数据模型转换,因此形成了关系数据库规范化理论。规范化理论虽然以关系模型为背景,但是它对于一般的数据库逻辑设计同样具有理论上的意义。

关系数据库由一组关系组成,一个关系由一组属性组成。那么,针对一个具体的问题如何构造适合于它的关系模式,即应该构造几个关系,每个关系由哪些属性组成等,这都是关系数据库逻辑设计问题。对这些问题的不同处理往往会使数据管理的效率相差很远。

假设有描述学生选课及学生所在系情况的关系模式:

SLC={SNO,SNAME,SDEPT,MNAME,CNAME,GRADE}

其中各属性分别为学号、姓名、所在系名、系主任名、所修课程名及成绩。

假设每个系的系主任相同,(SNO,CNAME)为主键,试判断表 8.1 所示的关系模式存在什么问题。

表 8.1 关系模式 SLC

SNO (学生学号)	SNAME (学生姓名)	SDEPT (所在系名)	MNAME (系主任名)	CNAME (所修课程名)	GRADE (成绩)
20140123	李融	软件	张立	数据库	88
20140123	李融	软件	张立	操作系统	97
20140123	李融	软件	张立	数据结构	72

续表

SNO (学生学号)	SNAME (学生姓名)	SDEPT (所在系名)	MNAME (系主任名)	CNAME (所修课程名)	GRADE (成绩)
20180101	袁野	软件	张立	数据库	62
20180101	袁野	软件	张立	操作系统	81
20180101	袁野	软件	张立	数据结构	74
20152114	杨宏宇	机械	李晗	高等数学	83
20152114	杨宏宇	机械	李晗	大学物理	97
20152114	杨宏宇	机械	李晗	机械工程	66
20181103	姜鹏飞	交通	王晓	高等数学	93

观察这个表中的数据,会发现存在如下问题。

(1) 数据冗余问题。即相同数据在数据库中多次重复存放的现象。数据冗余不仅会浪费存储空间,而且可能造成数据的不一致。例如,一个系有 300 名学生,学习 10 门课,则共有 3000 个元组,那么,系名、系主任名要出现 3000 次,但其实出现一次就够了。

(2) 数据插入问题。如果新成立了某个系,并且为其指定了系主任,既有了 SDEPT 和 MNAME,也不能将这个信息插入 SLC 表中,因为这个系还没有招生,其 SNO 和 CNAME 列的值均为空,而这两个属性是这个表的主属性,因此不能为空。

(3) 数据删除问题。在不规范的数据表中,某个需要删除的元组中包含一部分有用数据时,就会出现删除异常。假设一个系的学生毕业了,若删除全部学生记录,则系名和系主任名也一同删除了。

(4) 数据更新问题。系主任一换,3000 个记录都要更新,如果漏掉一个没改,就会出现更新异常。

所以,SLC 关系模式并不是一个好模式。一个好的模式应当不会出现数据冗余、插入异常、删除异常和更新异常。

如果将上述关系模式分解成图 8.1 所示的 3 个新的关系模式。

则图 8.1 所示的 3 个关系模式中,实现了信息的某种程度的分离。

(1) S 中存储学生基本信息,与所选课程及系主任无关。

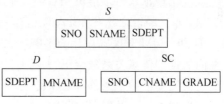

图 8.1 关系模式分解

(2) D 中存储系的有关信息,与学生无关。

(3) SC 中存储学生选课的信息,而与学生及系的有关信息无关。

与 SLC 相比,分解为 3 个关系模式后,数据的冗余度明显降低。

(1) 学生选课信息存储在 SC 关系中,选课的行为不会影响系名、系主任名的存储次数,不存在上文所分析的数据冗余问题。

(2) 若某个系尚未招生,仍可以在关系中添加系名和系主任名,这就避免了插入异常。

(3) 当一个系的学生全部毕业时,只需在 S 中删除该系的全部学生记录,而关系 D 中有关该系的信息仍然保留,从而不会引起删除异常。

(4) 同时,由于数据冗余度的降低,数据没有重复存储,也不会引起更新异常。

经过上述分析,可以认为分解后的关系模式是一个好的关系模式。

从而得出结论,一个好的关系模式应该具备以下 4 个条件:

(1) 尽可能少的数据冗余;

(2) 没有插入异常;

(3) 没有删除异常;

(4) 没有更新异常。

一个关系模式之所以会产生上述问题,是由于关系模式中的某些数据依赖。规范化理论正是用来改造关系模式的,通过分解关系模式来消除其中不合适的数据依赖,以解决数据冗余、插入异常、删除异常和更新异常问题。那么,什么样的关系模式需要分解? 分解关系模式的理论依据又是什么? 分解后能否完全消除上述几个问题? 回答这些问题都需要规范化理论的指导。

8.1.2　规范化理论研究的内容

关系数据库的规范化理论主要包括 3 方面内容:①函数依赖;②范式;③模式设计。其中,函数依赖起着核心的作用,是模式分解和模式设计的基础。范式是模式分解的标准。关系规范化理论是数据库逻辑设计的理论指南。规范化理论研究的是关系模式中各属性之间的数据依赖关系及其对关系模式性能的影响,探讨"好"的关系模式应该具备的性质,以及达到"好"的关系模式的设计算法。规范化理论是判断关系模式优劣的理论标准。

8.2　函数依赖

8.2.1　数据依赖

规范化理论致力于解决关系模式中不合适的数据依赖问题。

第 2 章已经讨论过关系模式的定义,一个关系模式应当是一个五元组: $R(U,D,\text{DOM},F)$,由于 D 和 DOM 对模式设计的影响不大,因此一般把关系模式看作一个三元组: $R(U,F)$ 。属性间数据的依赖关系集合 F 实际上是描述关系的元组定义,限定组成关系的各个元组必须满足的完整性约束条件。在实际应用中,这些约束或者通过对属性的取值范围限定,或者通过属性间的相互关联(主要体现在值的相等与否)反映出来。后者称为数据依赖,这是关系数据库模式设计的关键。

当且仅当 U 上的一个关系 r 满足 F 时, r 称为关系模式 $R(U,F)$ 的一个关系。关系是静态、稳定的关系模式在某一时刻的状态或内容是动态的,不同时刻关系模式中的关系可能会有所不同,但它们都必须满足关系模式中数据依赖关系集合 F 所指定的完整性约束条件。

定义 8.1　数据依赖　即通过一个关系中属性间值的相等与否体现出来的数据间的相互关系,是现实世界属性间相互联系的抽象,是数据内在的性质,是语义的体现。

数据依赖共有 3 种:①函数依赖(Functional Dependency,FD);②多值依赖(Multivalued Dependency,MVD);③连接依赖(Join Dependency,JD)。其中最重要的是函数依赖和多值

依赖。本节先介绍函数依赖,多值依赖将在后面介绍。

8.2.2 函数依赖

定义 8.2 函数依赖 设 $R(U)$ 是一个关系模式,U 是 R 的属性集合(如 $U=\{A_1,\cdots,A_n\}$)。X,Y 为 U 的子集。如果对于 $R(U)$ 的所有关系 r,都存在 X 的每一个值,都有 Y 的唯一值与之相对应,则称 **X 函数决定 Y**,或 **Y 函数依赖 X**。记作 $X{\rightarrow}Y$。其中 X 称作决定属性集,Y 称作被决定属性集。

$X{\rightarrow}Y$ 可理解为 X 每有一个值,都能唯一确定一个 Y 值与之相对应;而 Y 的一个值是否能唯一确定一个 X 的值,不在考虑范围之内。

若 Y 函数不依赖 X,记作:$X{\nrightarrow}Y$。

若 $X{\rightarrow}Y$,$Y{\rightarrow}X$,记作:$X{\longleftrightarrow}Y$。

函数依赖是属性之间的一种联系。

设有关系模式 SLC1(SNO,SNAME,SDEPT,MNAME,SLOC,CNAME,GRADE),其中 SLOC 表示学生的宿舍楼,该关系模式的属性集合为

$$U=\{SNO,SNAME,SDEPT,MNAME,SLOC,CNAME,GRADE\}$$

由现实世界的已知事实可知:

(1) 根据学号可以确定学生的姓名;

(2) 一个系有若干学生,但一个学生只属于一个系;

(3) 一个系只有一名主任;

(4) 根据学生所在的系可以确定学生的住处;

(5) 一个学生可以选修多门课程,每门课程有若干学生选修;

(6) 每个学生所学的每门课程都有一个成绩。

从以上事实可以得到属性组 U 上的函数依赖 F:

$$F=\{SNO{\rightarrow}SNAME,SNO{\rightarrow}SDEPT,SDEPT{\rightarrow}MNAME,SDEPT{\rightarrow}SLOC,(SNO,CNAME){\rightarrow}GRADE\}$$

在这里,一个 SNO 有多个 GRADE 的值与其对应,因此 GRADE 不能被 SNO 唯一地确定,即 GRADE 函数不依赖于 SNO,所以有:$SNO{\nrightarrow}GRADE$。

但是 GRADE 可以被(SNO,CNAME)唯一地确定。所以可表示为(SNO,CNAME)$\rightarrow$GRADE。

需注意如下几点。

(1) 属性间的函数依赖不是指 R 的某个或某些关系子集满足定义中的限定条件,而是指 R 的一切关系子集都要满足定义中的限定。只要有一个具体的关系 r(R 的一个关系子集)不满足定义中的条件,就破坏了函数依赖,使函数依赖不成立。

(2) 函数依赖和别的数据之间的依赖关系一样,是语义范畴的概念。只能根据语义来确定函数依赖。例如:"姓名→年龄"这个函数依赖只有在没有同名人的条件下成立。如果有同名的人,则"年龄"函数就不再依赖于"姓名"函数了。

(3) 数据库设计者可以对现实世界做强制的规定。例如,数据库设计者可以强制规定不允许同名的人出现,从而保证"姓名→年龄"这个函数依赖成立。这样,当插入某个元组时,这个元组上的属性值就必须满足规定的函数依赖,若发现同名人存在,则拒绝装入该元组。

定义 8.3 平凡函数依赖与非平凡函数依赖 在关系模式 $R(U,F)$ 中,对于 U 的子集 X、Y,如果 $X \to Y$,但 $Y \nsubseteq X$,则称 $X \to Y$ 是非平凡的函数依赖。如果 $Y \subseteq X$,则称 $X \to Y$ 是平凡的函数依赖。若不特别指定声明,本书讨论的均为非平凡函数依赖。

例如,学生选课关系 SC(CNO,SNO,GRADE)中,(CNO,SNO)$\to$GRADE,GRADE$\nsubseteq$(CNO,SNO),则称(CNO,SNO)$\to$GRADE 是非平凡的函数依赖。而(CNO,SNO)$\to$SNO,SNO$\subseteq$(CNO,SNO),所以称(CNO,SNO)$\to$SNO 是平凡的函数依赖。

定义 8.4 完全/部分函数依赖 在 $R(U,F)$ 中,如果 $X \to Y$,对于 X 的任一真子集 X',都有 $X' \nrightarrow Y$,则称 Y 对 X 完全函数依赖,记为 $X \xrightarrow{f} Y$;否则称 Y 对 X 是部分函数依赖,记为 $X \xrightarrow{P} Y$。

还是在学生选课关系 SC(CNO,SNO,GRADE)中,(CNO,SNO)$\to$GRADE,且 CNO$\nrightarrow$GRADE、SNO$\nrightarrow$GRADE,则 GRADE 对(CNO,SNO)是完全函数依赖,记为(CNO,SNO)$\xrightarrow{f}$SCORE。关系模式 SLC1(SNO,SNAME,SDEPT,MNAME,SLOC,CNAME,GRADE)中,(SNO,SNAME)$\to$SDEPT,SNO$\to$SDEPT,所以称 SDEPT 部分函数依赖(SNO,SNAME),记为(SNO,SNAME)$\xrightarrow{P}$SDEPT。

定义 8.5 传递函数依赖 在 $R(U,F)$ 中,若 $X \to Y$,$Y \to Z$,且 $Y \nsubseteq X$,$Z \nsubseteq Y$,$Y \nrightarrow X$,则称 Z 对 X 是传递函数依赖,记为 $X \xrightarrow{传递} Z$。实际上,若有 $Y \to X$,则 $X \leftrightarrow Y$,那么 $X \xrightarrow{直接} Z$。

关系模式 SLC1(SNO,SNAME,SDEPT,MNAME,SLOC,CNAME,GRADE)中,SNO$\to$SDEPT,SDEPT$\to$SLOC,所以称 SNO$\xrightarrow{传递}$SLOC。

8.2.3 键的形式化定义

前面内容对键进行了直观化的定义,下面用函数依赖的概念对键作出较为精确的形式化定义。

定义 8.6 设 K 是关系模式 $R(U,F)$ 中的属性或属性组。若 $K \xrightarrow{f} U$,则 K 为 R 的**候选键**(Candidate Key),简称键。

例如在学生选课关系 SC(CNO,SNO,SCORE)中,(CNO,SNO)$\xrightarrow{f}$GRADE,(CNO,SNO)$\xrightarrow{f}$LOCATION,所以属性组(CNO,SNO)是关系 SC(CNO,SNO,GRADE)的候选键。

定义 8.7 若候选键多于一个,则选其中的一个为**主键**(Primary Key)。

定义 8.8 包含在任一候选键中的属性称为**主属性**(Primary Attribute)。

定义 8.9 不包含在任何键中的属性称为**非主属性**(Nonprime Attribute)或**非键属性**(Nonkey Attribute)。

定义 8.10 关系模式中,最简单的情况是单个属性是键,称为**单键**(Single Key)。

定义 8.11 最极端的情况是整个属性组是键,称为**全键**(All-Key)。

定义 8.12 设有两个关系 R 和 S,X 是 R 的属性或属性组,并且 X 不是 R 的键,但 X 是 S 的键(或与 S 的键意义相同),则称 X 是 R 的**外部键**,简称**外键**(Foreign Key)或**外码**。

例如:职工(<u>职工号</u>,姓名,性别,职称,部门号)

部门(<u>部门号</u>,部门名,电话,负责人)

其中职工关系中的“部门号”就是职工关系的一个外键。

在此需要注意,定义中提及 X 不是 R 的键,并不意味 X 不是 R 的主属性。X 不是键,但可以是键的组成属性,或者是任一候选键中的一个主属性。

关系间的联系可以通过同时存在于两个或多个关系中的主键和外键的取值来建立。如要查询某个职工所在部门的情况,只需查询部门表中的部门号与该职工部门号相同的记录即可。所以,主键和外键提供了一个表示关系间联系的手段。

定义 8.13 闭包(Closure) 对于给定关系模式 $R(U,F)$,F 的闭包是由 F 逻辑所包含的所有函数依赖的集合,记为 F^+。添加属性集的闭包,参考离散数学概念。

例如,从 $F=\{A\rightarrow B,B\rightarrow C\}$ 中可以推导出 $A\rightarrow C$,所以 $A\rightarrow C$ 是 F^+ 中的成员。

由 F 逻辑所包含的函数依赖可以由下面的公理系统(称为 Armstrong 公理系统)推导出来:

(1) 自反律　若 $Y\subseteq X$,则 $X\rightarrow Y$;

(2) 增广律　若 $X\rightarrow Y$,则 $XZ\rightarrow YZ$;

(3) 传递律　若 $X\rightarrow Y$,$Y\rightarrow Z$,则 $X\rightarrow Z$。

其中,假设 X,Y,Z 都是关系 R 的属性集 U 的子集。

8.2.4　候选键的求解理论和算法

对于给定的关系模式 $R(U)$ 和函数依赖集 F,可将其属性分为 4 类。

(1) L类:仅出现在 F 的函数依赖左部的属性;

(2) R类:仅出现在 F 的函数依赖右部的属性;

(3) N类:在 F 的函数依赖左右两边均未出现的属性;

(4) LR类:在 F 的函数依赖左右两边均出现的属性。

找求解候选键理论

定理 8.1　对于给定的关系模式 R 及其函数依赖集 F,若 $X(X\in R)$ 是 L 类属性,则 X 必为 R 的任一候选键的成员。

推论 8.1　对于给定的关系模式 R 及其函数依赖集 F,若 $X(X\in R)$ 是 L 类属性,且 X^+ 包含了 R 的全部属性,则 X 必为 R 的唯一候选键。

【例 8.1】 设有关系模式 $R(A,B,C,D)$,其函数依赖集 $F=\{D\rightarrow B,B\rightarrow D,AD\rightarrow B,AC\rightarrow D\}$,求 R 的所有候选键。

解:根据函数依赖集 F 可知,A、C 两个属性是 L 类属性,由推论 8.1 可知,AC 必为 R 的唯一候选键的成员,又因为 $(AC)^+=ABCD$,所以 AC 是 R 的唯一候选键。

定理 8.2　对于给定的关系模式 R 及其函数依赖集 F,若 $X(X\in R)$ 是 R 类属性,则 X 不在任何候选键中。

定理 8.3　对于给定的关系模式 R 及其函数依赖集 F,若 $X(X\in R)$ 是 N 类属性,则 X 必为 R 的任一候选键的成员。

推论 8.2　对于给定的关系模式 R 及其函数依赖集 F,若 X 是 N 类和 L 类组成的属性集,且 X^+ 包含了 R 的全部属性,则 X 是 R 的唯一候选键。

【例 8.2】 设有关系模式 $R(A,B,C,D,E,P)$,其函数依赖集 $F=\{A\rightarrow D,E\rightarrow D,D\rightarrow B,BC\rightarrow D,DC\rightarrow A\}$,求 R 的所有候选键。

解:观察 F 发现,C、E 两属性是 L 类属性,所以 C、E 必在 R 的任何候选键中;P 是 N

类属性,所以 P 也必在 R 的任何候选键中。

因为 $(CEP)^+ = ABCDEP$,所以 CEP 是 R 的唯一候选键。

8.3　范式

8.3.1　范式定义

范式是符合某一种级别的关系模式的集合。关系数据库中的关系必须满足一定的要求,满足不同程度要求的为不同范式。

范式的概念最早由 E. F. Codd 提出。从 1971 年起,Codd 相继提出了关系的三级规范化形式,即第一范式(1NF)、第二范式(2NF)、第三范式(3NF)。1974 年,Codd 和 Boyce 又共同提出了一个新的范式概念,即 Boyce-Codd 范式,简称 BC 范式。1976 年 Fagin 提出了第四范式,后来又有人定义了第五范式。至此在关系数据库规范中建立了一个范式系列:1NF,2NF,3NF,BCNF,4NF,5NF,一级比一级有更严格的要求。

各个范式之间的关系可以表示为:

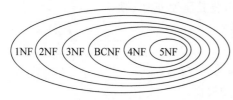

图 8.2　各种范式之间的关系

$5NF \subset 4NF \subset BCNF \subset 3NF \subset 2NF \subset 1NF$,即满足最低要求的是第一范式,在第一范式中满足进一步要求的为第二范式,其余以此类推。如图 8.2 所示。

若 $R(U,F)$ 符合 x 范式的要求,则称 R 为 x 范式,记作:$R \in x$NF。

通过模式分解将一个低级范式转换为若干个高级范式的过程称作规范化。

8.3.2　第一范式(1NF)

定义 8.14　第一范式(1NF)　如果一个关系模式 $R(U,F)$ 的所有属性都是不可分的基本数据项,则 $R \in 1$NF。如:

关系模式 SLC2(SNO,SDEPT,SLOC,CNAME,GRADE) $\in$ 1NF

不满足 1NF 的数据库模式不能称为关系数据库。

关系模式 SLC2 的键为(SNO,CNAME),函数依赖包括:

$(SNO,CNAME) \xrightarrow{f} GRADE \quad SNO \xrightarrow{f} SDEPT$

$(SNO,CNAME) \xrightarrow{P} SDEPT$

$(SNO,CNAME) \xrightarrow{P} SLOC \quad SDEPT \xrightarrow{f} SLOC$

满足 1NF 的数据库并不一定是一个好的关系模式。例如,SLC2(SNO,SDEPT,SLOC,CNAME,GRADE) $\in$ 1NF,该关系模式仍存在下列问题。

(1) 插入异常。若学生没有选课,键值未定,则他的个人信息、所在系的信息等就无法插入。

(2) 删除异常。若删除学生的选课信息,则有关他的个人信息及所在系的信息也随之删除了。如表 8.1 中学号为 20181103 的学生只选修了高等数学课程,现在如果他连高等数学课程也不选修了,删除高等数学则将删除学号为 20181103 的学生的所有信息。

（3）更新异常。如表 8.1 中学生袁野转系,若他选修了 3 门课,则需要修改 3 条记录,如果有一条没有修改,就会出现更新异常。

（4）数据冗余度大。如表 8.1 中学生袁野选修了 3 门课,则有关他的所在系、所在宿舍信息重复。

所以,SLC2 不是一个好的关系模式。出现这些问题的原因是非主属性 SDEPT,SLOC 对键(SNO,CNAME)的部分函数依赖。

8.3.3 第二范式(2NF)

定义 8.15 第二范式(2NF) 满足第一范式的关系模式 $R(U,F)$,如果所有非主属性都完全依赖于键,则称 R 属于第二范式,记为 $R(U,F) \in 2NF$。

现在将属于第一范式的 SLC2 进行投影分解,消除其中的部分函数依赖,就可达到第二范式,结果如下:

SC2(SNO,CNAME,GRADE)$\in$2NF

SL2(SNO,SDEPT,SLOC)$\in$2NF

此时 SC2 中的函数依赖有:

$$(\text{SNO},\text{CNAME}) \xrightarrow{f} \text{GRADE}$$

SL2(SNO,SDEPT,SLOC) 中的函数依赖有:

$$\text{SNO} \xrightarrow{f} \text{SDEPT}$$

$$\text{SDEPT} \xrightarrow{f} \text{SLOC}$$

$$\text{SNO} \xrightarrow{\text{传递}} \text{SLOC}$$

在 SL2 关系中,仍然存在插入异常、删除异常、数据冗余度大和修改复杂等问题。

（1）插入异常。如果某个系因种种原因(如刚成立),目前暂没有在校学生,就无法把这个系的信息存入数据库中。

（2）删除异常。如果某个系的学生全部毕业了,在删除该系学生信息的同时,这个系的信息也被删掉了。

（3）数据冗余度大。每个系的学生都住在同一个地方,关于住处的信息却重复出现,重复次数与系的学生数相同。

（4）修改复杂。当学校调整学生住处时,例如信息系的学生全部搬到另一地方,由于每个系的住处信息是重复存储的,修改时必须同时更新该系所有学生的 SLOC 列的值。

所以说,从 SLC2 分解后得到的 SL2 仍不是一个好模式。出现这些问题的原因是存在非主属性 SLOC 对键 SNO 的传递函数依赖。

8.3.4 第三范式(3NF)

定义 8.16 第三范式(3NF) 若 $R(U,F) \in 2NF$,且它的任何一个非主属性都不传递依赖键,则称关系 R 满足第三范式,记为 $R(U,F) \in 3NF$。

将属于第二范式的 SL2 进行投影分解,消除其中非主属性对键的传递函数依赖,就可达到第三范式,结果如下:

SD2(SNO,SDEPT)∈3NF

DL2(SDEPT,SLOC)∈3NF

此时 SD2 中的函数依赖有：

SNO→SDEPT

DL2 中的函数依赖有：

SDEPT→SLOC

分解后的关系模式 SD2、DL2 中都不存在部分函数依赖和传递函数依赖。因此它们均属于 3NF。

在关系数据库的模型设计中，目前一般采用第三范式。

8.3.5 BCNF

BCNF(Boyce-Codd Normal Form)比 3NF 又进一步，通常认为 BCNF 是改进的第三范式，又称扩充的第三范式。

定义 8.17 改进的 3NF-BCNF 设关系模式 $R(U,F)\in 1NF$，若 $X\rightarrow Y$ 且 $Y\not\subset X$ 时 X 必包含键，则称 $R(U,F)\in BCNF$。

根据定义，若关系模式 $R(U,F)$ 的每个决定因素都包含键，则 $R(U,F)\in BCNF$。从函数依赖的角度进行分析可以得出如下结论，一个满足 BCNF 的关系模式必然有：

(1) R 中所有非主属性对每个键都是完全函数依赖；

(2) R 中所有主属性对每个不包含它的键，都是完全函数依赖；

(3) R 中没有任何属性完全函数依赖非键的任何一组属性。

例如关系模式 S(SNO,SNAME,SEX,BIRTHDAY,SDEPT,SCLASS)中，一个学生的学号确定后，就可以确定这个学生的姓名、性别、生日、所在系、所在班级了，所以学号是关系模式 S 的键，并且没有任何属性对 SNO 的部分函数依赖和传递函数依赖，因此 S∈3NF。同时，S 中 SNO 是唯一的决定因素，所以 S∈BCNF。

8.3.6 多值依赖与第四范式(4NF)

前面完全是在函数依赖的范畴内讨论关系模式的范式问题。如果仅考虑函数依赖这一种数学依赖，属于 BCNF 的关系模式已经很完美了。但考虑其他函数依赖，如多值依赖，属于 BCNF 的关系模式仍存在问题，不能算作一个完美的关系模式。

现假设学校中某一门课程由多个教员讲授，他们使用一套相同的参考书，每个教员可以讲授多门课程，每种参考书可以供多门课程使用。其二维表表示如表 8.2 所示。

表 8.2 Teaching(C,T,B)的二维表表示

课程 C	教员 T	参考书 B
大学物理	李勇	普通物理学
大学物理	李勇	光学原理
大学物理	李勇	物理习题集
大学物理	王军	普通物理学
大学物理	王军	光学原理

续表

课程 C	教员 T	参考书 B
大学物理	王军	物理习题集
数学	李勇	微分方程
数学	李勇	高等代数
数学	张平	微分方程
数学	张平	高等代数

下面用一个非规范化的关系模式来表示教员 T,课程 C 和参考书 B 之间的关系:
Teaching(C,T,B)

该关系模式的键是(C,T,B),即全键(All-Key),因而 Teaching$\in$BCNF。

但是按照上述语义规定,该关系模式仍然存在下列问题。

(1) 数据冗余度大。每一门课程的参考书是固定的,但在 Teaching 关系中,有多少名任课教师,参考书就要存储多少次,这造成了大量的数据冗余。

(2) 增加操作复杂。当某门课程增加一名讲课教员时,该课有多少参考书,就要向 Teaching 表中增加多少个元组。例如大学物理课增加一名教师张丽,需要插入 3 个元组:(大学物理,张丽,普通物理学);(大学物理,张丽,光学原理);(大学物理,张丽,物理习题集)。

(3) 删除操作复杂。某一门课去掉一门参考书(如微分方程),该课有多少教师,就必须删除多少行元组:(数学,李勇,微分方程);(数学,张平,微分方程)。

(4) 修改操作复杂。某一门课修改一门参考书(如把微分方程改成数学分析),该课有多少教师,就必须修改多少行元组:(数学,李勇,数学分析);(数学,张平,数学分析)。

属于 BCNF 范式的 Teaching 关系模式之所以产生上述问题,是因为参考书的取值和教师的取值是彼此毫无关系的,它们都只取决于课程名。也就是说,关系模式 Teaching 中存在一种称为多值依赖的数据依赖。

定义 8.18 多值依赖 对于关系模式 $R(U,F)$, X, Y, Z 是 U 的子集,且 $Z=U-X-Y$,多值依赖 $X\twoheadrightarrow Y$ 成立当且仅当对 $R(U)$ 的任一关系 r,给定的一对(X,Z)值,有一组 Y 的值,这组 Y 的值仅决定于 X 值而与 Z 值无关。称 Y 多值依赖 X,或 X 多值决定 Y,记作: $X\twoheadrightarrow Y$。

在关系模式 Teaching 中,对于一个(C,B)值(物理,普通物理学),有一组 T 值{李勇,王军},而这组值仅决定于课程 C 上的值(物理)。即对于另一个(C,B)值(物理,光学原理),它对应的一组 T 值仍然是{李勇,王军},所以 T 的值与 B 的值无关,仅决定于 C 的值,即 $C\twoheadrightarrow T$。

多值依赖的约束规则:在具有多值依赖的关系中,如果随便删去一个元组,就会破坏其对称性,那么,为了保持多值依赖关系中的"多值依赖"性,就必须删去另外的相关元组以维持其对称性。这就是多值依赖的约束规则。目前的 RDBMS 尚不具有维护这种约束的能力,需要程序员在编程中实现。

多值依赖的性质如下。

(1) 对称性,即若 $X\twoheadrightarrow Y$,则 $X\twoheadrightarrow Z$,其中 $Z=U-X-Y$。

(2) 传递性,即若 $X\twoheadrightarrow Y$, $Y\twoheadrightarrow Z$,则 $X\twoheadrightarrow Z-Y$。

(3) 函数依赖可以看作多值依赖的特殊情况,即若 $X\rightarrow Y$,则 $X\twoheadrightarrow Y$。这是因为当 $X\rightarrow Y$ 时,对 X 的每一个值 x, Y 有一个确定的值 y 与之对应,所以 $X\twoheadrightarrow Y$。

(4) 若 $X\twoheadrightarrow Y$, $X\twoheadrightarrow Z$,则 $X\twoheadrightarrow Y\cup Z$。

(5) 若 $X \twoheadrightarrow Y$，$X \twoheadrightarrow Z$，则 $X \twoheadrightarrow Y \cap Z$。

(6) 若 $X \twoheadrightarrow Y$，$X \twoheadrightarrow Z$，则 $X \twoheadrightarrow Y-Z$，$X \twoheadrightarrow Z-Y$。

多值依赖与函数依赖的区别如下。

(1) 多值依赖的有效性与属性集的范围有关。

若 $X \twoheadrightarrow Y$ 在 U 上成立。则在 $W(XY \subseteq W \subseteq U)$ 上一定成立。反之则不然，即 $X \twoheadrightarrow Y$ 在 $W(W \subset U)$ 上成立，在 U 上并不一定成立。这是因为多值依赖的定义中不仅涉及属性组 X 和 Y，而且涉及 U 中其余属性 Z。

但是在关系模式 $R(U,F)$ 中函数依赖 $X \rightarrow Y$ 的有效性仅决定于 X，Y 这两个属性集的值。

(2) 若函数依赖 $X \rightarrow Y$ 在 $R(U,F)$ 上成立，则对于任何 $Y' \subset Y$ 均有 $X \rightarrow Y'$ 成立。而若多值依赖 $X \twoheadrightarrow Y$ 在 $R(U,F)$ 上成立，却不能断言对于任何 $Y' \subset Y$ 有 $X \twoheadrightarrow Y'$ 成立。

定义 8.19　第四范式(4NF)　如果关系模式 $R(U,F) \in$ 1NF，对于 R 的每个非平凡的多值依赖 $X \twoheadrightarrow Y(Y \not\subset X)$，$X$ 都含有键，则称 $R(U,F) \in$ 4NF。

【例 8.3】 Teaching(C,T,B)，其中 (C,T,B) 是一个键，有 $C \twoheadrightarrow T$，而 C 不含键，所以 Teaching 不是 4NF。

分解为下列两个关系模式：

$CT(C,T) \in$ 4NF

$CB(C,B) \in$ 4NF

4NF 就是限制关系模式的属性之间不允许有非平凡且非函数依赖的多值依赖。

【例 8.4】 设有关系模式 $R(A,B,C,D,E,P)$，其函数依赖集 $F=\{A \rightarrow B,C \rightarrow P,E \rightarrow A,CE \rightarrow D\}$，判断 R 可达到第几范式。

解：L：C，E；

　　R：B，D，P；

　　N：none；

　　LR：A

　　$(CE)^+ = \{C,E,P,A,B,D\} = U$

　　所以 CK：CE

　　主属性：C，E；　非主属性：A，B，D，P

　　$R \in$ 1NF

　　又 $(C,E) \rightarrow P$
　　　　　　　　　　　$\Big\}$ $(C,E) \xrightarrow{P} P$
　　　　$C \rightarrow P$

所以　　$R \in$ 2NF

　　　　$R \in$ 1NF

8.4　关系模式的规范化

8.4.1　关系模式规范化的目的和基本思想

到目前为止，规范化理论已经提出了 6 类范式(有关 5NF 的内容不再介绍)。各范式级别是在分析函数依赖条件下对关系模式分离程度的一种测度，范式级别可以逐级升高。一个低一级范式的关系模式,通过模式分解转化为若干个高一级范式的关系模式的集合,这种分解过程称为关系模式的规范化(Normalization)。规范化的目的是解决关系模式中存在的数据冗余、插入和删除异常、更新烦琐等问题。

关系模式规范化的基本思想是逐步消除数据依赖中不合适的部分,使模式中的各个关系模式达到某种程度的"分离",即采用"一事一地"的模式设计原则,让一个关系描述一个概念、一个实体或实体间的一种联系。若多于一个概念,就把它"分离"出去。因此,所谓规范化实质上是概念的单一化。

8.4.2　关系模式规范化的步骤

规范化就是对原关系进行投影,消除决定属性不是候选键的任何函数依赖。具体可以分为以下几步。

（1）对 1NF 关系进行投影,消除原关系中非主属性对键的部分函数依赖,将 1NF 关系转换成若干个 2NF 关系。

（2）对 2NF 关系进行投影,消除原关系中非主属性对键的传递函数依赖,从而产生一组 3NF 关系。

（3）对 3NF 关系进行投影,消除原关系中主属性对键的部分函数依赖和传递函数依赖（也就是说,使决定属性都成为投影的候选键）,得到一组 BCNF 关系。

注意:以上 3 步也可以合为一步:对原关系进行投影,消除决定属性不是候选键的任何函数依赖。

（4）对 BCNF 关系进行投影,消除原关系中非平凡且非函数依赖的多值依赖,从而产生一组 4NF 关系。

（5）对 4NF 关系进行投影,消除原关系中不是候选键所蕴含的连接依赖,即可得到一组 5NF 关系。

5NF 是最终范式(本书没有涉及,详细内容可查阅相关文献)。

规范化应满足的基本原则是:由低到高、逐步规范、权衡利弊、适可而止,通常以满足第三范式为基本要求。关系模式规范化的基本步骤如图 8.3 所示。

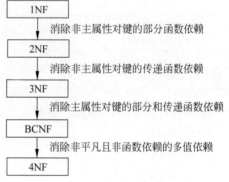

图 8.3　关系模式规范化的基本步骤

8.4.3　关系模式规范化的要求

这里首先给出模式分解的形式化定义,然后再阐述相关的分解准则?

定义 8.20　模式分解　关系模式 $R\langle U,F\rangle$ 的一个分解是指 $\rho=\{R_1\langle U_1,F_1\rangle,R_2\langle U_2,F_2\rangle,\cdots,R_n\langle U_n,F_n\rangle\}$,其中 $U=U_1\bigcup U_2\bigcup\cdots\bigcup U_n$,并且没有 $U_i\subseteq U_j$,$1\leqslant i,j\leqslant n$,$F_i$ 是 F 在 U_i 上的投影。

对于同一个模式,其分解是多种多样的,但是分解后的模式均应与原模式等价。等价的常用标准有三个:

（1）分解具有无损连接性；

（2）分解保持函数依赖；

（3）分解既保持函数依赖又具有无损连接性。

这三种不同的等价标准可以作为实行分解的三条准则。依据不同的分解准则，模式分解能够达到的分离程度也各不相同。

1．无损连接的分解

无损连接的分解，又简称无损分解。定义如下：

定义 8.21 无损连接性（Lossless Join） 设关系模式 $R\langle U,F\rangle$ 被分解为若干个关系模式 $R_1\langle U_1,F_1\rangle,R_2\langle U_2,F_2\rangle,\cdots,R_n\langle U_n,F_n\rangle$，其中 $U=U_1\bigcup U_2\bigcup\cdots\bigcup U_n$，且不存在 $U_i\subseteq U_j$，F_i 为 F 在 U_i 上的投影，如果 R 与 $R_1,R_2,\cdots,R_n$ 自然连接的结果相等，则称关系模式 R 的分解具有无损连接性。

例如，对于 8.3.3 节中的关系模式 SL2(SNO,SDEPT,SLOC)，SL2 中的函数依赖有：

SNO→SDEPT

SDEPT→SLOC

SNO→SLOC

由前面的介绍可知 SL2∈2NF 关系模式存在着插入异常、删除异常、数据冗余度大和修改复杂的问题。那么需要如何分解该关系模式，使其符合更高范式的要求呢？

假设下面是该关系模式的一个关系：

SL2

SNO	SDEPT	SLOC
20140123	软件	10-201
20180101	软件	10-201
20152114	机械	11-305
20181103	交通	12-823

第一种分解方法是将 SL2 分解成下面三个关系模式：

SN2(SNO)

SD2(SDEPT)

SO2(SLOC)

分解后的关系为：

SN2
20140123
20180101
20152114
20181103

SD2
软件
机械
交通

SO2
10-201
11-305
12-823

SN2、SD2 和 SO2 都是规范化程度很高的 5NF。但分解后的数据库丢失了很多信息，例如，无法查询学号为 02004 的学生所在系或所在宿舍。

在分解过程中要掌握一个原则,即分解后的关系通过自然连接后可以恢复为原来的关系,分解才没有丢失信息,否则分解就会丢失信息。

第二种分解方法是将 SL2 分解成下面两个关系模式:

ND2(SNO,SDEPT)

DL2(SDEPT,SLOC)

分解后的关系为:

ND2

SNO	SDEPT
20140123	软件
20180101	软件
20152114	机械
20181103	交通

DL2

SDEPT	SLOC
软件	10-201
机械	11-305
交通	12-823

对 ND2 和 DL2 关系进行自然连接的结果为:

ND2 ⋈ DL2

SNO	SDEPT	SLOC
20140123	软件	10-201
20180101	软件	10-201
20152114	机械	11-305
20181103	交通	12-823

它与 SL2 关系完全一样,因此第二种方法没有丢失信息。

直接根据定义判断分解是否为无损分解比较困难。下面给出一个简单的准则用于判定分解是否是无损分解的。

若关系模式 $R\langle U,F\rangle$ 被分解为 $R_1\langle U_1,F_1\rangle$,$R_2\langle U_2,F_2\rangle$,若 F^+ 中有如下函数依赖中的一个,则此分解为无损连接的分解:

(1) $R_1\bigcap R_2 \rightarrow R_1$

(2) $R_1\bigcap R_2 \rightarrow R_2$

即 R 分解成 R_1 和 R_2 后,如果它们的公共属性集是 R_1 或者 R_2 的主键,那么分解是无损的。

2. 依赖保持的分解

关系模式分解的另一个目标是保持函数依赖。函数依赖体现的是应用层的数据库完整性约束条件。希望对这种完整性约束条件的检验能够在分解后的单独的关系模式中进行,而不需要把分解后的关系模式重新连接起来。

定义 8.22　函数依赖保持性(Preserve Dependency)　设关系模式 $R\langle U,F\rangle$ 的一个分解为 $R_1\langle U_1,F_1\rangle,R_2\langle U_2,F_2\rangle,\cdots,R_n\langle U_n,F_n\rangle$，其中 $U=U_1\bigcup U_2\bigcup\cdots\bigcup U_n$，且不存在 $U_i\subseteq U_j$，F_i 为 F 在 U_i 上的投影，若 $F^+=\left(\bigcup\limits_{i=1}^{n}F_i\right)^+$，则称关系模式 R 的分解具有函数依赖保持性。

根据定义，如果关系 R 分解产生的每个关系模式的函数依赖集的并集等价于 R 的函数依赖集，那么可以认为分解是依赖保持的分解。要考察两个函数依赖集是否等价，只需要将两个函数依赖集的闭包进行比较。在实际应用中，对某些不太复杂的情况，通常只需要将两个函数依赖集中的函数依赖逐个比较即可。

例如前述的第二种分解方法就是依赖保持的分解，判定过程如下：

(1) 根据分解，有 $\bigcup\limits_{i=1}^{n}F_i=\{SNO\to SDEPT\}\bigcup\{SDEPT\to SLOC\}=\{SNO\to SDEPT,\ SDEPT\to SLOC\}$。

(2) 分解之前，有 $F=\{SNO\to SDEPT,SDEPT\to SLOC,SNO\to SLOC\}$。

(3) 对比 $\bigcup\limits_{i=1}^{n}F_i$ 和 F 中的每个函数依赖，不难发现二者完全等价，因此，此分解是依赖保持的分解。

如果一个分解具有无损分解，则它能够保证不丢失信息；如果一个分解保持了函数依赖，则它可以减轻或解决各种异常情况。具有无损连接性的分解不一定保持函数依赖，保持函数依赖的分解不一定具有无损连接性。

【例 8.5】　设工厂里有一个记录职工每天日产量的关系模式：R(ENO,DATE,OUTPUT,PNO,PDIRECTOR)。其中，属性分别表示职工号、日期、职工日产量、车间号、车间主任。

如果规定：

- 每个职工每天只有一个日产量；
- 每个职工只能隶属于一个车间，一个车间有多个职工；
- 每个车间只有一个车间主任。

(1) 根据上述规定，写出关系模式 R 的基本函数依赖。

(2) 试写出关系模式 R 的候选键，并写出求解过程。

(3) 试问关系模式 R 最高已经达到第几范式？为什么？

(4) 若不满足第三范式，请将其分解使其满足第三范式。

解：$F=\{(ENO,DATE)\ \ OUTPUT,ENO\ \ PNO,PNO\ \ PDIRECTOR\}$

L：ENO, DATE

R：OUTPUT, PDIRECTOR

N：none

LR：PNO

$(ENO,DATE)+=\{ENO,DATE,OUTPUT,PNO,PDIRECTOR\}$

CK：(ENO,DATE)

主属性：ENO,DATE　非主属性：OUTPUT,PDIRECTOR,PNO

$F=\{(ENO,DATE)\to OUTPUT,ENO\to PNO,PNO\to PDIRECTOR\}$

$$R \in 1\text{NF}$$

$$\left.\begin{array}{r} (\text{ENO},\text{DATE}) \rightarrow \text{PNO} \\ \text{ENO} \rightarrow \text{PNO} \end{array}\right\} (\text{ENO},\text{DATE}) \xrightarrow{\text{P}} \text{PNO}$$

8.5 本章小结

关系数据库中的关系规范化问题在 1970 年 E. F. Codd 提出关系模型时就同时被提出了。关系规范化理论是数据库逻辑设计的理论指南,它研究的是关系模式中各属性之间的数据依赖关系及其对关系模式性能的影响,探讨"好"的关系模式应该具备的性质,以及达到"好"的关系模式的设计算法。

关系数据库的规范化理论主要包括三方面的内容,即函数依赖、范式和模式设计,其中,函数依赖起着核心的作用,是模式分解和模式设计的基础;范式是模式分解的标准,范式的定义与属性间的依赖关系的发现有密切关系。关系规范化可按属性间不同的依赖程度分为第一范式、第二范式、第三范式、Boyce-Codd 范式以及第四范式等。

本章首先阐述了关系规范化的必要性,介绍了与规范化理论相关的基本概念、范式的定义、关系模式规范化的方法等。通过本章的学习,读者应该理解函数依赖、键的概念,掌握候选键的求解理论和算法,掌握第一、二、三范式和 BC 范式的定义。能运用关系规范化理论对关系模式进行分解。

习题 8

一、单项选择题

1. 为了设计出性能较优的关系模式,必须进行规范化,规范化主要的理论依据是(　　)。
   A. 关系规范化理论　　　　　　　　　　B. 关系代数理论
   C. 数理逻辑　　　　　　　　　　　　　D. 关系运算理论

2. 有关函数依赖叙述错误的是(　　)。
   A. 函数依赖是现实世界中属性建立关系的客观存在
   B. 函数依赖是指关系模式 R 的某个或某些元组满足的约束条件
   C. 函数依赖是数据库设计中的人为强制的产物
   D. 函数依赖实际上是对现实世界中事物的性质之间相关性的一种断言

3. 已知关系模式 $R(A,B,C,D,E)$ 及其上的函数相关性集合 $F=\{A \rightarrow D, B \rightarrow C, E \rightarrow A\}$,该关系模式的候选键是(　　)。
   A. AB　　　　　　B. BE　　　　　　C. CD　　　　　　D. DE

4. 关系模式 R 中的属性全是主属性,则 R 的最高范式必定是(　　)。
   A. 1NF　　　　　　B. 2NF　　　　　　C. 3NF　　　　　　D. BCNF

5. 对于第三范式的描述错误的是(　　)。
   A. 属于 3NF 的关系模式必属于 BCNF
   B. 如果一个关系模式 R 不存在部分依赖和传递依赖,则 R 满足 3NF

  C. 属于 BCNF 的关系模式必属于 3NF

  D. 3NF 的"不彻底"性表现在当关系模式具有多个候选键,且这些候选键具有公共
属性时,可能存在主属性对键的部分依赖和传递依赖

6. 关系模式的候选键可以有 1 个或多个,而主键有(　　)。

  A. 多个   B. 0 个   C. 1 个   D. 1 个或多个

7. 设有关系模式 $W(C,P,S,G,T,R)$,其中各属性的含义是:C 表示课程,P 表示教师,S 表示学生,G 表示成绩,T 表示时间,R 表示教室,根据语义有如下数据依赖集:$D=\{C{\rightarrow}P,(S,C){\rightarrow}G,(T,R){\rightarrow}C,(T,P){\rightarrow}R,(T,S){\rightarrow}R\}$。若将关系模式 W 分解为三个关系模式 $W1(C,P),W2(S,C,G),W2(S,T,R,C)$,则 $W1$ 的规范化程序最高达到(　　)。

  A. 1NF   B. 2NF   C. 3NF   D. BCNF

8. 不能使一个关系从第一范式转化为第二范式的条件是(　　)。

  A. 每个非主属性都完全函数依赖主属性

  B. 每个非主属性都部分函数依赖主属性

  C. 在一个关系中没有非主属性存在

  D. 主键由一个属性构成

9. 任何一个满足 2NF 但不满足 3NF 的关系模式都不存在(　　)。

  A. 主属性对键的部分依赖   B. 非主属性对键的部分依赖

  C. 主属性对键的传递依赖   D. 非主属性对键的传递依赖

10. 下列说法不正确的是(　　)。

  A. 任何一个包含两个属性的关系模式一定满足 3NF

  B. 任何一个包含两个属性的关系模式一定满足 BCNF

  C. 任何一个包含三个属性的关系模式一定满足 3NF

  D. 任何一个关系模式都一定有键

11. 关系的规范化中,各个范式之间的关系是(　　)。

  A. 1NF⊂2NF⊂3NF   B. 3NF⊂2NF⊂1NF

  C. 1NF=2NF=3NF   D. 1NF⊂2NF⊂BCNF⊂3NF

12. 根据关系数据库规范化理论,关系数据库中的关系要满足第一范式,部门(部门号,部门名,部门成员,部门总经理)关系中,因(　　)属性而使它不满足第一范式。

  A. 部门总经理   B. 部门成员   C. 部门名   D. 部门号

二、理解并给出下列术语的定义

  函数依赖　部分函数依赖　完全函数依赖　传递依赖　候选键　主键　外键　全键
1NF　2NF　3NF

三、求候选键

1. 设有关系模式 $R(A,B,C,D,E,P)$,其函数依赖集 $F=\{A{\rightarrow}B,C{\rightarrow}P,E{\rightarrow}A,CE{\rightarrow}D\}$,求 R 的所有候选键。

2. 设有关系模式 $R(A,B,C)$,其函数依赖集 $F=\{AB{\rightarrow}C,C{\rightarrow}A\}$,求 R 的所有候选键。

3. 设有关系模式 $R(A,B,C)$,其函数依赖集 $F=\{AB\rightarrow C,C\rightarrow A\}$,求 R 的所有候选键。

四、判断 R 可达到第几范式

1. 设有关系模式 $R(A,B,C,D)$,其函数依赖集 $F=\{A\rightarrow C,C\rightarrow A,B\rightarrow A,D\rightarrow C\}$,判断 R 可达到第几范式。

2. 设有关系模式 $R(A,B,C,D)$,其函数依赖集 $F=\{B\rightarrow C,C\rightarrow D,D\rightarrow A\}$,判断 R 可达到第几范式。

3. 设有关系模式 $R(A,B,C)$,其函数依赖集 $F=\{AB\rightarrow C,C\rightarrow A\}$,判断 R 可达到第几范式。

4. 设有关系模式 $R(A,B,C,D,E)$,其函数依赖集 $F=\{AB\rightarrow C,B\rightarrow D,\ C\rightarrow E,EC\rightarrow B,AC\rightarrow B\}$,判断 R 可达到第几范式。

五、综合题

现有关系模式：$R(SNO,CNO,GRADE,TNAME,TADDR)$,其中,属性分别表示学生的学号、选修课程的编号、成绩、任课教师名及教师地址。

现规定每个学生每学一门课程只有一个成绩；每位教师只能教一门课,一门课可以有多位老师任教；每位教师只有一个地址,一个地址可以居住多位老师(此外不允许教师同名同姓)。

1. 根据上述规定,写出关系模式 R 的基本函数依赖；

2. 试写出关系模式 R 的候选键,并写出求解过程；

3. 试问关系模式 R 最高已经达到第几范式？为什么？

第9章

数据库设计

视频讲解

9.1 数据库设计概述

在数据库领域内,通常把使用数据库的各类信息系统都称为数据库应用系统。例如,以数据库为基础的管理信息系统、办公自动化系统、地理信息系统、各级电子政务系统和各类电子商务系统等都可以称为数据库应用系统。

数据库设计广义地讲是数据库及其应用系统的设计,即设计整个数据库应用系统。狭义地讲是设计数据库本身,即设计数据库的各级模式并建立数据库,这是数据库应用系统设计的一部分。本章重点讲解狭义的数据库设计。当然,设计一个好的数据库与设计一个好的数据库应用系统是密不可分的,一个好的数据库结构是应用系统的基础。在实际的系统开发项目中,两者更是密切相关、并行进行的。下面给出数据库设计的一般定义。

数据库设计指对于一个给定的应用环境,构造(设计)优化的数据库逻辑模式和物理结构,并据此建立数据库及其应用系统,使之能够有效地存储和管理数据,满足各种用户的应用需求,包括信息管理要求和数据操作要求。

信息管理要求指在数据库中应该存储和管理哪些数据对象。数据操作要求指对数据对象需要进行哪些操作,如增、删、查、改和统计等操作。

数据库设计的目标是为用户和各种应用系统提供一个信息基础设施和高效率的运行环境。高效率的运行环境包括:数据库的存取效率、数据库存储空间的利用率以及数据库系统运行管理的效率等。

9.1.1 数据库设计特点

数据库设计既是一项涉及多学科的综合性技术,又是一项庞大的工程项目。"三分技术,七分管理,十二分基础数据"是数据库建设的基本规律,这种说法是有一定道理的。技术与管理的界面(称为"干件")十分重要。数据库建设是硬件、软件和干件的结合。这是数据库设计的特点之一。本节着重讨论软件设计的技术。

数据库设计应该和应用系统设计相结合,也就是说,整个设计过程中要把结构(数据)设计和行为(处理)设计密切结合起来。这是数据库设计的特点之二。

传统的软件工程忽视对应用中数据语义的分析和抽象。例如,结构化设计(Structure Design,简称 SD 方法)和逐步求精的方法着重于处理过程的特性,只要有可能就尽量推迟数据结构设计的决策。这种方法对于数据库应用系统显然是不妥的。数据库模式是各应用程序共享的结构,是稳定的、永久的,不像以文件系统为基础的应用系统,文件是某一应用程序私用的。数据库设计质量的好坏直接影响系统中各个处理流程的性能和质量。

9.1.2 数据库设计的步骤

当前设计数据库系统主要采用的是以逻辑数据库设计和物理数据库设计为核心的规范设计方法。按照规范设计的方法,可将数据库设计分为以下 6 个阶段,如图 9.1 所示。

(1)需求分析阶段。

(2)概念设计阶段。

(3)逻辑设计阶段。

(4)物理设计阶段。

(5)数据库实施阶段。

(6)数据库运行、维护阶段。

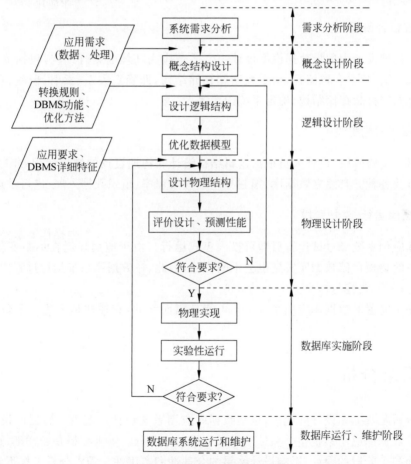

图 9.1 数据库设计的基本步骤

在数据库设计过程中,需求分析和概念设计可以独立于任何数据库管理系统进行。逻辑设计和物理设计与具体的数据库管理系统密切相关。

1. 需求分析阶段

需求分析的任务是准确了解并分析用户对系统的需要和要求,弄清系统要达到的目标和实现的功能。作为基础的需求分析做得是否充分与准确,决定了在其上构建数据库的速度与质量。需求分析是整个设计过程的基础,是最困难、最耗时的一步。

2. 概念设计阶段

概念结构设计是整个数据库设计的关键,它通过对用户需求进行综合、归纳与抽象,形成一个独立于具体 DBMS 的概念模型。概念结构设计是数据库设计的一个重要环节,数据库的概念设计通常用 E-R 模型等来描述。

3. 逻辑设计阶段

逻辑结构设计将概念模型转换为某个 DBMS 所支持的数据模型,并以关系数据理论为指南,对其进行优化,形成数据库的全局逻辑结构和每个用户的局部逻辑结构。

4. 物理设计阶段

数据库物理设计为逻辑数据模型设计一个适合应用环境的物理结构,包括为关系选择具体的存取方法,建立存取路径,确定数据库存储结构,即确定关系、索引、聚簇、日志、备份等数据的存储安排和存储结构,确定系统配置等。

5. 数据库实施阶段

在数据库实施阶段,设计人员根据逻辑结构设计和物理设计的结果运用 DBMS 提供的数据库语言及各种工具建立数据库、编制与调试应用程序、组织数据入库、进行试运行。

6. 数据库运行、维护阶段

数据库应用系统经过试运行后即可投入正式运行。由于应用环境在不断变化,数据库运行过程中的物理存储数据库实施也会不断变化,因此,在数据库系统运行过程中必须不断地对其进行评价、调整与修改。

设计一个完善的数据库应用系统是不可能一蹴而就的,它往往是上述 6 个阶段不断反复的过程。

9.2 需求分析

需求分析是数据库设计的起点,也是数据库应用系统设计的起点。数据库设计的需求分析是开发数据库应用系统整个项目中需求分析的一部分。需求分析是否详细、正确,将直接影响后面各个阶段的设计,影响设计结果的合理性和实用性。需求分析工作不到位,将会极大程度地延误数据库应用系统的开发周期,甚至导致开发项目最终失败。

为了做好需求分析工作,在需求分析阶段,设计人员可将分析结果用数据流程图和数据字典表示出来,直观的图表可以帮助系统分析员理顺思路,也便于其与用户交流。

9.2.1　需求分析的任务

需求分析的任务是对系统的整个应用情况做全面的、详细的调查，确定企业组织的目标，收集支持系统总体设计目标的基础数据和对这些数据的要求，确定用户的需求，形成需求分析说明书。重点是调查、收集与分析用户在数据管理中的信息要求、处理要求、数据的安全性与完整性要求。

信息需求定义了未来系统用到的所有信息，描述了数据之间本质上和概念上的联系，描述了实体、属性及联系的性质。

处理需求定义了未来系统的数据处理的操作，描述了操作的先后顺序、操作执行的频率及环境、操作与数据之间的联系。

在定义信息需求和处理需求说明的同时还应定义安全性和完整性约束。

为完成需求分析的任务，需要通过详细调查现实世界要处理的对象，充分了解原系统（手工系统或计算机系统）的工作概况，明确用户的各种需求，然后在此基础上确定新的系统功能，新系统还需充分考虑今后可能的扩充与改变，不只是能够按当前应用需求来设计。这一阶段的结果是需求分析说明书，其主要内容是系统的数据流图和数据字典。

9.2.2　需求分析的步骤

确定用户的最终需求是一件非常困难的事情。一方面，由于用户缺少计算机专业知识，对计算机能做什么、不能做什么不是很清楚，因而不能准确地表达自己的需求；另一方面，设计人员缺少用户的领域专业知识，不易理解用户的真正需求，甚至可能误解用户的需求。要进行需求分析，应当先对用户进行充分调查，弄清楚他们的实际需求，然后再分析和表达这些需求。调查用户需求可以分为4个步骤来完成，图9.2描述了需求分析的过程。

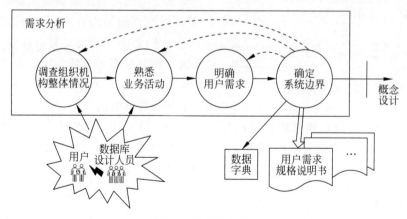

图9.2　需求分析过程

（1）调查组织机构整体情况。

宏观地了解给定应用领域的组织机构。例如，这个组织（或企业）由哪些部门组成，各部门的职责是什么，以及各部门的相互关系。调查的结果应该用一张详细的组织机构图来表示。

（2）熟悉业务活动。

调查各部门的业务活动情况,对现行系统的功能和所需信息有一个明确的认识,包括了解各个部门输入和使用什么数据、如何加工处理这些数据、输出什么信息、输出到什么部门、输出结果的格式是什么等。

（3）明确用户需求。

根据步骤(1)、(2)调查的结果,对应用领域中各应用的信息要求和操作要求进行详细分析,从中得到以下几点信息。

① 信息要求。即该应用领域的各个应用从数据库中得到哪些信息,这些信息的具体内容和性质,从而确定数据库中应存储哪些数据。

② 处理要求。即该应用领域的应用要求完成什么样的处理功能,对某种处理要求的响应时间、涉及的数据及数据操作、处理方式(是联机还是批处理)。

③ 对数据的安全性、完整性的要求。

（4）确定系统边界。

确定整个系统中哪些由计算机完成,哪些将来会由计算机完成,哪些由人工完成。由计算机完成的功能就是新系统应该实现的功能。

9.2.3　需求分析的方法

在调查了解了用户的需求以后,还需要进一步分析和表达用户的需求。在众多的分析方法中,结构化分析(Structured Analysis,SA)方法是一种简单实用的方法。SA 方法从最上层的系统组织机构入手,采用自顶向下、逐层分解的方式分析系统。SA 方法可将任何一个系统都抽象为图的样式。

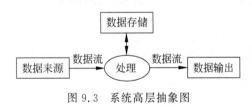

图 9.3　系统高层抽象图

图 9.3 给出的只是最高层次抽象的系统概貌,要反映更详细的内容,可将处理功能分解为若干子功能,每个子功能还可以继续分解,直到把系统工作流程表示清楚为止。在进行功能逐步分解的同时,它们所用的数据也逐级分解,形成若干层的数据流图。

数据流图表达了数据和处理过程的关系。在 SA 方法中,处理过程的处理逻辑常常借助判定表或判定树来描述。系统中的数据则借助数据字典(Data Dictionary,DD)来描述。

1. 数据流图

数据流图(Data Flow Diagram,DFD),它从数据传递和加工角度,以图形方式来表达系统的逻辑功能、数据在系统内部的逻辑流向和逻辑变换过程,是结构化系统分析方法的主要表达工具及用于表示软件模型的一种图示方法。

数据流图包括 4 个基本元素:数据的源点或终点、加工或处理、数据存储、数据流。各元素说明如表 9.1 所示。

表 9.1 数据流图的基本元素及其说明

符　　号	名　　称	说　　明
□ 或 ▱(立方体)	数据的源点或终点	软件系统外部环境中的实体(包括人员、组织或其他软件系统)，一般只出现在数据流图的顶层图中
▭ 或 ○	加工或处理	加工是对数据处理的单元，它接受一定的数据输入，对其进行处理，并产生输出
▭ 或 ▭	数据存储	又称数据文件，指临时保存的数据，它可以是数据库文件或任何形式的数据组织
→	数据流	特定数据的流动方向，是数据在系统内传播的路径

（1）数据的源点或终点。

即软件系统外部环境中的实体，指系统以外又和系统有联系的人或事物，它说明了数据的外部来源和去处，属于系统的外部和系统的界面。向系统提供数据的数据对象称为系统的**数据源点**，而系统数据流向的数据对象则称为**数据终点**。这两个概念的引入是为了帮助用户理解系统接口界面。通常外部实体在数据流程图中用正方形框表示，框中写上外部实体名称，其格式如图 9.4 所示。

图 9.4 数据的源点或终点

（2）加工或处理。

加工是对数据处理的一个抽象表示，指对数据逻辑处理，也就是数据变换，它用来改变数据值。如果这种"加工"还不为系统分析员所理解，则需要 SA 方法对其进行分解，直到得到的加工已经足够简单、不必再分解为止。这时的加工也称为基本加工。在数据流图中，加工用圆圈(或圆角矩形)表示，圆圈内标注加工名，其格式如图 9.5 所示。

（3）数据存储。

又称数据文件，是数据临时存放的地方。系统处理从数据存储中提取数据，也将处理的数据返回数据存储。与数据流不同的是数据存储本身不产生任何操作，它仅响应存储和访问数据的要求。

在数据流程图中数据存储用右边开口的长方条或平行的双线表示。在长方条内写上数据存储名字。为了区别和引用方便，左端加一小格，再标上一个标识，用字母 D 和数字组成。其格式如图 9.6 所示。

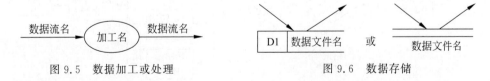

图 9.5 数据加工或处理　　　　　　　图 9.6 数据存储

（4）数据流。

数据流是指"加工或处理"功能的输入或输出。它可从加工流向加工，也可在加工与数据存储或外部实体之间流动;两个加工之间可有多股数据流。数据流是模拟系统数据在系统中传递过程的工具。数据流的命名尽量使用简洁易懂的名词。

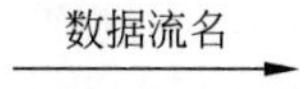

数据流名

图 9.7　数据流

在数据流程图中用一个水平箭头或垂直箭头表示,箭头指出数据的流动方向,箭线旁注明数据流名。其格式如图 9.7 所示。

为了描述复杂的软件系统的信息流向和加工,可采用分层的 DFD 来描述。分层 DFD 有顶层,中间层、底层之分。顶层图说明了系统的边界,即系统的输入和输出数据流,顶层图只有一张。底层图由一些不能再分解的基本加工组成。在顶层和底层之间的是中间层,中间层的数据流图描述了加工的分解,而它的组成部分又要被进一步分解,如图 9.8 所示。

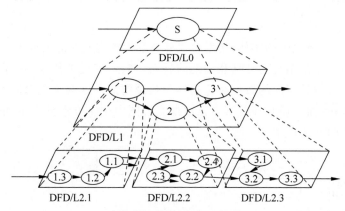

图 9.8　DFD 分层示意图

画各层 DFD 图时,都遵从"先全局后局部,先整体后细节,先抽象后具体"的原则。第 0 层 DFD 称为系统基本模型,可以将整个软件系统表示为一个具有输入和输出的黑匣子,用一个圆圈表示;上一层 DFD 中的每个圆圈可以进一步扩展成一个独立的数据流图,以揭示系统中程序的细节部分。循序渐进继续进行,直到最下层的图仅描述原子操作过程为止。每层数据流图必须与它上一层数据流图保持平衡和一致,因此,子图的所有输入输出流要与其父图相匹配。可简单概括为**自外向内**,**自顶向下**,**逐层细化**,**完善求精**。

【例 9.1】　以某校新生报到管理系统为例,经过可行性分析和初步需求调查,抽象出该系统业务流程图,如图 9.9 所示。

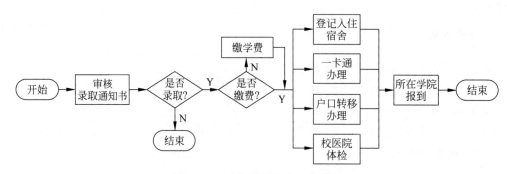

图 9.9　新生报到管理业务流程图

通过分析,确认系统的外部实体为学生和管理员,输入输出数据流包括学生录取通知书、身份证、户口信息以及新生信息核实结果。因此,得到系统顶层 DFD 如图 9.10 所示。

图 9.10　新生报到管理系统顶层 DFD

在新生报到管理流程中,如何对输入的原始数据进行处理得到输出数据,图 9.11 给出了整个系统的数据流图,它是图 9.10 顶层 DFD 的进一步分解和细化,即系统的中层 DFD。

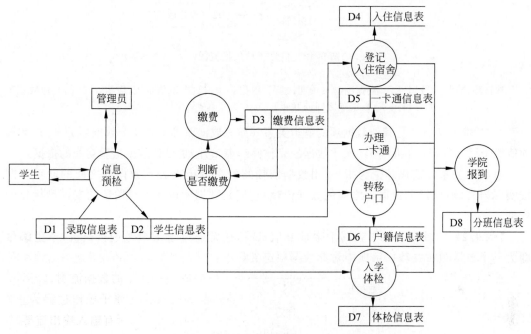

图 9.11　新生报到管理系统中层 DFD

再将中层 DFD 中“信息预检”处理进一步分解细化,就得到如图 9.12 系统的底层 DFD。

2. 数据字典

数据流图表达了数据与处理的关系,数据字典则是系统中各类数据描述的集合,是进行详细的数据收集和数据分析所获得的主要成果,它的功能是存储和检索各种数据描述。因此,数据字典在数据库设计中占有很重要的地位。

数据字典通常包括数据项、数据结构、数据流、数据存储和处理过程 5 个部分。其中数据项是数据的最小组成单位,若干个数据项可以组成一个数据结构,数据字典通过对数据项和数据结构的定义来描述数据流、数据存储的逻辑内容。

（1）数据项。

数据项是不可再分的数据单位。对数据项的描述通常遵循如下格式。

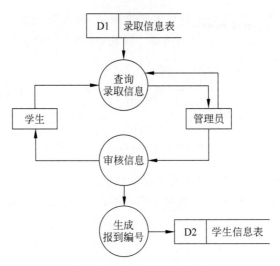

图 9.12　信息预检数据流图

数据项描述 = {数据项名,数据项含义说明,别名,数据类型,长度,取值范围,取值含义,与其他数据项
　　　　　　的逻辑关系,数据项之间的联系}

其中"取值范围""与其他数据项的逻辑关系"(如该数据项等于另几个数据项的和,该数据项值等于另一数据项的值等)定义了数据的完整性约束条件,是设计数据检验功能的依据。

可以用关系规范化理论为指导,用数据依赖的概念分析来表示数据项之间的联系。即按实际语义,写出每个数据项之间的数据依赖,它们是数据库逻辑设计阶段数据模型优化的依据。

【例 9.2】　在图 9.12 中查询学生录取信息时,通常通过学生编号进行查询,学生编号即为一个数据项。在数据字典中对此数据项定义如下:

数据项名:	SNO
说　明:	标识一个学生
类　型:	Char(10)
长　度:	10
别　名:	学生编号
取值范围:	0000000000-9999999999

(2) 数据结构。

数据结构反映了数据之间的组合关系。一个数据结构可以由若干个数据项组成,也可以由若干个数据结构组成,或由若干个数据项和数据结构混合组成。对数据结构的描述通常遵循以下格式。

数据结构描述 = {数据结构名,含义说明,组成:{数据项或数据结构}}

(3) 数据流。

数据流是数据结构在系统内传输的路径。对数据流的描述通常遵循以下格式。

数据流描述 = {数据流名,说明,数据流来源,数据流去向,组成:{数据结构},平均流量,高峰期流量}

其中"数据流来源"说明该数据流来自哪个过程,"数据流去向"说明该数据流将到哪个过程去,"平均流量"指在单位时间(每天、每周、每月等)里的传输次数,"高峰期流量"则指在高峰时期的数据流量。

【例9.3】 在图9.12中学生录取信息查询是一个数据流,在数据字典中可对其描述如下。

数据流名:	录取信息查询
说　　明:	根据学生录取通知书编号,查询录取信息
来　　源:	外部实体
去　　向:	输出到外部实体和"审核信息"
数据结构:	录取信息
	--录取编号
	--身份证号

(4) 数据存储。

数据存储是数据结构停留或保存的地方,也是数据流的来源和去向之一。它可以是手工文档或手工凭单,也可以是计算机文档。对数据存储的描述通常遵循以下格式。

数据存储描述={数据存储名,说明,编号,输入的数据流,输出的数据流,组成:{数据结构},数据量,存取频度,存取方式}

其中"存取频度"指每小时或每天或每周存取几次、每次存取多少数据等信息,"存取方式"包括是批处理还是联机处理、是检索还是更新、是顺序检索还是随机检索等。另外,"输入的数据流"要指出其来源,"输出的数据流"要指出其去向。

【例9.4】 对于图9.12中的录取信息表,在数据字典中可对其描述如下:

数据存储名:	录取信息表
说　　　明:	对招录学生信息的描述
输出数据流:	招录学生信息
数据描述:	录取编号
	姓名
	身份证号
	性别
	省份
	备注
数　　量:	每年4096种
存取方式:	随机存取

(5) 处理过程。

处理过程的具体处理逻辑一般用判定表或判定树来描述。数据字典中只需要描述处理过程的说明性信息,通常遵循以下格式。

处理过程描述={处理过程名,说明,输入:{数据流},输出:{数据流},处理:{简要说明}}

其中"简要说明"中主要说明该处理过程的功能及处理要求,功能指该处理过程用来做什么(而不是怎么做),处理要求包括处理频度要求,如单位时间里处理多少事务、多少数据量、响应时间要求等。这些处理要求是后面物理设计的输入及性能评价的标准。

可见,数据字典是关于数据库中数据的描述,即元数据,而不是数据本身。数据字典是在需求分析阶段建立,在数据库设计过程中不断修改、充实、完善的。明确地把需求收集和分析作为数据库设计的第一阶段是十分重要的。这一阶段收集到的基础数据(用数据字典来表达)和一组数据流程图(Data Flow Diagram,DFD)是下一步进行概念设计的基础。

9.3　概念结构设计

将需求分析得到的用户需求抽象为信息结构(即概念模型)的过程就是概念结构设计,它是整个数据库设计的关键。

需求分析的成果是数据流图和数据字典,这是对用户需求在现实世界中的一次抽象,但这种抽象还只是停留在现实世界中,而概念结构设计的目的是将这种抽象转化为信息世界中基于信息结构表示的数据结构——概念结构,即概念结构是用户需求在信息世界中的模型。

9.3.1　概念结构的设计方法与步骤

数据库的概念结构独立于它的逻辑结构,更与数据库的物理结构无关。它是现实世界中用户需求与机器世界中机器表示之间的中转站。它既有易于用户理解、实现分析员与用户交流的优点,也有易于转化为机器表示的特点。当用户的需求发生改变时,概念结构很容易做出相应的调整。所以,概念结构设计是数据库设计的一个重要步骤。概念模式描述的经典工具是 E-R 图,由 E-R 图表示的概念模型就是所谓的 E-R 模型。E-R 模型的创建和设计过程就是概念结构的创建和设计过程,所以概念结构的设计集中体现为 E-R 模型的设计。

1．概念结构的设计方法

设计概念结构通常有如下 4 类方法。

(1) 自顶向下。即首先定义全局概念结构的框架,然后逐步细化。

(2) 自底向上。即首先定义各局部应用的概念结构,然后将它们集成起来得到全局概念模式。

(3) 逐渐扩张。首先定义最重要的核心概念结构,然后向外扩充,以滚雪球的方式逐步生成其他概念结构,直至总体概念结构。

(4) 混合策略。即将自顶向下和自底向上相结合,用自顶向下策略设计一个全局概念结构的框架,以它为骨架集成由自底向上策略中设计的各局部概念结构。

在实际应用中,概念结构设计通常采用的是自底向上的设计方法。即自顶向下地进行需求分析,然后再自底向上地设计概念结构,如图 9.13 所示。

2．概念结构的设计步骤

按照图 9.13 所示的自顶向下分析需求与自底向上设计概念结构方法,概念结构的设计

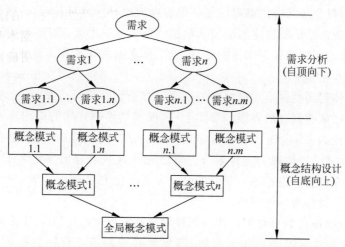

图 9.13 自顶向下分析需求与自底向上设计概念结构

可分为两步：第一步是抽象数据并设计局部视图，第二步是集成局部视图，得到全局的概念结构，如图 9.14 所示。

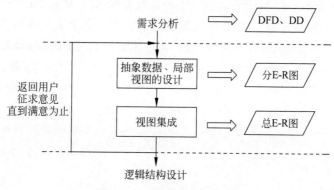

图 9.14 概念结构设计步骤

9.3.2 局部 E-R 模型的设计

E-R 模型的设计是基于需求分析阶段产生的数据流图和数据字典来进行的。一个系统的数据流图按分层绘制，由多张数据流图构成。基于一张数据流图及其对应的数据字典部分进行的 E-R 模型设计得到的就是一个局部概念。对于局部 E-R 模型的设计，具体做法遵循如下步骤。

（1）选择局部应用。

根据应用系统的具体情况，在多层的数据流图中选择一个适当层次的数据流图，作为设计分 E-R 图的出发点，让这组图中每一部分对应一个局部应用。

由于高层的数据流图只能反映系统的概貌，而中层的数据流图能较好地反映系统中各局部应用的子系统组成，因此人们往往以中层数据流图作为设计分 E-R 图的依据。

（2）逐一设计分 E-R 图。

选择好局部应用之后，就要对每个局部应用逐一设计分 E-R 图。在前面选好的某一层次的数据流图中,每个局部应用都对应了一组数据流图,局部应用涉及的数据都已经收集在数据字典中了。现在就是要将这些数据从数据字典中抽取出来,参照数据流图,标定局部应用中的实体、实体的属性和标识实体的键,确定实体之间的联系及其类型。

（3）划分实体与属性。

如何划分实体和属性这个看似简单的问题常常会困扰设计人员,因为实体与属性之间并没有形式上可以截然划分的界限。事实上,在现实世界中具体的应用环境常常已经对实体和属性作了自然的大体划分。在数据字典中,数据结构、数据流和数据存储都是若干属性有意义的聚合,这就已经体现了这种划分。可以先从这些内容出发定义 E-R 图,然后再进行必要的调整。在调整中遵循的一条原则是:为了简化 E-R 图的处置,现实世界的事物能作为属性对待的尽量作为属性对待。

那么,符合什么条件的事物可以作为属性对待呢? 可以给出以下两条准则。

① 属性不能再具有需要描述的性质,即属性必须是不可分的数据项,不能包含其他属性。

② 属性不能与其他实体具有联系,即 E-R 图中所表示的联系是实体之间的联系。

凡满足上述两条准则的事物一般均可作为属性对待。

例如,教师是一个实体,教师号、姓名、年龄是教师的属性,职称如果没有与工资、岗位津贴、福利挂钩,换句话说,没有需要进一步描述的特性,则根据上文的准则①可以作为教师实体的属性;但如果不同的职称有不同的工资、岗位津贴和不同的附加福利,则职称作为一个实体看待就更恰当,如图 9.15 所示。

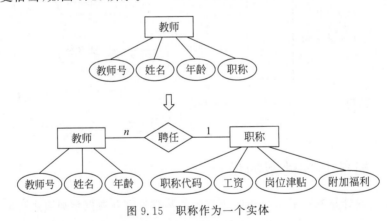

图 9.15　职称作为一个实体

又如,如果一种货物只存放在一个仓库,那么就可以把存放货物的仓库的仓库号作为描述货物存放地点的属性,但如果一种货物可以存放在多个仓库中,或者仓库本身有用面积作为属性,或者仓库与职工发生管理上的联系,那么就应该把仓库作为一个实体,如图 9.16 所示。

【例 9.5】　以被招录学生和报到学生为例进行局部设计。被录取的学生最终不一定都报到,但他们之间的关系是一对一的。

被招录学生的属性包括编号、姓名、性别、省份、备注。

报到学生的属性包括报到编号、专业号、姓名、性别、省份、备注、所交学费、所交住宿费、所交公物押金、所交杂费、是否已交全、是否注册。

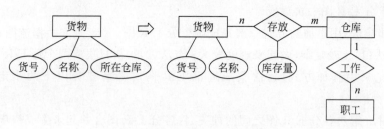

图 9.16 仓库作为一个实体

则被招录学生和报到学生的局部 E-R 图如图 9.17 所示。

再以报到学生缴费为例进行局部设计。学生和其应缴费用之间的关系是一对多的,因为每个层次的所有学生所交费用是相同的;而学生和其缴费信息之间则是一对一关系,即每个学生对应一条缴费记录。

应缴款项的属性为应缴编号、学费、住宿费、公物押金、杂费。

缴费信息的属性为缴费编号、缴费类别、缴费金额、支付方式、缴费日期。

则应缴款项和报到学生的局部 E-R 图如图 9.18 所示。

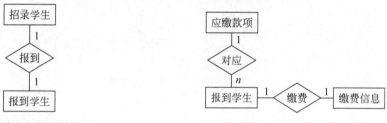

图 9.17 招录学生和报到学生的 E-R 图

图 9.18 学生缴费局部 E-R 图

9.3.3 E-R 模型的集成

各子系统的分 E-R 图设计好以后,下一步就是要将所有的分 E-R 图综合成一个系统的总 E-R 图。一般来说,视图集成(图 9.19)可以有两种方法:

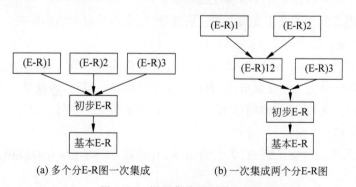

(a) 多个分E-R图一次集成   (b) 一次集成两个分E-R图

图 9.19 视图集成的两种方法

(1) 多个分 E-R 图一次集成。

(2) 逐步集成,用累加的方式一次集成两个分 E-R 图。

上述方法(1)比较复杂,做起来难度较大;方法(2)每次只集成两个分 E-R 图,可以降低复杂度。无论采用哪种方式,每次集成局部 E-R 图时都需要分以下两步走,如图 9.20 所示。

(1) 合并。解决各分 E-R 图之间的冲突,将各分 E-R 图合并起来生成初步 E-R 图。

(2) 修改和重构。消除不必要的冗余,生成基本 E-R 图。

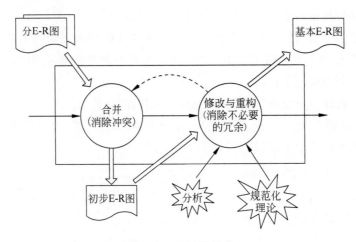

图 9.20　E-R 图集成

1. 合并分 E-R 图,生成初步 E-R 图

各个局部应用所面向的问题不同,且通常由不同的设计人员进行局部视图设计。这就导致各个分 E-R 图之间必定会存在许多不一致的地方,称为**冲突**。因此合并分 E-R 图时并不能简单地将各个分 E-R 图画到一起,而是必须着力消除各个分 E-R 图中的不一致,以形成一个能为全系统中所有用户共同理解和接受的统一的概念模型。合理消除各分 E-R 图的冲突是合并分 E-R 图的主要工作与关键所在。

各分 E-R 图之间的冲突主要有 3 类:属性冲突、命名冲突和结构冲突。

(1) 属性冲突。

① 属性域冲突,即属性值的类型、取值范围或取值集合不同。例如,由于学号是数字,因此某些部门将学号定义为整数形式,而由于学号不用参与运算,因此另一些部门将学号定义为字符型形式。又如,某些部门以出生日期形式表示学生的年龄,而另一些部门用整数形式表示学生的年龄。

② 属性取值单位冲突。例如,学生的身高,有的以米为单位,有的以厘米为单位,有的以尺为单位。

属性冲突理论上容易解决,但实际上需要各部门讨论协商,解决起来并非易事。

(2) 命名冲突。

① 同名异义,即不同意义的对象在不同的局部应用中具有相同的名字。

② 异名同义(一义多名),即同意义的对象在不同的局部应用中具有不同的名字。例如,有的部门把教科书称为课本,有的部门则把教科书称为教材。

命名冲突可能发生在实体、联系一级上,也可能发生在属性一级上。其中属性的命名冲突更为常见。处理命名冲突通常也像处理属性冲突一样,需要通过讨论、协商等行政手段加以解决。

(3) 结构冲突。

① 同一对象在不同应用中具有不同的抽象。例如,课程在某一局部应用中被当作实体,而在另一局部应用中则被当作属性。这种冲突的解决方法通常是把属性变换为实体或把实体变换为属性,使同一对象具有相同的抽象。但变换时仍要遵循 9.3.2 节中讲述的两个准则。

② 同一实体在不同分 E-R 图中所包含的属性个数和属性排列次序不完全相同。这是很常见的一类冲突,原因是不同的局部应用关心的是该实体的不同侧面。解决方法是使该实体的属性取各分 E-R 图中属性的并集,再适当调整属性的次序。

③ 实体间的联系在不同的分 E-R 图中为不同的类型。例如,实体 E1 与 E2 在一个分 E-R 图中是多对多联系,在另一个分 E-R 图中是一对多联系;又如,在一个分 E-R 图中 E1 与 E2 发生联系,而在另一个分 E-R 图中 E1,E2,E3 三者之间有联系。

结构冲突的解决方法是根据应用的语义对实体联系的类型进行综合或调整。

2. 消除不必要的冗余,设计基本 E-R 图

在初步 E-R 图中,可能存在一些冗余的数据和实体间冗余的联系。所谓冗余的数据指可由基本数据导出的数据,冗余的联系指可由其他联系导出的联系。冗余数据和冗余联系容易破坏数据库的完整性,给数据库维护增加困难,应当予以消除。消除了冗余后的初步 E-R 图称为基本 E-R 图。消除冗余主要采用的方法有两种。

(1) 用分析方法消除冗余。

分析方法是消除冗余的主要方法。分析方法以数据字典和数据流图为依据,根据数据字典中关于数据项之间逻辑关系的说明来消除冗余。

在实际应用中,并不是所有的冗余数据与冗余联系都消除。有时为了提高数据查询效率、减少数据存取次数,在数据库中就设计了一些数据冗余或联系冗余。因而,在设计数据库结构时,冗余数据的消除或存在要根据用户的整体需要来确定。如果希望存在某些冗余,则应在数据字典的数据关联中进行说明,并把保持冗余数据的一致作为完整性约束条件。

(2) 用规范化理论消除冗余。

在关系数据库的规范化理论中,函数依赖的概念提供了消除冗余的形式化工具。

各局部 E-R 图完成之后,就要将其合成为一个全局的概念设计。遵循总体概念设计的原则,新生报到管理系统的总体概念结构 E-R 图如图 9.21 所示。

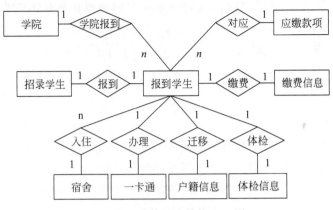

图 9.21　总体概念结构 E-R 图

9.4　逻辑结构设计

概念结构是独立于任何一种数据模型的信息结构。逻辑结构设计的任务就是把概念结构设计阶段设计好的基本 E-R 图转换为与选用的 DBMS 产品所支持的数据模型相符合的逻辑结构。

逻辑结构设计分两步进行。

(1) 按照 E-R 图向数据模型转换的规则,将概念结构转换为 DBMS 所支持的数据模型。

(2) 对数据模型进行优化。

9.4.1　E-R 图向关系模型的转换

E-R 图向关系模型的转换要解决的问题,是如何将实体和实体间的联系转换为关系模式,如何确定这些关系模式的属性和键。

关系模型的逻辑结构是一组关系模式的集合。E-R 图则是由实体、实体属性和实体之间的联系三个要素组成的。所以将 E-R 图转换为关系模型实际上就是要将实体、实体属性和实体之间的联系转换为一组关系模式,这种转换遵循一些原则。

(1) 一个实体型转换为一个关系模式。

实体的属性就是关系的属性,实体的键就是关系的键。

(2) 对于实体间的联系则有以下不同的情况。

① 一个 1∶1 联系可以转换为一个独立的关系模式,也可以与任意一端对应的关系模式合并。如果转换为一个独立的关系模式,则与该联系相连的各实体的键以及联系本身的属性均转换为关系的属性,每个实体的键均是该关系的候选键。如果与某一端实体对应的关系模式合并,则需要在该关系模式的属性中加入另一个关系模式的键和联系本身的属性。

② 一个 1∶n 联系可以转换为一个独立的关系模式,也可以与 n 端对应的关系模式合并。如果转换为一个独立的关系模式,则与该联系相连的各实体的键以及联系本身的属性均转换为关系的属性,而关系的键为 n 端实体的键。如果与 n 端实体对应的关系模式合

并,则需要在该关系模式的属性中加入 1 端关系模式的键和联系本身的属性。

③ 一个 $m : n$ 联系转换为一个关系模式。与该联系相连的各实体的键以及联系本身的属性均转换为关系的属性,各实体键组成关系的键或关系键的一部分。

④ 3 个或 2 个以上实体间的一个多元联系可以转换为一个关系模式。与该多元联系相连的各实体的键以及联系本身的属性均转换为关系的属性,各实体键组成关系的键或关系键的一部分。

⑤ 同一实体集的实体间的联系,即自联系,也可按上述 $1 : 1, 1 : n$ 和 $m : n$ 三种情况分别处理。

(3) 具有相同键的关系模式可合并。

【例 9.6】 以图 9.17 为例,将 E-R 图转换为一组关系模式。关系模式的主键用下画线标出,外键用波浪线标出。

招录学生(编号,姓名,性别,省份,备注)

报到学生(报到编号,专业号,姓名,性别,省份,备注,招录编号,应缴款项编号,缴费详情编号,所在学院编号,宿舍号,一卡通 ID,户籍编号,体检编号,是否注册)

应缴款项(应缴编号,应缴类别,学费,住宿费,公物押金,杂费,其他)

缴费信息(缴费编号,缴费类别,缴费金额,支付方式,缴费日期)

院系(院系编号,名称,系主任,类别,地址,备注)

宿舍(宿舍号,宿舍名,容量,入住情况,电话,地址,备注)

一卡通(ID,类别,权限,余额)

户籍信息(户籍编号,户主或与户主关系,姓名,曾用名,性别,出生日期,出生地,籍贯,文化程度,职业,婚姻状况,身份证编号,迁移原因,原住址,迁入地址,备注)

体检信息(体检编号,姓名,年龄,身高,体重,血型,……,其他)

9.4.2　数据模型的优化

数据库逻辑设计的结果不是唯一的。为了提高数据库应用系统的性能,还应该根据应用需要适当地修改、调整关系模式,这就是数据模型的优化。规范化理论为数据库设计人员判断关系模式优劣提供了理论标准,可用来预测模式可能出现的问题,使数据库设计工作有了严格的理论基础。关系数据模型的优化通常以规范化理论为指导,其步骤如下。

(1) 确定数据依赖。按需求分析阶段所得到的语义,分别写出每个关系模式内部各属性之间的数据依赖以及不同关系模式属性之间的数据依赖。

(2) 对于各个关系模式之间的数据依赖进行极小化处理,消除冗余的联系。

(3) 按照数据依赖的理论对关系模式逐一进行分析,考察是否存在部分函数依赖、传递函数依赖和多值依赖等,确定各关系模式分别属于第几范式。

(4) 按照需求分析阶段得到的信息要求和处理要求,分析模式是否满足这些要求,确定是否要对某些模式进行合并或分解。

必须注意的是,并不是规范化程度越高的关系就越优。例如,当查询经常涉及两个或多个关系模式的属性时,系统经常进行连接运算,连接运算的代价是相当高的,可以说模型低效的主要原因就是由连接运算引起的,这时可以考虑将这几个关系合并为一个关系。因此在这种情况下,第二范式甚至第一范式也许是合适的。

又如,非 BCNF 的关系模式虽然从理论上分析会存在不同程度的更新异常或冗余,但如果在实际应用中对此关系模式只是查询,并不执行更新操作,则不会产生实际影响。所以对于一个具体应用来说,到底应规范化到什么程度,需要权衡响应时间和潜在问题两者的利弊决定。

(5) 对关系模式进行必要的分解,以提高数据操作的效率和存储空间的利用率。常用的两种分解方法是水平分解和垂直分解。

① 水平分解是把(基本)关系的元组分为若干子集合,定义每个子集为一个子关系,以提高系统的效率。根据"80/20 原则",一个大关系中,经常使用的数据只是关系的部分,约20%,可以把经常使用的数据分解出来,形成一个子关系。如果关系 R 上具有 n 个事务,而且多数事务存取的数据不相交,则 R 可分为少于或等于 n 个子关系,使每个事务存取的数据对应一个关系。

② 垂直分解是把关系模式 R 的属性分解为若干子集合,形成若干关系模式。垂直分解的原则是,将经常在一起使用的属性从 R 中分解出来形成一个子关系模式。垂直分解可以提高某些事务的效率,但也可能使另一些事务不得不执行连接操作,从而降低了效率,因此是否进行垂直分解取决于分解后 R 上的所有事务的总效率是否得到了提高。垂直分解要确保无损连接性和保持函数依赖,即保证分解后的关系具有无损连接性和保持函数依赖性。这可以用第 8 章中的模式分解算法对需要分解的关系模式进行分解与检查。

规范化理论为数据库设计人员判断关系模式的优劣提供了理论标准,可用来预测模式可能出现的问题,使数据库设计工作有了严格的理论基础。

9.4.3　设计用户子模式

将概念模型转换为全局逻辑模型后,还应该根据局部应用需求,结合具体 DBMS 的特点,设计用户外模式。

目前,关系数据库管理系统一般都提供了视图(View)概念,可以利用这一功能设计更符合局部用户需要的用户外模式。

定义数据库全局模式主要从系统时间效率、空间效率、易维护等角度出发。由于用户外模式与模式是相对独立的,因此在定义用户外模式时可以考虑注重用户的习惯与方便。具体包括以下 3 个方面。

(1) 使用更符合用户习惯的别名。

在合并各分 E-R 图时,曾做了消除命名冲突的工作,以使数据库系统中同一关系和属性具有唯一的名字。这在设计数据库整体结构时是非常必要的。用视图机制可以在设计用户视图时重新定义某些属性名,使其与用户习惯一致,以方便使用。

(2) 可以对不同级别的用户定义不同的视图,以保证系统的安全性。

例如关系模式产品(产品号,产品名,规格,单价,生产车间,生产负责人,产品成本,产品合格率,质量等级),可以在该关系模式上建立两个视图。

为一般顾客建立的视图为:

产品 1(产品号,产品名,规格,单价)

为产品销售部门建立的视图为:

产品 2(产品号,产品名,规格,单价,车间,生产负责人)

顾客视图中只包含允许顾客查询的属性,销售部门视图中只包含允许销售部门查询的属性。生产领导部门则可以查询全部产品数据。这样就可以防止用户非法访问本来不允许他们查询的数据,保证了系统的安全性。

（3）简化用户对系统的使用。

如果某些局部应用中经常要使用某些很复杂的查询,为了方便用户,可以将这些复杂查询定义为视图,用户每次只对定义好的视图进行查询,大大简化了用户的使用。

9.5　数据库的物理设计

数据库在物理设备上的存储结构和存取方法称为数据库的物理结构,它依赖选定的数据库管理系统。为设计好的逻辑数据模型选择一个符合应用要求的物理结构的过程就是数据库的物理设计。注意,这里讲的是"选择"而不是"设计"数据库物理结构。因为关系数据库管理系统提供了较高的数据物理独立性,每个DBMS软件都提供了多种存储结构和存取方法,数据库设计人员的任务主要不是"设计"而是"选择"。数据库的物理结构是与给定的硬件环境和DBMS软件产品有关的。因此数据库的物理设计依赖具体的DBMS产品。

数据库的物理设计通常分为两步:

（1）确定数据库的物理结构,在关系数据库中主要指存取方法和存储结构;

（2）对物理结构进行评价,评价的重点是时间和空间效率。

如果评价结果满足原设计要求,则可进入实施阶段。否则,就需要重新设计或修改物理结构,有时甚至要返回逻辑设计阶段修改逻辑数据模型。

9.5.1　数据库物理设计的内容与方法

在进行物理设计时,设计人员可能用到的数据库产品是多种多样的。不同的数据库产品所提供的物理环境、存储结构和存取方法也各不相同,能供设计人员调整和控制的系统配置变量、存储分配参数等也都不一样,因此只能给出一般的设计内容和原则。关系数据库物理设计的内容主要包括:

（1）选择关系存取方法,建立存取路径;

（2）确定数据库存储结构,即确定关系、索引、聚簇、日志和备份等数据的存储安排和存储结构,确定系统配置等。

9.5.2　选择关系存取方法

物理设计的任务之一就是要为数据库中的关系确定选择哪些存取方法,建立哪些存取路径。

存取方法是使事务能够快速存取数据库中数据的技术。数据库管理系统一般提供多种存取方法。常用的存取方法有索引(index)方法、HASH方法和聚簇(cluster)方法等。

（1）索引方法。

索引方法有多种,常用的有B+树索引、基于函数的索引、反向索引和位映射索引(bitmap index)等。所谓选择索引存取方法,实际上就是根据应用要求确定对关系的哪些属性列建立索引、哪些属性列建立组合索引、哪些索引要设计为唯一索引等。一般而言有以下规律：

① 如果一个(或一组)属性经常在查询条件中出现,则考虑在这个(或这组)属性上建立索引(或组合索引);

② 如果一个属性经常作为最大值和最小值等聚集函数的参数,则考虑在这个属性上建立索引;

③ 如果一个(或一组)属性经常在连接操作的连接条件中出现,则考虑在这个(或这组)属性上建立索引。

关系上定义的索引数并不是越多越好,系统要为维护索引付出代价,也要为查找索引付出代价。例如,若一个关系的更新频率很高,这个关系上定义的索引数不能太多。因为更新一个关系时,必须与对这个关系有关的索引做相应的修改。

(2) HASH 方法。

HASH 方法是用 HASH 函数存储和存取关系记录的方法。具体而言,就是指定某个关系上的一个(组)属性 A 作为 HASH 码,对该 HASH 码定义一个函数(称为 HASH 函数),关系记录的存储地址由 HASH(a)来决定,a 是该记录在属性 A 上的值。

选择 HASH 存取方法的规则为：如果一个关系的属性主要出现在等值连接条件中或主要出现在等值比较选择条件中,而且满足下列两个条件之一,则此关系可以选择 HASH 存取方法。

① 一个关系的大小可知,而且不变。

② 关系的大小动态改变,但数据管理系统提供了动态 HASH 存取方法。

(3) 聚簇方法。

为了提高某个属性(或属性组)的查询速度,把这个或这些属性(称为聚簇码)上具有相同值的元组集中存放在连续的物理块上,这种方法称为聚簇。

聚簇方法可以大大提高按聚簇码进行查询的效率。例如,要查询软件学院的所有学生名单,设软件学院有 500 名学生,在极端情况下,假设这 500 名学生元组分布在 500 个不同的物理块上。尽管对学生关系已按所在学院建有索引,由索引很快找到了软件学院学生的元组标识,避免了全表扫描,然而再由元组标识去访问数据块时就要存取 500 个物理块,执行 500 次 I/O 操作。如果将同一学院的学生元组集中存放,则 500 名学生元组集中存放在几十个连续的物理块上,从而显著地减少了访问磁盘的次数。

聚簇方法不但适用于单个关系,也适用于经常进行连接操作的多个关系。即把多个连接关系的元组按连接属性值聚集存放,聚簇中的连接属性称为聚簇码。这就相当于把多个关系按预连接的形式存放,从而大大提高连接操作的效率。一个数据库可以建立多个聚簇,一个关系只能加入一个聚簇。选择聚簇存取方法,即确定需要建立多少个聚簇,每个聚簇中包括哪些关系。

必须强调的是,聚簇只能提高某些应用的性能,而且建立与维护聚簇的开销是相当大的。对已有关系建立聚簇将导致关系中元组移动其物理存储位置,并使此关系上原来建立的索引无效,必须重建。当一个元组的聚簇码值改变时,该元组的存储位置也要做相应的移动,聚簇码值要相对稳定,以减少修改聚簇码值所引起的维护开销。

因此,如果通过聚簇码进行访问或连接是该关系的主要应用,与聚簇码无关的其他访问很少或者是次要的,这时可以使用聚簇。尤其当 SQL 语句中包含有与聚簇码有关的

ORDER BY、GROUP BY、UNION、DISTINCT 等子句或短语时,使用聚簇特别有利,可以省去结果集的排序操作。

9.5.3 确定数据库存储结构

确定数据库物理结构主要指确定数据的存放位置和存储结构,包括确定关系、索引、聚簇、日志、备份等的存储安排和存储结构,确定系统配置等。

确定数据的存放位置和存储结构要综合考虑存取时间、存储空间利用率和维护代价三个方面的因素。这三个方面常常是相互矛盾的,因此需要进行权衡,选择一个折中方案。

1. 确定数据的存放位置

为了提高系统性能,应该根据应用情况将数据的易变部分与稳定部分,经常存取部分和存取频率较低部分分开存放。

例如,目前许多计算机都有多个磁盘,因此可以将表和索引放在不同的磁盘上,在查询时,由于两个磁盘驱动器并行工作,可以提高物理 I/O 读写的效率;也可以将比较大的表分放在两个磁盘上,以加快存取速度,这在多用户环境下特别有效;还可以将日志文件与数据库对象(表、索引等)放在不同的磁盘上以改进系统的性能。此外,数据库的数据备份和日志文件备份等只在故障恢复时才使用,而且数据量很大,可以存放在磁带上。

由于各个系统所能提供的对数据进行物理安排的手段、方法差异很大,因此设计人员应仔细了解给定的 DBMS 提供的方法和参数,针对应用环境的要求,对数据进行适当的物理安排。

2. 确定系统配置

关系数据库管理系统产品一般都提供了一些系统配置变量、存储分配参数,供设计人员和 DBA 对数据库进行物理优化。初始情况下,系统都为这些变量赋予了合理的默认值。但是这些值不一定适合每一种应用环境,在进行物理设计时,需要重新对这些变量赋值,以改善系统的性能。

系统配置变量很多,例如同时使用数据库的用户数,同时打开的数据库对象数,内存分配参数,缓冲区分配参数(使用的缓冲区长度、个数),存储分配参数,物理块的大小,物理块装填因子,时间片大小,数据库的大小,锁的数目等。这些参数值影响存取时间和存储空间的分配,在物理设计时就要根据应用环境确定这些参数值,以使系统性能达到最佳。

在物理设计时对系统配置变量的调整只是初步的,在系统运行时还要根据系统实际运行情况进一步调整,以期切实改进系统性能。

9.5.4 评价物理结构

数据库物理设计过程中需要对时间效率、空间效率、维护代价和各种用户要求进行权衡,其结果可以产生多种方案,数据库设计人员必须对这些方案进行细致的评价,从中选择一个较优的方案作为数据库的物理结构。

评价物理数据库的方法完全依赖所选用的 DBMS,主要是从定量估算各种方案的存储空间、存取时间和维护代价入手,对估算结果进行权衡、比较,选择一个较优的、合理的物理结构。如果该结构不符合用户需求,则需要修改设计。

9.6　数据库的实施

完成数据库的物理设计之后,设计人员就要用 DBMS 提供的数据定义语言将数据库逻辑设计和物理设计的结果严格描述出来,成为 DBMS 可以接受的源代码,再经过调试产生目标模式,然后就可以组织数据入库了,这就是数据库的实施阶段。

9.6.1　数据的载入和应用程序的调试

数据库实施阶段包括两项重要的工作,一是数据的载入,二是应用程序的编码和调试。

一般数据库系统中,数据量都很大,而且数据来源于部门中各个不同的单位,数据的组织方式、结构和格式都与新设计的数据库系统有一定的差距,因此数据组织、转换和入库的工作是相当费力费时的。

特别当原系统是手工数据处理系统时,各类数据分散在各种不同的原始表格、凭证和单据中。在向新的数据库系统中输入数据时,还要处理大量的纸质文件,工作量就更大。由于各个不同的应用环境差异很大,没有通用的转换器,因此应该针对具体的应用环境设计一个数据输入子系统,完成数据入库的任务。特别需要注意的是,在数据输入子系统中要采用多种方法对源数据进行检验,以防止不正确的数据入库。若原来是数据库系统,就可以利用新系统的数据转换工具,对原系统中的表进行转换、生成符合新系统的数据模式,完成数据输入工作。

数据库应用程序的设计应该与数据库设计同时进行,因此在组织数据入库的同时,还要调试应用程序。应用程序的设计编码和调试的方法步骤在软件工程等课程中有详细的讲解,此处不再赘述。

9.6.2　数据库的试运行

输入一小部分数据后,就可以开始对数据库系统进行联合调试,这又称数据库的试运行。

这一阶段要实际运行数据库应用程序,执行对数据库的各种操作,测试应用程序的功能是否满足设计要求。如果不满足,对应用程序部分则要修改和调整,直到达到设计要求为止。

在数据库试运行时,还要测试系统的性能指标,分析其是否达到设计目标。在对数据库进行物理设计时已初步确定了系统的物理参数值。一般情况下,设计时的考虑在许多方面只是近似的估计,和实际系统运行总有一定的差距,因此必须在试运行阶段实际测量和评价系统性能指标。事实上,有些参数的最佳值往往是经过运行调试后找到的。如果测试结果与设计目标不符,则要返回物理设计阶段,重新调整物理结构,修改系统参数。某些情况下甚至要返回逻辑设计阶段,修改逻辑结构。

这里特别要强调两点。第一,上面已经讲到组织数据入库是十分费时费力的事。如果试运行后还要修改数据库的设计,还要重新组织数据入库,就应分期分批地组织数据入库,先输入小批量数据做调试用,待试运行基本合格后,再大批量输入数据,逐步增加数据量,逐步完成运行评价。第二,在数据库试运行阶段,由于系统还不稳定,硬、软件故障随时都可能发生。而系统的操作人员对新系统还不熟悉,误操作也不可避免,因此应首先调试运行DBMS的恢复功能,做好数据库的转储和恢复工作。一旦故障发生,能使数据库尽快恢复,尽量减少对数据库的破坏。

9.7　数据库的运行和维护

数据库试运行合格后,数据库开发工作就基本完成,即可投入正式运行了。但是,由于应用环境在不断变化,数据库运行过程中物理存储也会不断变化。对数据库设计进行评价、调整和修改等维护工作是一个长期的任务,也是设计工作的继续和提高。

在数据库运行阶段,对数据库经常性的维护工作主要是由DBA完成的。数据库的维护工作主要包括以下几个方面。

1. 数据库的转储和恢复

数据库的转储和恢复是系统正式运行后最重要的维护工作之一。DBA要针对不同的应用要求制定不同的转储计划,以保证一旦发生故障,能尽快将数据库恢复到某种一致的状态,并尽可能减少对数据库的破坏。

2. 数据库的安全性、完整性控制

在数据库运行过程中,由于应用环境的变化,对安全性的要求也会发生变化,例如有的数据原来是机密的,现在是可以公开查询的了,而新加入的数据又可能是机密的了。系统中用户的密级也会改变。这些都需要DBA根据实际情况修改原有的安全性控制。同样,数据库的完整性约束条件也会变化,也需要DBA不断修正,以满足用户要求。

3. 数据库性能的监督、分析和改造

在数据库运行过程中,监督系统运行,对监测数据进行分析,找出改进系统性能的方法是DBA的又一重要任务。目前,DBMS产品都提供了监测系统性能参数的工具,DBA可以利用这些工具方便地得到系统运行过程中一系列性能参数的值。DBA应仔细分析这些数据,判断当前系统运行状况是否最佳,应当做哪些改进。例如,调整系统物理参数,或对数据库进行重组织或重构造等。

4. 数据库的重组织与重构造

数据库运行一段时间后,由于记录不断增、删、改,会使数据库的物理存储情况变坏,降低了数据的存取效率,数据库性能下降,这时DBA就要对数据库进行重组织,或部分重组织(只对频繁增、删的表进行重组织)。DBMS一般都提供数据重组织用的实用程序。在重组织的过程中,按原设计要求重新安排存储位置、回收垃圾和减少指针链等,提高系统性能。

数据库的重组织并不修改原设计的逻辑和物理结构,而数据库的重构造则不同,它是指

部分修改数据库的模式和内模式。例如,在表中增加或删除某些数据项、改变数据项的类型、增加或删除某个表、改变数据库的容量、增加或删除某些索引等。当然数据库的重构也是有限的,只能做部分修改。如果应用变化太大,重构也无济于事,说明此数据库应用系统的生命周期已经结束,应该设计新数据库应用系统了。

9.8 本章小结

本章介绍了数据库设计的全过程。设计一个数据库应用系统需要经历需求分析、概念设计、逻辑结构设计、物理设计、实施、运行维护等6个阶段。

需求分析阶段综合各个用户的应用需求(现实世界的需求),在概念设计阶段形成独立于机器特点、独立于各个DBMS产品的概念模式(信息世界模型)。在逻辑结构设计阶段将概念设计的结果转换为具体的数据库产品支持的数据模型。对于关系数据库来说,是转换为关系模式,即形成数据库逻辑模式。根据实体之间的不同的联系方式,转换的方式也有所不同。然后根据用户处理的要求,安全性的考虑,在基本表的基础上再建立必要的视图,形成数据的外模式。在物理设计阶段根据DBMS特点和处理的需要,进行物理存储安排,设计索引,形成数据库内模式。在数据库设计完成后,要进行数据库的实施和维护工作。

数据库设计的成功与否与许多具体因素有关。通过本章学习,读者应该掌握数据库设计的基本方法,重点是概念结构设计和逻辑结构设计。

习题 9

一、简答题

1. 简述数据库的设计步骤。
2. 需求分析阶段的设计任务是什么? 步骤有哪些?
3. 数据流图的基本元素有哪些? 这些元素分别表示什么?
4. 数据字典的内容和作用是什么?
5. 什么是数据库的概念结构? 试述其特点和设计策略。
6. 为什么要进行视图集成? 视图集成的方法是什么?
7. 什么是数据库逻辑结构设计? 试述其设计步骤。
8. 简述数据库物理设计的内容和步骤。
9. 数据输入在实施阶段的重要性是什么? 如何保证输入数据的正确性?

二、应用题

1. 设计一个图书馆数据库,该数据库中对每个借阅者保存记录,包括读者号、姓名、地址、性别、年龄、单位。对每本书保存其书名、书号、作者、出版社。对每本被借出的书保存借书人的读者号、借阅日期和应还日期。要求:给出该图书馆数据库的E-R图,再将其转换为关系模型。

第 10 章

数据库并发性

10.1 并发性概述

对于一组最终用户而言,数据库服务器的作用是一个存取数据的中心资源,可为多个应用程序(用户)所共享。这些程序可串行运行,但在许多情况下,应用程序涉及的数据量可能很大,常常会涉及输入/输出的交换。为了有效地利用数据库资源,多个程序或一个程序的多个进程可能并行地运行,访问相同的数据。

当多个应用程序(用户)访问相同的数据资源时,会对数据的一致性带来威胁。因此,必须建立关于数据记录的读取、插入、删除和更新的规则,以保证数据的完整性。一般的关系型数据库都具有并发控制的能力,DBMS 的并发控制子系统就负责协调并发事务的执行,保证数据库的完整性,同时避免用户得到不正确的数据。并发机制的好坏是衡量一个数据库管理系统性能的重要标志之一。

DBMS 的并发控制是以事务(Transaction)为单位进行的。

10.1.1 事务的概念

事务是用户定义的一个数据库操作序列,是一个不可分割的工作单元。事务通常由高级数据操纵语言或编程语言(如 SQL,C++ 或 Java)书写的用户程序的执行所引起的,并用 begin transaction 和 end transaction 语句(或函数调用)来界定。事务由事务开始(begin transaction)与事务结束(end transaction)之间执行的全体操作组成。任何一个成功与数据库连接的应用程序都自动启动一个事务。应用程序必须通过发出一条 COMMIT 或 ROLLBACK 语句去结束该事务。COMMIT 语句告诉数据库管理系统立即对数据库实施事务中的所有数据库变动(插入、更新、删除、创建、变更、授权和撤销);ROLLBACK 语句告诉数据库管理系统不实施这些变动,而将事务中已经发生影响的操作撤销,返回到开始该事务之前的原有状态。

事务有 4 个特性,即原子性(Atomicity)、一致性(Consistency)、隔离性(Isolation)、持久性(Durability)。这 4 个特性也简称 ACID 特性。

(1) 原子性。

一个事务中的所有操作是一个逻辑上不可分割的单位。从效果上来看,这些操作要么全部执行,要么全部都不执行。如果由于故障,事务没有完成,则该事务已做的操作被认为是无效的,在故障恢复时要消除它对数据库的影响。

(2) 一致性。

事务一致性指事务执行结果必须是使数据库从一个一致性状态转换到另一个一致性状态。当事务功能提交时,数据库就从事务开始前的一致性状态转到了事务结束后的一致性状态。同样,如果由于某种原因,事务在尚未完成时出现了故障,那么就会出现事务中一部分操作已经完成,而另一部分操作还没有做的现象,这样就有可能使数据库产生不一致状态。因此,事务中的操作如果有一部分成功,一部分失败,为避免数据库产生不一致状态,系统会自动撤销事务中已完成的操作,使数据库回到事务开始前的状态。因此,事务的一致性和原子性是密切相关的。

(3) 隔离性。

并发执行的事务应该是相对独立的,一个事务的执行不能被其他事务干扰。即尽管多个事务可能并发执行,但系统保证,对于任何一对事务 T_i 和 T_j,在 T_i 看来,T_j 或者在 T_i 开始之前已经完成执行,或者在 T_i 完成之后开始执行。这样,每个事务都感觉不到系统中有其他事务在并发地执行。

(4) 持久性。

持久性也称永久性(Permanence),指一个事务一旦提交,它对数据库中数据的改变是永久性的,即使系统可能出现故障。

10.1.2　事务的串行调度、并发调度及可串行化

事务的执行次序称为**调度**。若多个事务按照某一次序串行地执行,则称事务的调度是**串行调度**。如果多个事务同时交叉地并行执行,则称事务的调度为**并发调度**。事务并发调度的效率比串行调度的效率高,但事务串行调度的结果总是正确的,而并发调度的结果却不一定是正确的。

下面有两个事务 T1 和 T2,它们都要预订某列次火车的硬座车票 1 张和卧铺 3 张,因此它们包含了下列操作。

```
/* 这里 read()表示从数据库中将数据读入内存缓冲区; write()表示将数据从内存缓冲区写回数据
库; X 表示该列车硬座票剩余的数量,初值为 50; Y 表示该列车卧铺票剩余的数量,初值为 20 */
    Read(X);        /* 从数据库中读出该列车硬座票剩余的数量为 X */
    X = X-1;        /* 订了 1 张硬座票,所以硬座票剩余数量为 X 减 1 */
    Write(X);       /* 将新的硬座票剩余数量 X 写回数据库 */
    Read(Y);        /* 从数据库中读出该列车卧铺票剩余的数量为 Y */
    Y = Y-3;        /* 订了 3 张卧铺票,所以卧铺票剩余数量为 Y 减 3 */
    Write(Y);       /* 将新的卧铺票剩余数量 Y 写回数据库 */
```

先将事务 T1 和 T2 串行执行,可以有如表 10.1 所示的两种调度方式。

表 10.1　事务 T1 和事务 T2 的串行调度

时刻	事务 T1	事务 T2	数据库 X,Y 的值	时刻	事务 T1	事务 T2	数据库 X,Y 的值
t0	read(X)		X=50	t0		read(X)	X=50
t1	X=X−1			t1		X=X−1	
t2	write(X)		X=49	t2		write(X)	X=49

续表

时刻	事务 T1	事务 T2	数据库 X,Y 的值	时刻	事务 T1	事务 T2	数据库 X,Y 的值
t3	read(Y)		Y=20	t3		read(Y)	Y=20
t4	Y=Y−3			t4		Y=Y−3	
t5	write(Y)		Y=17	t5		write(Y)	Y=17
t6		read(X)	X=49	t6		read(X)	X=49
t7		X=X−1		t7		X=X−1	
t8		write(X)	X=48	t8		write(X)	X=48
t9		read(Y)	Y=17	t9		read(Y)	Y=17
t10		Y=Y−3		t10		Y=Y−3	
t11		write(Y)	Y=14	t11		write(Y)	Y=14
串行调度先执行 T1,然后执行 T2				串行调度先执行 T2,然后执行 T1			

该列车硬座和卧铺初始车票剩余数量为 X,Y 的值分别为 50 张和 20 张,分别订出了 2 张和 6 张后,不管按上面的哪一种方式调度,X 的值都变为 48,Y 的值为 14。因此,这两种串行调度的结果都是正确的。但是,如果将事务 T1 和 T2 并行执行,情况又会怎样呢?请看表 10.2 所示的两种并发调度。

表 10.2　事务 T1 和事务 T2 的并发调度

时刻	事务 T1	事务 T2	数据库 X,Y 的值	时刻	事务 T1	事务 T2	数据库 X,Y 的值
t0	read(X)		X=50	t0	read(X)		X=50
t1	X=X−1			t1	X=X−1		
t2	write(X)		X=49	t2	write(X)		X=49
t3		read(X)	X=49	t3	read(Y)		Y=20
t4		X=X−1		t4		read(X)	X=49
t5		write(X)	X=48	t5		X=X−1	
t6	read(Y)		Y=20	t6		write(X)	X=48
t7	Y=Y−3			t7		read(Y)	Y=20
t8	write(Y)		Y=17	t8	Y=Y−3		
t9		read(Y)	Y=17	t9	write(Y)		Y=17
t10		Y=Y−3		t10		Y=Y−3	
t11		write(Y)	Y=14	t11		write(Y)	Y=17
并发调度 1				并发调度 2			

如表 10.2 所示,并发调度 1 的结果是 X 为 48,Y 为 14,结果是正确的;而并发调度 2 的结果是 X 为 48,Y 为 17,结果是错误的。可见,并发调度的结果并不总是正确的,会发生数据的不一致现象。

事务处理系统通常允许多个事务并发执行。如前文所述,允许多个事务并发更新数据会引起许多数据一致性的问题。在存在事务并发执行的情况下保证一致性需进行特殊处理;如果要求事务串行执行,事情就变得很简单了。事务串行执行指一次执行一个事务,每个事务仅当前一事务执行完毕后才开始。然而,有两个好的理由促使人们允许并发。

(1) 提高吞吐量和资源利用率。一个事务由多个步骤组成,一些步骤涉及 I/O 活动,另一些涉及 CPU 活动。计算机系统中 CPU 与磁盘可以并行运作。因此,I/O 活动可以与

CPU 处理并行进行。利用 CPU 与 I/O 系统的并行性,多个事务可并行执行。当一个事务在一个磁盘上进行读写时,另一个事务又可在 CPU 上运行,同时第三个事务又可在另一磁盘上进行读写。从而系统的**吞吐量**(throughput)增加,即给定时间内执行的事务数增加。相应地,处理器与磁盘**利用率**(utilization)也提高;换句话说,处理器与磁盘空闲(没有做有用的工作)时间较少。

(2) 减少等待时间。系统中可能运行着各种各样的事务,一些较短,一些较长。如果事务串行执行,短事务可能需要等待它前面的长事务完成,这可能导致难以预测的延迟。如果各个事务针对数据库的不同部分进行操作,事务并发执行会更好,各个事务可以共享 CPU 周期与磁盘存取。并发执行可以减少不可预测的事务执行延迟。此外,并发执行也可减少**平均响应时间**(average response time),即一个事务从开始到完成所需的平均时间。在数据库中使用并发执行的动机本质上与操作系统中使用**多道程序**(multiprogramming)的动机是一样的。

当多个事务并发执行时,即使每个事务都正确执行,数据库的一致性也可能破坏。给定一个并发调度,当且仅当它是可串行化的,才是正确的调度,那么什么是可串行化的调度呢?

如果多个事务并发调度的结果与按某一次序串行地执行它们时的结果相同,就称这种调度策略是**可串行化的调度**。为保证并发操作的正确性,DBMS 的并发控制机制必须提供一定的手段来保证调度是可串行化的。

下面详细分析导致并发调度不正确的原因,即多个事务在并发执行的过程中到底会发生哪些问题,这些问题如何影响了并发调度的正确性。

10.1.3　并发操作带来的问题

在多用户共享系统中,许多事务可能同时对同一数据进行操作,即使每个事务单独执行时是正确的,但多个事务并发执行时,如果系统不加以控制,仍会破坏数据库的一致性,或者造成用户读了不正确的数据。数据库的并发操作通常会带来 4 个问题:丢失更新、"脏"读、不可重复读和幻象读问题。

1. 丢失更新

并发事务 T1 和 T2 都要读入同一数据 A 的值并进行更新,但是事务 T1 先提交,T2 后提交,T2 提交的结果破坏了 T1 提交的结果,致使 T1 对 A 的修改丢失了,如表 10.3 所示,这种情形称为丢失更新。

表 10.3　丢失更新问题

时　刻	事务 T1	事务 T2	数据库 A 的值
t0	read(A)		A=10
t1		read(A)	A=10
t2	A=A−1		
t3	write(A)		A=9
t4		A=A−3	
t5		write(A)	A=7

　　设 A 的初值为 10,事务 T1、T2 分别将 A 减掉了 1 和 3,A 的值理应变为 6,但是 T1、T2 并行调度的结果却使 A 变成了 7,该结果显然是错误的。主要原因就是事务 T2 在事务 T1 对 A 进行更新以前读出了 A 的值为 10,但此后事务 T2 却仍在使用原先在 t1 时刻读出的 A 的值 10,并在此基础上减去了 3,变成了 7,且于 t5 时刻将 A 的值 7 更新到了数据库中,从而覆盖了事务 T1 在 t3 时刻对 A 的更新值,即事务 T1 对 A 的更新丢失了,于是引起了丢失更新问题的发生。

2.“脏”读

　　事务 T1、T2 在并发运行的过程中,事务 T1 先修改了某一数据,然后事务 T2 读取该数据,但此后由于某种原因 T1 被撤销了,被 T1 修改过的数据又恢复了原来的值,这样 T2 读到的就是一个未提交的数,即“脏”数据,如表 10.4 所示,这样的问题称“脏”读。

　　A 的初值是 10,事务 T1 先读出了 A 的值并将其平方值 100 更新到了数据库中,然后事务 T2 在 t3 时刻读出了 A 的值 100,但此后 T1 在 t4 时刻由于某种原因被撤销了,数据库中 A 的值被恢复为 10,这样 T2 事务在 t3 时刻所读到的 A 值 100 就是一个未提交的数据。

表 10.4　“脏”读问题

时　刻	事务 T1	事务 T2	数据库 A 的值
t0	read(A)		A=10
t1	A=A * A		
t2	write(A)		A=100
t3		read(A)	A=100
t4	ROLLBACK		A=10

3. 不可重复读

　　事务 T1 需要两次读取某一数据,但是在两次读操作的间隔中,另一事务 T2 改变了该数据的值,因此,T1 在两次读同一数据时却读出了不同的值,如表 10.5 所示,这样的问题称不可重复读。

表 10.5　不可重复读问题

时　刻	事务 T1	事务 T2	数据库 A 的值
t0	read(A)		A=10
t1		read(A)	A=10
t2		A=A * 2	
t3		write(A)	A=20
t4	read(A)		A=20

　　事务 T1 在 t0 时刻读到的 A 的值为 10,其后在 t1 时刻事务 T2 读出了 A 的值,并将其值乘以 2 更新到了数据库,此后事务 T1 在 t4 时刻再一次读 A 的值时,读到 A 的值为 20。事务 T1 在两次读取同一数据 A 时读出了不同的值。

4. 幻象读

幻象读包括以下两种情况。

(1) 事务 T1 按一定条件从数据库中读取了某些数据记录后,事务 T2 删除了其中部分记录,当 T1 再次按相同条件读取数据时,发现某些记录神秘地消失了。

(2) 事务 T1 按一定条件从数据库中读取了某些数据记录后,事务 T2 插入了一些记录,当 T1 再次按相同条件读取数据时,发现多了一些数据。

事务的并发调度过程中所产生的上述 4 个问题都是因为并发操作调度不当,致使一个事务在运行的过程中受到了其他并发事务的干扰,破坏了事务的隔离性。

数据库系统必须控制事务之间的相互影响,防止它们破坏数据库的一致性。系统通过**并发控制机制**(concurrency-control scheme)的一系列机制来保证这一点。并发控制的主要技术有封锁、时间戳、乐观控制法和多版本并发控制等。本章讲解基本的封锁方法,也是众多数据库产品采用的基本方法。

10.2 封锁

确保可串行化的方法之一是要求对数据项的访问以互斥的方式进行,也就是说,当一个事务访问某个数据项时,其他任何事务都不能修改该数据项。实现该需求最常用的方法是只允许事务访问当前该事务持有锁的数据项。

10.2.1 封锁概述

封锁指事务 T 在对某个数据对象如关系、元组等进行查询或更新操作以前,应先向系统发出对该数据对象进行加锁的请求,否则就不可以进行相应的操作,而事务在获得了对该数据对象的锁以后,其他事务就不能查询或更新数据对象,直到相应的锁被释放为止。

按事务对数据对象的封锁程度来分,封锁有两种基本类型:排他锁和共享锁。在利用这两种基本封锁对数据对象进行加锁时,需约定一些协议,下面分别介绍两种基本封锁及相应的封锁协议。

(1) **排他锁**又称写锁。若事务 T 对数据对象 A 加上排他锁(记为 X 锁),则只允许 T 读取和修改 A,其他任何事务都不能再对 A 加任何类型的锁,直到 T 释放 A 上的锁。这就保证了其他事务在 T 释放 A 上的锁之前不能再读取和修改 A。

(2) **共享锁**又称读锁。若事务 T 对数据对象 A 加上共享锁(记为 S 锁),则事务 T 可以读 A 但不能修改 A,其他事务只能再对 A 加 S 锁,而不能加 X 锁,直到 T 释放 A 上的 S 锁。这就保证了其他事务能够读 A,但在 T 释放 A 上的 S 锁之前不能对 A 做任何修改。

在给数据对象加排他锁或共享锁时,应遵循如表 10.6 所示的锁相容矩阵。如果一事务对某一数据对象加上了共享锁,其他任何事务只能对该数据对象加共享锁,不能加排他锁,直到相应锁被释放;如果一事务对某一数据对象加上了排他锁,其他任何事务不可以再对该数据对象加任何类型的锁,直到相应的锁被释放。

表 10.6 锁相容矩阵

T1	T2		
	S	X	—
S	y	n	y
X	n	n	y
—	y	y	y

在表 10.6 的锁相容矩阵中,最左边一列表示事务 T1 已经获得的数据对象上的锁的类型,其中横线表示没有加锁。最上面一行表示另一事务 T2 对同一数据对象发出的封锁请求。T2 的封锁请求能否被满足用矩阵中的 y 和 n 表示,其中 y 表示事务 T2 的封锁请求与 T1 已持有的锁相容,封锁请求可以满足。n 表示 T2 的封锁请求与 T1 已持有的锁冲突,T2 的请求被拒绝。

10.2.2 封锁协议

在运用 X 锁和 S 锁这两种基本封锁对数据对象加锁时,还需要约定一些规则,例如何时申请 X 锁或 S 锁、持锁时间、何时释放等。这些规则称为**封锁协议**(Locking Protocol)。对封锁方式规定不同的规则,就形成了各种不同的封锁协议。下面介绍三级封锁协议。

对并发操作的不正确调度可能会带来丢失更新、"脏"读、不可重复读和幻象读等不一致问题,三级封锁协议分别在不同程度上解决了这一问题,为并发操作的正确调度提供一定的保证。不同级别的封锁协议达到的系统一致性级别是不同的。

1. 一级封锁协议

一级封锁协议规定,事务 T 在修改数据对象 A 之前必须先对其加 X 锁,直到事务结束才释放。事务结束包括提交(COMMIT)和回滚(ROLLBACK)。

利用一级封锁协议可以防止丢失更新问题的发生,并保证事务 T 是可恢复的。例如,表 10.7 中多个事务的并发调度遵守了一级封锁协议,防止了表 10.3 中的丢失更新问题。

表 10.7 使用一级封锁协议防止丢失更新问题

时 刻	事务 T1	事务 T2	数据库 A 的值
t0	Xlock(A)		
t1	read(A)		A=10
t2		Xlock(A)	
t3	A=A−1	wait	
t4	write(A)	wait	A=9
t5	Commit	wait	
t6	Unlock(A)	wait	
t7		Xlock(A)(重新)	
t8		read(A)	A=9
t9		A=A−3	
t10		write(A)	A=6
t11		COMMIT	
t12		Unlock(A)	

在表 10.7 中,事务 T1 在对 A 进行修改之前先对 A 加 X 锁,当 T2 再请求对 A 加 X 锁时被拒绝,T2 只能等待 T1 释放 A 上的锁后获得对 A 的 X 锁,这时它读到的 A 已经是 T1 更新过的值 9,再按此新的 A 值进行运算,并将结果值 A=6 写回磁盘。这样就避免了丢失 T1 的更新。

在一级封锁协议中,如果仅仅是读数据不对其进行修改,是不需要加锁的,所以它不能保证不读"脏"数据和可重复读。

2. 二级封锁协议

二级封锁协议规定,在一级封锁协议的基础上,加上事务 T 在读取数据 A 之前必须先对其加 S 锁,读完后即可释放 S 锁。

二级封锁协议除防止了丢失更新,还可进一步防止读"脏"数据,例如表 10.8 使用二级封锁协议解决了表 10.4 中的读"脏"数据问题。

表 10.8   使用二级封锁协议解决"脏"读问题

时 刻	事务 T1	事务 T2	数据库 A 的值
t0	Xlock(A)		
t1	read(A)		A=10
t2	A=A*A		
t3	write(A)	Slock(A)	A=100
t4		wait	
t5	ROLLBACK	wait	A=10
t6	Unlock(A)	wait	
t7		Slock(A)(重新)	
t8		read(A)	A=10
t9		Unlock(A)	

在表 10.8 中,事务 T1 在对 A 进行修改之前,先对 A 加 X 锁,修改其值后写回磁盘。这时 T2 请求在 A 上加 S 锁,因 T1 已在 A 上加了 X 锁,T2 只能等待。T1 因某种原因被撤销,A 恢复为原值 10,T1 释放 A 上的 X 锁后 T2 获得 A 上的 S 锁,读 A=10。这就避免了 T2 读未提交的"脏"数据。

在二级封锁协议中,由于读完数据后即可释放 S 锁,所以它不能保证可重复读。

3. 三级封锁协议

三级封锁协议规定,在二级封锁协议的基础上,加上事务 T 在读取数据 A 之前必须先对其加 S 锁,直到事务结束才释放。

三级封锁协议除防止了丢失更新和"脏"读问题外,还进一步防止了不可重复读,例如表 10.9 所示使用三级封锁协议解决了表 10.5 不可重复读问题。

表 10.9 使用三级封锁协议解决不可重复读问题

时 刻	事务 T1	事务 T2	数据库 A 的值
t0	Slock(A)		
t1	read(A)		A＝10
t2		Xlock(A)	
t3	read(A)	wait	A＝10
t4	COMMIT	wait	
t5	Unlock(A)	wait	
t6		Xlock(A)（重新）	
t7		read(A)	A＝10
t8		A＝A＊2	
t9		write(A)	A＝20
t10		COMMIT	
t11		Unlock(A)	

在表 10.9 中,事务 T1 在读 A 之前,先对 A 加 S 锁,这样其他事务只能再对 A 加 S 锁,而不能加 X 锁,即其他事务只能读 A,而不能修改。所以当 T2 为修改 A 而申请对 A 的 X 锁时被拒绝只能等待 T1 释放 A 上的锁。T1 再读 A 时读出值仍是 10,即可重复读。T1 结束才释放 A 上的 S 锁,T2 才获得对 A 的 X 锁。

上述三级封锁协议的主要区别在于什么操作需要申请封锁,以及何时释放(即持锁时间)。三个级别的封锁协议可以总结为表 10.10。表中指出了不同的封锁协议达到的一致性级别是不同的,封锁协议级别越高,一致性程度越高。

表 10.10 不同级别的封锁协议

封锁协议级别	X 锁		S 锁		一致性保证		
	操作结束释放	事务结束释放	操作结束释放	事务结束释放	不丢失更新	不读"脏"数据	可重复读
一级		√			√		
二级		√	√		√	√	
三级		√		√	√	√	√

尽管利用三级封锁协议可以解决并发事务在执行过程中遇到的 4 种数据不一致问题,但是却带来了其他问题——活锁和死锁。

10.2.3 活锁和死锁

1. 活锁

多个事务并发执行的过程中,可能会存在某个有机会获得锁的事务却永远也没有得到锁,这种现象称为活锁。

如表 10.11 左半部分所示,事务 T2 有机会获得锁,却始终未得到,即产生了活锁现象。采用"先来先服务"的策略可以预防活锁的发生。当多个事务请求封锁同一数据对象时,封锁子系统按请求封锁的先后次序对事务排队,数据对象上的锁一旦释放就批准申请队列中的第一个事务获得锁。

表 10.11　活锁与死锁

活锁					死锁		
时　刻	事务 T1	事务 T2	事务 T3	事务 T4	时　刻	事务 T1	事务 T2
t0	lock(A)				t0	lock(A)	
t1		lock(A)			t1		lock(B)
t2		wait	lock(A)		t2		
t3	Unlock(A)	wait	wait	lock(A)	t3	lock(B)	
t4		wait	lock(A)	wait	t4	wait	
t5		wait		wait	t5	wait	lock(A)
t6		wait	Unlock(A)	wait	t6	wait	wait
t7		wait		lock(A)	t7	wait	wait
t8		wait			t8	wait	wait

2. 死锁

在多个事务并发执行的过程中,还会出现另外一种称为"死锁"的现象,即多个并发事务处于相互等待的状态。其中的每一个事务都在等待它们中的另一个事务释放封锁,这样才可以继续执行下去,但任何一个事务都没有释放自己已获得的锁,也无法获得其他事务已拥有的锁,所以只好相互等待下去,死锁的情形如表 10.11 右半部分所示。

在表 10.11 右半部分中,事务 T1 和 T2 分别在 t0 和 t1 时刻锁住了数据对象 A 和 B,而后在 t3 时刻 T1 又申请对数据对象 B 加锁,t5 时刻 T2 也申请对数据对象 A 加锁,而这两个数据对象都已分别被对方事务控制且没有释放,所以双方事务只好相互等待。这样,双方因为得不到自己想要的锁,所以无法继续往下执行。同时,也就没有机会释放已得到的锁,所以对方事务的等待是永久性的,这就是死锁。

死锁的问题在操作系统和一般并行处理中已做了深入研究,目前在数据库中解决死锁问题主要有两种方法。一种方法是采取一定措施来预防死锁的发生;另一种方法是允许发生死锁,采用一定手段定期诊断系统中有无死锁,若有则解除它。

(1) 死锁的预防。

数据库中预防死锁的方法有两种。第一种方法是要求每个事务必须一次性地将所有要使用的数据加锁,或必须按照一个预先约定的加锁顺序对使用到的数据加锁。第二种方法是每当处于等待状态的事务有可能导致死锁时,就不再等待下去,强行回滚该事务。

假设对表 10.11 右半部分中的并发调度采用第一种方法,事务 T1,T2 必须一次性对数据对象 A,B 加锁,假设事务 T1 先对 A,B 加锁并获得锁,这样 T1 就可以继续执行下去,T2 处于等待状态。事务 T1 结束并释放对 A,B 的锁后,T2 就获得了相应的锁并得以继续执行下去,这样就避免了死锁的发生。或者预先约定加锁顺序:先对数据对象 A 加锁,再对数据对象 B 加锁。如果事务 T1 先于 T2 对 A 加了锁,那么在事务 T1 释放 A 的锁以前,T2 对 A 的加锁请求必遭拒绝,而 T2 在未获得对 A 的锁以前也得不到对 B 的锁,因此,当 T1 再申请对 B 加锁时,就可以获得锁并继续执行下去。T2 处于等待状态,直到事务 T1 结束并释放对 A,B 的锁后,T2 就获得了相应的锁,并继续执行下去,这样也就避免了死锁的发生。

若将第二种方法运用在表 10.11 右半部分所示的并发调度中,当处于等待状态的事务有可能导致死锁时,就不再等待下去,强行回滚该事务,只要其中一个事务被回滚,那么另一个事务就可以执行下去了。

(2) 死锁的检测。

可以利用事务依赖图的方法进行死锁的检测,如图 10.1 所示。其中,节点表示事务,带箭头的线表示事务间的依赖关系。例如,节点 T1 和 T2 之间的连线就表示事务 T1 所需要的数据对象 A 已被事务 T2 封锁,其他的连线分别表示事务 T2 所需要的数据对象 B 已被事务 T3 封锁,事务 T3 所需要的数据对象 C 已被事务 T4 封锁,事务 T4 所需要的数据对象 D 已被事务 T1 封锁,这样图中的 4 个事务之间就存在着相互等待的问题,表明死锁发生了,而图 10.1 沿箭头方向也正好形成了一个回路。因此,只要检测事务依赖图中有无回路就可以判断是否发生了死锁。

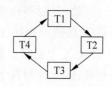

图 10.1 事务依赖图

(3) 死锁的恢复。

当系统中存在死锁时,一定要解除死锁。具体的方法是从发生死锁的事务中选择一个回滚代价最小的事务,将其彻底回滚,或回滚到可以解除死锁处,释放该事务所持有的锁,使其他事务可以获得相应的锁而得以继续运行。

10.2.4 两阶段锁协议

两阶段锁协议是保证可串行性的一个协议,该协议要求所有事务必须分两个阶段对数据项加锁和解锁。

(1) **扩展阶段**:事务可以获得锁,但不能释放锁。在对任何数据进行读、写操作之前,首先要申请并获得对该数据的封锁。

(2) **收缩阶段**:事务可以释放锁,但不能获得新锁。在释放一个封锁之后,事务不再申请和获得任何其他封锁。

例如事务 T1 遵守两阶段锁协议,其封锁序列是:

Slock(A)　Slock(B)　Xlock(C)　　Unlock(A)　Unlock(B)　Unlock(C)
|←―――――扩展阶段――――→|　|←―――――收缩阶段―――――→|

又如事务 T1 不遵守两阶段协议,其封锁序列是:

Slock(A)　Unlock(A)　Slock(B)　Xlock(C)　Unlock(C)　Unlock(B)

可以证明,若并发执行的所有事务均遵守两阶段锁协议,则对这些事务的任何并发调度都是可串行化的。

需要说明的是,事务遵守两阶段锁协议是可串行化调度的充分条件,而不是必要条件。也就是说,若并发事务都遵守两阶段锁协议,则对这些事务的任何并发策略都是可串行化的;若对并发事务的一个调度是可串行化的,不一定所有事务都符合两阶段锁协议。

10.2.5 封锁粒度

封锁对象的大小称为**封锁粒度**(granularity)。封锁对象可以是逻辑单元,也可以是物理单元。以关系数据库为例,封锁对象可以是属性值、属性值的集合、元组、关系、索引项、整个索引直至整个数据库等逻辑单元；也可以是页(数据页或索引页)、物理记录等物理单元。

封锁粒度与系统的并发度和并发控制的开销密切相关。直观地看，封锁粒度越大，数据库所能够封锁的数据单元就越少，并发度就越小，系统开销也越小；反之，封锁的粒度越小，并发度较高，但系统开销也就越大。

例如，若封锁粒度是数据页，事务 T1 需要修改元组 L1，则 T 必须对包含 L1 的整个数据页 A 加锁。如果 T1 对 A 加锁后事务 T2 要修改 A 中的元组 L2，则 T2 被迫等待，直到 T1 释放 A 上的锁。如果封锁粒度是元组，则 T1 和 T2 可以同时对 L1 和 L2 加锁，不需要互相等待，从而提高了系统的并行度。又如，事务 T 需要读取整个表，若封锁粒度是元组，T 必须对表中的每一个元组加锁，显然开销极大。

因此，如果在一个系统中同时支持多种封锁粒度供不同的事务选择是比较理想的，这种封锁方法称为**多粒度封锁**(multiple granularity locking)。选择封锁粒度时应该同时考虑封锁开销和并发度两个因素，适当选择封锁粒度以求得最优的效果。一般情况下，需要处理某个关系的大量元组的事务可以以关系为封锁粒度；需要处理多个关系的大量元组的事务可以以数据库为封锁粒度；而对于一个处理少量元组的用户事务，以元组为封锁粒度就较合适了。

10.3 SQL Server 隔离级别

当多个用户同时访问数据时，SQL Server 数据库引擎使用以下机制确保事务的完整性和保持数据库的一致性。

(1) 锁定。

每个事务对所依赖的资源(如行、页或表)请求不同类型的锁。锁可以阻止其他事务以某种可能会导致事务请求锁出错的方式修改资源。当事务不再依赖锁定的资源时，它将释放锁。

(2) 行版本控制。

当启用了基于行版本控制的隔离级别时，SQL Server 数据库引擎将维护修改的每行的版本。应用程序可以指定事务使用行版本查看事务或查询开始时存在的数据，而不是使用锁保护所有数据。通过使用行版本控制，读取操作阻止其他事务的可能性将大大降低。

锁定和行版本控制可以防止用户读取"脏"数据，还可以防止多个用户尝试同时更改同一数据。如果不进行锁定或行版本控制，对数据执行的查询可能会返回数据库中尚未提交的数据，从而产生意外的结果。

10.3.1 事务隔离级别控制

应用程序可以选择事务隔离级别，为事务定义保护级别，以防被其他事务所修改。该隔离级别定义一个事务必须与由其他事务进行的资源或数据更改相隔离的程度。隔离级别从允许的并发副作用(例如，"脏"读或幻象读)的角度进行描述。

事务隔离级别控制描述如下。

(1) 读取数据时是否占用锁以及所请求的锁类型。

(2) 占用读取锁的时间。

（3）引用其他事务修改的行的读取操作是否：

① 在该行上的排他锁被释放之前阻塞其他事务；

② 检索在启动语句或事务时存在的行的已提交版本；

③ 读取未提交的数据修改。

需要注意的是，选择事务隔离级别不影响为保护数据修改而获取的锁。事务总是在其修改的任何数据上获取排他锁并在事务完成之前持有该锁，不管为该事务设置了什么样的隔离级别。对于读取操作，事务隔离级别主要定义保护级别，以防受到其他事务所做更改的影响。

较低的隔离级别可以增强许多用户同时访问数据的能力，但也增加了用户可能遇到的并发副作用（例如"脏"读或丢失更新）的数量。相反，较高的隔离级别减少了用户可能遇到的并发副作用的类型，但需要更多的系统资源，并增加了一个事务阻塞其他事务的可能性。应平衡应用程序的数据完整性要求与每个隔离级别的开销，在此基础上选择相应的隔离级别。最高隔离级别（可序列化）保证事务在每次重复读取操作时都能准确检索到相同的数据，但需要通过执行某种级别的锁定来完成此操作，而锁定可能会影响多用户系统中的其他用户。最低隔离级别（未提交读）可以检索其他事务已经修改、但未提交的数据。在未提交读中，所有并发副作用都可能发生，但因为没有读取锁定或版本控制，所以开销最少。

10.3.2　SQL Server 数据库引擎隔离级别

ISO 标准定义了下列隔离级别，SQL Server 数据库引擎支持所有这些隔离级别。

1．未提交读

未提交读（Read uncommitted）隔离事务的最低级别，只能保证不读取物理上损坏的数据。在此级别上，允许"脏"读、不可重复读和幻象读，因此一个事务可能看见其他事务所做的尚未提交的更改。如果不介意"脏"读并且希望以可能的最轻量级接触来读取数据，则可以使用该隔离级别，在读取数据时，这种方式在数据上不加任何锁。

2．提交读

提交读（Read committed）允许事务读取另一个事务以前读取（未修改）的数据，而不必等待第一个事务完成。SQL Server 数据库引擎保留写锁（在所选数据上获取）直到事务结束，但是一执行 SELECT 操作就释放读锁。

这种隔离方式不允许"脏"读，但仍可能存在不可重复读和幻象读取数据的事务允许其他事务继续访问该行数据，但未提交的写事务则会禁止其他事务访问该行。这是 SQL Server 数据库引擎默认级别，通常可以在性能和业务需求之间提供最佳平衡。当读操作的语句执行完成后，所持有的锁都会被释放，即使是在事务内部也是如此。

3．可重复读

可重复读（Repeatable read）指 SQL Server 数据库引擎保留在所选数据上获取的读锁和写锁，直到事务结束。但是，因为不管理范围锁，可能发生幻象读。

该隔离可以防止"脏"读以及不可重复读，但是幻象仍然可能发生，读取数据的事务将会禁止写事务,但允许读事务,如果是写事务则禁止任何其他的事务,如果在事务持续期间保持读锁,以防止其他事务修改数据,那么实现可重复读也是有可能的。

4. 可序列化

可序列化(Serializable)是隔离事务的最高级别,事务之间完全隔离。SQL Server 数据库引擎保留在所选数据上获取的读锁和写锁,在事务结束时释放它们。SELECT 操作使用分范围的 WHERE 子句时获取范围锁,主要为了避免幻象读。

该隔离方式要求事务序列化执行,对数据只能进行串行化访问,并且事务持续一直保持着锁定状态,这样可以有效锁定那些虽然不存在但位于键范围内的数据行,防止所有的副作用。因此,该隔离级别是最高级别的,不允许高并发性执行。

隔离级别与并发操作可能带来的问题的关系见表 10.12。

表 10.12　SQL Server 隔离级别与并发操作问题的关系

隔 离 级 别	"脏"读	不可重复读	幻象读	说　明
未提交读 (Read uncommitted)	是	是	是	如果其他事务更新,不管是否提交,立即执行
提交读 (Read committed 默认)	否	是	是	读取提交过的数据。如果其他事务更新但未提交,则等待
可重复读 (Repeatable read)	否	否	是	查询期间,不允许其他事务更新
可序列化(Serializable)	否	否	否	查询期间,不允许其他事务插入或删除

10.4　本章小结

当在数据库中有多个事务并发执行时,往往会产生数据的不一致。系统有必要控制各事务之间的相互作用,这可以通过某种并发机制来实现。

可串行性是判断并发控制机制调度并发事务操作是否正确的准则。为保证可串行性,可以使用多种并发控制机制。所有这些机制要么延迟一个操作,要么中止发出该操作的事务。

本章介绍了两类最常用的封锁和三级封锁协议。不同的封锁和不同级别的封锁协议所提供的系统一致性保证是不同的,提供的数据共享度也不同。两阶段锁协议是可串行化调度的充分条件,但不是必要条件。因此,两阶段锁协议可以保证并发事务调度的正确性,但不能避免死锁。对数据对象施加封锁会带来活锁和死锁问题,并发控制机制必须提供适合数据库特点的解决方法。

不同的数据库管理系统提供的封锁类型、封锁协议、达到的系统一致性级别不尽相同,但是其依据的基本原理和技术是共同的。本章以 SQL Server 数据库管理系统为例,介绍了 SQL Server 数据库引擎的隔离级别,这决定如何在访问的事务中使用数据时锁定该数据,或将其与其他事务隔离。

习题 10

简答题

1. 什么是事务？它有哪些基本特征？

2. 在数据库中为什么要并发控制？

3. 并发操作可能会产生哪几类数据不一致？

4. 并发控制的主要技术有哪些？

5. 什么是封锁？

6. 什么是封锁协议？不同级别的封锁协议的主要区别是什么？

7. 什么是活锁？什么是死锁？

8. 什么是封锁粒度？试述封锁粒度与系统的并发度和并发控制的开销的关系。

9. SQL Server 数据库引擎使用哪些隔离级别来实现并发性？

第11章

数据库安全性

数据库系统作为信息的聚集体,是计算机信息系统的核心部件,其安全性至关重要。随着计算机技术的飞速发展,数据库的应用日益广泛,并已深入到各个领域。各种应用系统的数据库中大量的数据安全问题、敏感数据的防窃取和防篡改问题,正在引起人们的高度重视。

SQL Server 2019 增强了对 Azure SQL 数据库的支持,所以数据库的安全管理包括传统的 SQL Server 数据库引擎和 Azure SQL 数据库两个部分,本章只介绍关于 SQL Server 数据库引擎部分的内容,包括身份验证、主体、权限管理和审核等。

视频讲解

11.1　安全管理模型概述

SQL Server 2019 数据库引擎的安全管理模型中主要包括身份验证、主体、权限和审核4 个主要方面,具体如下。

（1）身份验证:SQL Server 的身份认证系统验证用户是否拥有有效的登录账户名和密码,从而决定是否允许该用户连接到指定的 SQL Server 服务器实例。

（2）主体:可以请求 SQL Server 资源的实体都可以归类为主体。主体对象很多,其中有 3 种类型的主体比较重要,在本章后面也会分别讲述。

① 登录账户名:登录账户名是一个可由安全系统进行身份验证的安全主体或实体。

② 用户账户:登录账户名要访问指定数据库,还需要进一步将自身映射到数据库的一个用户账户上,从而获得访问数据库的权限。

③ 角色:类似于 Windows 的用户组,角色可以对用户进行分组管理。可以对角色赋予数据库访问权限,此权限将应用于角色中的每一个用户的操作。

（3）权限:权限规定了用户在指定数据库中能进行的操作。

（4）审核:对数据库引擎中发生的事件进行跟踪和记录。

除了这 4 个方面外,SQL Server 2019 安全模型中还有一个比较重要的内容是加密。加密指通过使用密钥或密码对数据进行模糊处理的过程,SQL Server 加密的内容比较多,限于篇幅,本章不展开讲解。

11.2　身份验证

安全性管理的第一步是核实用户身份,该过程称为验证。验证是判断用户是否是其所声明的人的过程。通常的验证手段是要求用户提供用户名和口令。在每次试图对本地或者远程数据库进行连接的时候,系统都要求进行用户验证。

连接到 SQL Server 数据库引擎需要进行身份验证,SQL Server 提供了两种对用户进行身份验证的模式:Windows 身份验证模式和混合验证模式。在安装过程中,必须为数据库引擎选择身份验证模式。Windows 身份验证模式会启用 Windows 身份验证并禁用 SQL Server 身份验证。Windows 身份验证始终可用,并且无法禁用。

11.2.1　混合验证模式

在混合验证模式中会同时启用 Windows 身份验证和 SQL Server 身份验证。如果在安装过程中选择混合模式身份验证,则必须为名为 sa 的内置 SQL Server 系统管理员账户提供一个强密码并确认该密码。sa 账户通过使用 SQL Server 身份验证进行连接。如果设置的是混合验证模式,如图 11.1 所示,在启动 SQL Server Management Studio 之后,出现的是 SQL Server 身份验证。

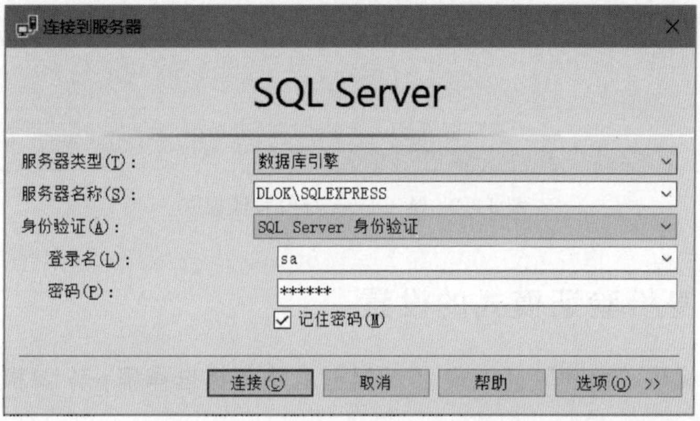

图 11.1　SQL Server 身份验证模式

在采用混合验证模式的时候,会有一些缺点,例如用户是拥有 Windows 登录名和密码的 Windows 域用户,则还必须提供另一个(SQL Server)登录名和密码才能连接。记住多个登录名和密码对于许多用户而言都较为困难。每次连接到数据库时都必须提供 SQL Server 凭据,这样的过程也十分烦琐。

但是,这种模式也是有优势的,例如支持那些需要进行 SQL Server 身份验证的旧版应用程序和由第三方提供的应用程序,或者支持基于 Web 的应用程序。如果初学者不熟悉或者不需要 Windows 验证方式,可以更多选择这一模式。

11.2.2　Windows 验证模式

当用户通过 Windows 用户账户连接时,SQL Server 使用操作系统中的 Windows 主体标记验证账户名和密码。也就是说,用户身份由 Windows 进行确认。SQL Server 不要求提供密码,也不执行身份验证。Windows 身份验证是默认身份验证模式,并且比 SQL Server 身份验证更为安全。Windows 身份验证使用 Kerberos 安全协议,提供有关强密码复杂性验证的密码策略强制,还提供账户锁定支持,并且支持密码过期。通过 Windows 身份验证创建的连接有时也称为可信连接,这是因为 SQL Server 信任由 Windows 提供的凭据。

通过使用 Windows 身份验证,可以在域级别创建 Windows 组,并且可以在 SQL Server 中为整个组创建登录名。在域级别管理访问可以简化账户管理。

在启动 SQL Server Management Studio 之后,可以选择 Windows 身份验证模式,如图 11.2 所示。

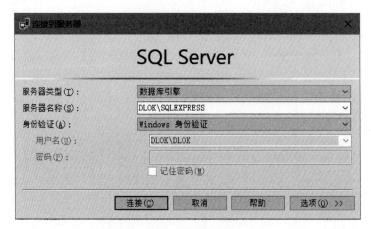

图 11.2　Windows 身份验证模式

11.2.3　身份验证模式的设置

SQL Server 提供了两种验证模式,在安装过程中具体选择哪一个要根据自己的实际情况。默认为 Windows 身份验证模式。

假设已经安装成功,在使用的过程中,如果希望对已经指定的验证模式进行修改,可以参考下面的步骤。

(1) 打开 SQL Server Management Studio 窗口,选择现有的身份验证模式,登录到服务器上。

(2) 在“对象资源管理器”中,右击服务器,选择“属性”选项,打开服务器属性窗口。

(3) 在左侧“选择页”中,打开“安全性”标签,如图 11.3 所示,可以设置身份验证模式。

修改完成后,重新启动 SQL Server(MYSQLSERVER)服务,即可完成对身份验证的配置。

如果在安装过程中选择 Windows 身份验证,则安装程序会为 SQL Server 身份验证创建 sa 账户,但会禁用该账户。如果稍后更改为混合模式身份验证并要使用 sa 账户,则必须启用该账户。

由于 sa 账户广为人知,且经常成为恶意用户的攻击目标,因此除非应用程序需要使用 sa 账户,否则请勿启用该账户。特别是在商用程序中,切勿为 sa 账户设置空密码或弱密码。

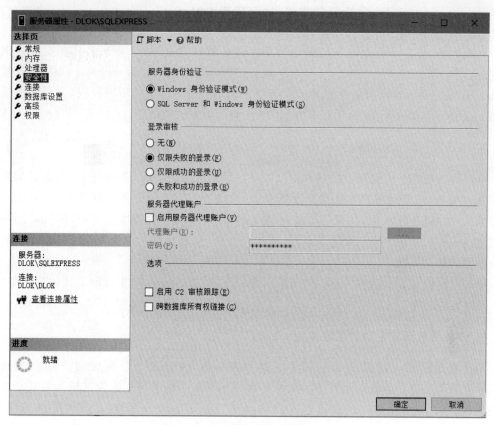

图 11.3　身份验证模式切换界面

11.3　主体

"主体"是可以请求 SQL Server 资源的实体。主体可以按层次结构排列,主体的影响范围取决于主体定义的范围(Windows、服务器或数据库),以及主体是否不可分或是一个集合。例如,Windows 登录名就是一个不可分主体,而 Windows 组则是一个集合主体。每个主体都具有一个安全标识符(SID)。

前面提到,主体大致可以分为 3 类:登录账户名、用户账户和角色,具体这 3 类的概念在后面介绍,本节从主体范围的角度,按层面来描述,常用的主体对象有 8 种。

1. SQL Server 级的主体

包括 SQL Server 身份验证登录名、Windows 用户的 Windows 身份验证登录名、Windows 组的 Windows 身份验证登录名、服务器角色等。

2. 数据库级的主体

包括数据库用户、数据库角色和应用程序角色。

3. sa 登录名

SQL Server 的 sa 登录名是服务器级别主体。默认情况下,该登录名是在安装实例时创建的。从 SQL Server 2005(9.x)开始,sa 的默认数据库为 master。sa 登录名是 sysadmin 固定服务器级别角色的成员。sa 登录名具有服务器上的所有权限,并且不能受到限制。sa 登录名无法删除,但可以禁用,以便任何人都无法使用它。

4. dbo 用户和 dbo 架构

dbo 用户是每个数据库中的特殊用户主体。所有 SQL Server 管理员、sysadmin 固定服务器角色成员、sa 登录账户名和数据库所有者,均以 dbo 用户身份进入数据库。dbo 用户账户有数据库中的所有权限,并且不能被限制或删除。dbo 代表数据库所有者,但 dbo 用户账户与 db_owner 固定数据库角色不同,并且 db_owner 固定数据库角色与作为数据库所有者记录的用户账户不同。

dbo 用户拥有 dbo 架构。dbo 架构是所有用户的默认架构,除非指定了其他某个架构。dbo 架构无法删除。

5. 公共服务器角色和数据库角色

每个登录账户名都属于 public 固定服务器角色,并且每个数据库用户账户都属于 public 数据库角色。当尚未为某个登录账户名或用户账户授予或拒绝为其授予对安全对象的特定权限时,该登录账户名或用户账户将继承已授予该安全对象的公共角色的权限。public 固定服务器角色无法删除。但是,可以从 public 角色撤销权限。默认情况下有许多权限已分配给 public 角色。这些权限中的大部分是执行数据库中的日常操作(每个人都应能够执行的操作类型)所需的。从公共登录账户名或用户账户撤销权限时应十分小心,因为这将影响所有登录账户名或用户账户。通常不应拒绝公共登录账户名或用户账户的权限,因为 Deny 语句会覆盖管理员可能对个别登录账户名或用户账户设定的任何 Grant 语句。

6. INFORMATION_SCHEMA 和 sys 用户与架构

每个数据库都包含两个实体,INFORMATION_SCHEMA 和 sys,并且这些实体都作为用户显示在目录视图中。这些实体供数据库引擎内部使用,无法被修改或删除。

7. 基于证书的 SQL Server 登录名

名称由双井号(##)括起来的服务器主体仅供内部系统使用。下列主体是在安装 SQL Server 时从证书创建的,不应删除。

- ##MS_SQLResourceSigningCertificate##。
- ##MS_SQLReplicationSigningCertificate##。
- ##MS_SQLAuthenticatorCertificate##。
- ##MS_AgentSigningCertificate##。
- ##MS_PolicyEventProcessingLogin##。

- ＃＃MS_PolicySigningCertificate＃＃。
- ＃＃MS_PolicyTsqlExecutionLogin＃＃。

管理员不可更改这些主体账户的密码,因为这些密码基于颁发给 Microsoft 的证书。

8. guest 用户

每个数据库都包括一个 guest 的行为的更改。授予 guest 用户的权限由对数据库具有访问权限,但在数据库中没有用户账户的用户继承。guest 用户无法删除,但可通过撤销其 CONNECT 权限禁用。可以通过在 REVOKE CONNECT FROM GUEST 或 master 以外的任何数据库中执行 tempdb 来撤销 CONNECT 权限。

11.4　登录账户名的管理

11.4.1　登录账户名的概念

在身份验证的过程中需要用到登录账户名(下面简称登录名)。登录名是一个可由安全系统进行身份验证的安全主体或实体。用户需要使用登录名连接到 SQL Server。用户可以基于 Windows 主体(如域用户或 Windows 域组)创建登录名,或者也可创建一个并非基于 Windows 主体的登录名(如 SQL Server 登录名)。注意:若要使用 SQL Server 身份验证,数据库引擎必须使用混合模式身份验证。

可以向作为安全主体的登录名授予权限。登录名的作用域是整个数据库引擎。若要连接 SQL Server 实例上的特定数据库,登录名必须映射到数据库用户。数据库内的权限是向数据库用户而不是登录名授予和拒绝授予的,登录名和数据库用户是两个不同的概念,一定要区分开。

如果需要,可创建一个可以访问 SQL Server 数据库的登录名,一般有两种方式来实现,一种是利用 SSMS 来实现,另一种使用 T-SQL 语句来实现。

11.4.2　使用 SSMS 创建登录账户名

如果希望使用 SSMS 来创建登录账户名,可以参考下面的流程。

(1) 在对象资源管理器中,展开要在其中创建新登录名的服务器实例的文件夹。

(2) 右击"安全性"文件夹,指向"新建",然后选择"登录名",如图 11.4 所示。

(3) 在"登录名-新建"对话框的"常规"页中,在"登录名"框中输入用户的名称。或者单击"搜索"按钮以打开"选择用户或组"对话框。

(4) 若要基于 Windows 主体创建一个登录名,请选择"Windows 身份验证"。这是默认选项。

(5) 若要创建一个保存在 SQL Server 数据库中的登录名,请选择"SQL Server 身份验证"。

(6) 若要将登录名与独立的安全性证书相关联,请选择"映射到证书",然后再从列表中选择现有证书的名称。

（7）若要将登录名与独立的非对称密钥相关联,请选择"映射到非对称密钥",然后再从列表中选择现有密钥的名称。

（8）若要将登录名与安全凭据相关联,则选中"映射到凭据"复选框,然后再从列表中选择现有凭据或单击"添加"按钮以创建新的凭据。若要从登录名删除与某个安全凭据的映射,则从"映射的凭据"中选择该凭据,然后单击"删除"按钮。

（9）从"默认数据库"列表中选择登录名的默认数据库。Master 是此选项的默认值。

（10）从"默认语言"列表中选择登录名的默认语言。

（11）单击"确定"按钮。

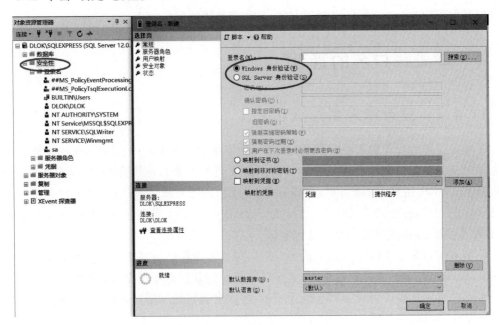

图 11.4   利用 SSMS 创建登录名

11.4.3   使用 T-SQL 创建登录名

T-SQL 语句 CREATE LOGIN 也可以用来创建登录名。使用 T-SQL 创建登录名有两种情况,一种是创建使用 Windows 身份验证的登录名,另一种是使用混合模式中的 SQL Server 身份验证的登录名,两种情况分别可以参考下面的例题。

【例 11.1】   创建一个采用 Windows 身份验证的登录名 TMS_login。

（1）在"对象资源管理器"中,连接到数据库引擎的实例。

（2）在标准菜单栏上,单击"新建查询"按钮。

（3）将以下示例复制并粘贴到查询窗口中,然后单击"执行"按钮。

```
CREATE LOGIN Domain\TMS_login FROM Windows;
GO
```

说明：其中的域名 Domain 要根据自己计算机所在的域名进行修改。

【例 11.2】   创建一个采用混合模式中的 SQL Server 身份验证的登录名 shcooper,密码是'Baz1nga',并使用安全证书 RestrictedFaculty。

（1）在"对象资源管理器"中连接到数据库引擎的实例。

（2）在标准菜单栏上,单击"新建查询"按钮。

（3）查询窗口中输入下面的参考代码,然后单击"执行"按钮。

```
CREATE LOGIN shcooper
WITH PASSWORD = 'Baz1nga' MUST_CHANGE,
CREDENTIAL = RestrictedFaculty;
GO
```

11.5　数据库用户管理

通过身份验证并不代表能够访问 SQL Server 中的数据,用户只有在获得访问数据库的权限之后,才能对服务器上的数据库进行各种操作,这种权限的设置是在用户管理这个层面完成的。

11.5.1　数据库用户的概念

用户是数据库级别安全主体。登录名必须映射到数据库用户才能连接到数据库。一个登录名可以作为不同用户映射到不同的数据库,但在每个数据库中都只能作为一个用户进行映射。在部分包含数据库中,可以创建不具有登录名的用户。

如果在数据库中启用了 guest 用户,未映射到数据库用户的登录名可作为 guest 用户进入该数据库。guest 用户通常处于禁用状态。除非有必要,否则不要启用 guest 用户。

可以向作为安全主体的用户授予权限。用户的作用域是数据库。若要连接 SQL Server 实例上的特定数据库,登录名必须映射到数据库用户。数据库内的权限是向数据库用户而不是登录名授予和拒绝授予的。

Management Studio 创建数据库用户时提供了 6 个选项(参考下面 SSMS 创建过程中第(4)步)。如果对 SQL Server 不熟悉,可能很难决定要创建哪种类型的用户。创建用户前应当明确需要访问数据库的用户或组是否有登录名。管理 SQL Server 的用户和需要访问 SQL Server 实例上的多个或者全部数据库的用户通常拥有主数据库中的登录名。在这种情况下,需要创建一个带登录名的 SQL 用户。数据库用户是连接数据库时的登录名的标识。数据库用户可以使用与登录名相同的名称,但这不是必需的。本节中假设 SQL Server 中已存在登录名。

11.5.2　使用 SSMS 创建用户

可以在 SSMS 中创建用户,具体的创建流程如下。

（1）在"对象资源管理器"中展开"数据库"文件夹。

（2）展开要在其中创建新数据库用户的数据库。

（3）右击"安全性"文件夹,在弹出的快捷菜单中选择"新建"选项→"用户"选项。

（4）在"常规"页上的"数据库用户-新建"对话框中,从"用户类型"列表中选择以下一个用户类型：

- 带登录名的 SQL 用户。
- 带密码的 SQL 用户。
- 不带登录名的 SQL 用户。
- 映射到证书的用户。
- 映射到非对称密钥的用户。
- Windows 用户。

(5) 选择选项时,对话框中的其他选项可能改变。某些选项仅适用于特定类型的数据库用户。某些选项可以为空,并且将使用默认值。

① 用户名。输入新用户的名称。如果已从"用户类型"列表中选择了"Windows 用户",则还可以单击省略号(…)打开"选择用户或组"对话框。

② 登录名。输入用户的登录名。或者,单击省略号(…)以打开"选择登录名"对话框。如果从"用户类型"列表中选择了"带登录名的 SQL 用户"或"Windows 用户",则"登录名"可用。

③ "密码"和"确认密码"。输入在数据库中进行身份验证的用户的密码。

④ 默认语言。输入默认的用户语言。

⑤ 默认架构。输入此用户所创建的对象所属的架构。或者,单击省略号(…)以打开"选择架构"对话框。如果从"用户类型"列表中选择了"带登录名的 SQL 用户""不带登录名的 SQL 用户"或"Windows 用户",则"默认架构"可用。

⑥ 证书名称。输入将用于数据库用户的证书。或者,单击省略号(…)以打开"选择证书"对话框。如果从"用户类型"列表中选择了"映射到证书的用户",则"证书名称"可用。

⑦ 非对称密钥名称。输入将用于数据库用户的密钥。或者,单击省略号(…)以打开"选择非对称密钥"对话框。如果从"用户类型"列表中选择了"映射到非对称密钥的用户",则"非对称密钥名称"可用。

(6) 单击"确定"按钮。

11.5.3　使用 T-SQL 创建用户

可以直接使用 T-SQL 语句 CREATE USER 来创建用户。

【例 11.3】　为 TMS 数据库创建一个用户名 Stu_1。

(1) 在"对象资源管理器"中连接到数据库引擎的实例。

(2) 在"标准"菜单栏上,单击"新建查询"按钮。

(3) 在查询窗口中输入下面的参考代码,执行结果参考图 11.5 的左侧。

```
USE TMS
CREATE LOGIN TMS_login
WITH PASSWORD = '340 $ Uuxwp7Mcxo7Khy';
GO
CREATE USER Stu_1 FOR LOGIN TMS_login;
GO
```

说明：上面的 SQL 语句先创建一个登录名 TMS_login,然后在该登录名下创建一个用户名 Stu_1,在当前数据库中,一个登录名下只能关联一个用户名,所以如果试图在该登录名下创建第二个用户名,系统会提示错误,如图 11.5 的右侧所示。

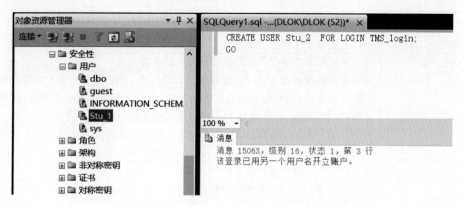

图 11.5 登录名在当前数据库中只能关联一个用户

11.6 角色管理

角色是一个强大的工具。SQL Server 管理者可以将某些用户设置为某一角色,对一个角色的授予、拒绝或撤销权限操作也适用于该角色的任何成员,这样只需对角色进行权限设置,便可以实现对所有用户权限的设置,大大减少了管理员的工作量。

例如,可以建立一个角色来代表单位中一类工作人员所执行的工作,然后给这个角色授予适当的权限。当工作人员开始工作时,只需要将他们添加为该角色成员,当他们离开工作时,将他们从该角色中删除,而不必在每个人接受或离开工作时,都反复授予、拒绝和废除其权限。权限在用户成为角色成员时自动生效。

又如,如果根据工作职能定义了一系列角色,并给每个角色都指派了适合这项工作的权限,则很容易在数据库中管理这些权限。之后,不用管理各个用户的权限,而只需要在角色之间移动用户即可。如果工作职能发生改变,则只需要更改一次角色的权限,并使更改自动应用于角色的所有成员。

11.6.1 角色管理概述

SQL Server 角色包括固定服务器角色和数据库角色。而数据库角色又分为固定的数据库角色和用户自定义的数据库角色。

1. 服务器级别角色

SQL Server 提供服务器级角色以帮助管理员管理服务器上的权限。这些角色是可组合其他主体的安全主体。服务器级角色的权限作用域为服务器范围("角色"类似于 Windows 操作系统中的"组")。

提供固定服务器角色是为了方便使用和向后兼容。在实际应用中,用户应根据具体情况尽可能分配更具体的权限。

SQL Server 提供了 9 种固定服务器角色，参考表 11.1。

表 11.1　9 种固定服务器角色

服务器级的固定角色	说　　明
sysadmin	可以在服务器上执行任何活动
serveradmin	可以更改服务器范围的配置选项和关闭服务器
securityadmin	可以管理登录名及其属性。角色成员可以授予、拒绝和废除服务器级权限。他们还可以授予、拒绝和废除数据库级权限（如果他们具有数据库的访问权限）。此外，他们还可以重置 SQL Server 登录名的密码。 提示：授予数据库引擎的访问权限和配置用户权限的能力使得安全管理员可以分配大多数服务器权限。securityadmin 角色应视为与 sysadmin 角色等效
processadmin	可以终止在实例中运行的进程 SQL Server
setupadmin	可以使用语句添加和删除链接服务器 Transact-SQL（使用时需要 sysadmin 成员资格 Management Studio）
bulkadmin	可以运行语句 BULK INSERT
diskadmin	用于管理磁盘文件
dbcreator	可以创建、更改、删除和还原任何数据库
public	每个 SQL Server 登录名都属于 public 服务器角色。如果未向某个服务器主体授予或拒绝对某个安全对象的特定权限，该用户将继承授予该对象的 public 角色的权限。只有在希望所有用户都能使用对象时，才在对象上分配 public 权限。无法更改具有 public 角色的成员身份。 注意：public 与其他角色的实现方式不同，可通过 public 固定服务器角色授予、拒绝或废除权限

2. 数据库级别的角色

便于管理数据库中的权限，SQL Server 提供了若干角色，这些角色都是用于对其他主体进行分组的安全主体。数据库级角色的权限作用域为数据库范围。

存在两种类型的数据库级角色：数据库中预定义的"固定数据库角色"和可以创建的"用户定义的数据库角色"。

固定数据库角色是在数据库级别定义的，并且存在于每个数据库中。db_owner 数据库角色的成员可以管理固定数据库角色成员身份。msdb 数据库中还有一些有特殊用途的数据库角色。

在 SQL Server 中，可以向数据库级角色中添加任何数据库账户和其他 SQL Server 角色。

9 种固定数据库角色的介绍如表 11.2 所示。

表 11.2　9 种固定数据库角色

固定数据库角色名	说　　明
db_owner	可以执行数据库的所有配置和维护活动，还可以删除 SQL Server 中的数据库（在 SQL 数据库和 SQL 数据仓库中，某些维护活动需要服务器级别权限，并且不能由 db_owners 执行）
db_securityadmin	可以仅修改自定义角色的角色成员资格和管理权限。此角色的成员可能会提升其权限，应监视其操作

续表

固定数据库角色名	说　明
db_accessadmin	可以为 Windows 登录名、Windows 组和 SQL Server 登录名添加或删除数据库访问权限
db_backupoperator	可以备份数据库
db_ddladmin	可以在数据库中运行任何数据定义语言(DDL)命令
db_datawriter	可以在所有用户表中添加、删除或更改数据
db_datareader	可以从所有用户表中读取所有数据
db_denydatawriter	不能添加、修改或删除数据库内用户表中的任何数据
db_denydatareader	不能读取数据库内用户表中的任何数据

3. SQL 数据库和 SQL 数据仓库的特殊角色

这些数据库角色仅存在于虚拟 master 数据库中。他们的权限仅限于在 master 中执行的操作。具体说明如表 11.3 所示。

表 11.3　两种特殊角色

角色名称	说　明
dbmanager	可以创建和删除数据库。创建数据库的 dbmanager 角色的成员成为相应数据库的所有者,这样可便于用户以 dbo 用户身份连接到相应数据库。dbo 用户具有数据库中的所有数据库权限。dbmanager 角色的成员不一定具有访问非他们所有的数据库的权限
loginmanager	可以创建和删除虚拟 master 数据库中的登录名

11.6.2　使用 SSMS 管理角色

1. 修改固定服务器角色

利用 SSMS 可以为系统修改固定服务器角色和用户自定义的数据库角色。固定服务器角色不能添加,只能修改,如果希望为系统修改固定服务器角色,可以参考下面的流程。

(1) 在"对象资源管理器"中,展开要在其中编辑固定服务器角色的服务器。

(2) 展开"安全性"文件夹。

(3) 展开"服务器角色"文件夹。

(4) 右键单击要编辑的角色,然后选择"属性"。

(5) 在"服务器角色属性→serverrole_name"对话框的"成员"页中,单击"添加"按钮。

(6) 在"选择服务器登录名或角色"对话框的"输入要选择的对象名称(示例)"下,输入要添加到该服务器角色的登录名或服务器角色。或者单击"浏览"按钮,然后在"浏览对象"对话框中选择任意对象或所有可用对象。单击"确定"按钮以返回"服务器角色属性→serverrolename"对话框。

(7) 单击"确定"按钮。

2. 添加用户定义的数据库角色

固定的数据库角色和固定的服务器角色一样,只能进行修改,流程类似。但用户可以添加自定义的数据库角色,如果希望为系统添加用户定义的数据库角色,可以参考下面的流程。

（1）在"对象资源管理器"中，展开要在其中编辑用户定义的数据库角色的服务器。

（2）展开"数据库"文件夹。

（3）展开要在其中编辑用户定义的数据库角色的数据库。

（4）展开"安全性"文件夹。

（5）展开"角色"文件夹。

（6）右键单击"数据库角色"节点，选择"新建数据库角色"。

（7）在"数据库角色→新建"对话框的"常规"页中，添加"角色名称"，并输入所有者。如无特别指定，默认的所有者为 dbo。

（8）在同页面下单击"添加"按钮，在"选择数据库用户或角色"对话框的"输入要选择的对象名称（示例）"下，输入要添加到该数据库角色的登录名或数据库角色。或者单击"浏览"按钮，然后在"浏览对象"对话框中选择任意对象或所有可用对象。单击"确定"按钮以返回"数据库角色属性→databaserolename"对话框。

（9）单击"确定"按钮。

11.6.3　使用 T-SQL 加入角色

服务器角色只能修改角色里面包含的用户，所使用的 T-SQL 语句是 ALTER SERVER ROLE。数据库角色可以自定义，使用 T-SQL 语句 CREATE ROLE 来创建角色，修改使用 ALTER ROLE。

【例 11.4】　向固定服务器角色添加一个成员 Juan。

（1）在"对象资源管理器"中连接到数据库引擎的实例。

（2）在标准菜单栏上，单击"新建查询"按钮。

（3）查询窗口中输入下面的参考代码，然后单击"执行"按钮。

```
ALTER SERVER ROLE diskadmin ADD MEMBER Domain\Juan;
GO
```

说明：用户名 Domain\Juan 必须先存在，Domain 是域名，可以根据自己的计算机所在域名进行修改。

【例 11.5】　创建一个数据库角色 Role_Student，并为该角色添加用户 Stu_1。

（1）在"对象资源管理器"中，连接到数据库引擎的实例。

（2）在标准菜单栏上，单击"新建查询"按钮。

（3）查询窗口中输入下面的参考代码，然后单击"执行"按钮。

```
USE TMS
CREATE ROLE Role_Student
ALTER ROLE Role_Student ADD MEMBER stu_1;
GO
```

11.7　权限管理

权限管理，就是为某主体授予关于某安全对象以具体的权限。这里面有 3 个概念：主体、安全对象、权限，前面几节都是在讲述主体的概念（最常见的主体是登录名、数据库用户和角色),安全对象和权限还没有讲述。

11.7.1　安全对象

安全对象是 SQL Server 数据库引擎授权系统控制对其进行访问的资源。例如,表是安全对象。通过创建可以为自己设置安全性的名为"范围"的嵌套层次结构,可以将某些安全对象包含在其他安全对象中。安全对象范围有服务器、数据库和架构三类。

1. 服务器

服务器安全对象范围包含以下安全对象:可用性组(availability group)、端点、登录、服务器角色、数据库。

2. 数据库

数据库安全对象范围包含以下安全对象:应用程序角色、Assembly、非对称密钥、证书、合约、全文目录、全文非索引字表、消息类型、远程服务绑定、(数据库)角色、路由、架构、搜索属性列表、服务、对称密钥、用户。

3. 架构

架构安全对象范围包含以下安全对象:类型、XML 架构集合、对象。
其中对象类包含以下成员:Aggregate、函数、过程、队列、同义词、表、查看、外部表。

11.7.2　权限配置前的主体设置

每个 SQL Server 安全对象都有可以授予主体的关联权限。数据库引擎中的权限在分配给登录名和服务器角色的服务器级别,以及分配给数据库用户和数据库角色的数据库级别进行管理。

如果希望配置权限,主体的设置必须要清晰,可以参考下面的示例,这是三种经典方案。

1. 在 Active Directory 中

在 Active Directory 中,进行配置权限的一般流程如下。
(1) 为每个人员都创建一个 Windows 用户。
(2) 创建表示工作单位和工作职能的 Windows 组。
(3) 将 Windows 用户添加到 Windows 组。

2. 连接到多个数据库

如果连接的人员将连接到多个数据库,进行配置权限的一般流程如下。
(1) 为 Windows 组创建登录名。(如果使用 SQL Server 身份验证,请跳过 Active Directory 步骤,并在此处创建 SQL Server 身份验证登录名。)
(2) 在用户数据库中,为表示 Windows 组的登录名创建一个数据库用户。
(3) 在用户数据库中创建一个或多个用户定义的数据库角色,每个角色表示相似的职能,例如财务分析人员和销售分析人员。

(4) 将数据库用户添加到一个或多个用户定义的数据库角色。

(5) 向用户定义的数据库角色授予权限。

3. 连接到一个数据库

如果连接的人员将只连接到一个数据库,进行配置权限的一般流程如下。

(1) 为 Windows 组创建登录名(如果使用 SQL Server 身份验证,则跳过 Active Directory 步骤,并在此处创建 SQL Server 身份验证登录名)。

(2) 在用户数据库中,为 Windows 组创建一个包含的数据库用户(如果使用 SQL Server 身份验证,则跳过 Active Directory 步骤,并在此处创建包含的数据库用户 SQL Server 身份验证)。

(3) 在用户数据库中,创建一个或多个用户定义的数据库角色,每个角色表示相似的职能,例如财务分析人员和销售分析人员。

(4) 将数据库用户添加到一个或多个用户定义的数据库角色。

(5) 向用户定义的数据库角色授予权限。

此时的典型结果是,Windows 用户是 Windows 组的成员,Windows 组在 SQL Server 或 SQL 数据库中具有登录名,该登录名将映射到用户数据库中的用户标识,用户是数据库角色的成员。最后,可以根据需要,将具体的权限添加到角色。

11.7.3　权限的设置

1. 权限配置的通用格式

大多数权限语句具有以下格式:

```
AUTHORIZATION PERMISSION ON SECURABLE::NAME TO PRINCIPAL;
```

各参数说明如下。

- AUTHORIZATION 必须为 GRANT、REVOKE 或 DENY。
- PERMISSION 确立允许或禁止哪个操作。SQL Server 2016(13. x)可以指定 230 种权限,而 SQL Server 2017(14. x)和 Azure SQL 数据库的权限总数是 237 种。
- ON SECURABLE::NAME 是安全对象(服务器、服务器对象、数据库或数据库对象)的类型及其名称。某些权限不需要 ON SECURABLE::NAME,因为它是明确的,或在上下文中不适当。例如,CREATE TABLE 权限不需要 ON SECURABLE::NAME 子句(如,GRANT CREATE TABLE TO Mary:允许 Mary 创建表)。
- PRINCIPAL 是获得或失去权限的安全主体(登录名、用户或角色)。尽可能向角色授予权限。

下面的示例 GRANT 语句将对 UPDATE 架构中包含的 Parts 表或视图的 Production 权限授予名为 PartsTeam 的角色:

```
GRANT UPDATE ON OBJECT::Production.Parts TO PartsTeam;
```

使用 GRANT 语句向安全主体(登录名、用户和角色)授予权限。使用 DENY 命令显式拒绝权限。使用 REVOKE 语句删除以前授予或拒绝的权限。权限是累积的,用户将获得授予该用户、登录名和任何组成员身份的所有权限;但是任何权限拒绝将覆盖所有授予。

2. 权限层次结构

权限具有父/子层次结构。也就是说,如果授予对数据库的 SELECT 权限,则该权限包括对数据库中所有(子)架构的 SELECT 权限。如果授予对架构的 SELECT 权限,则该权限包括对架构中所有(子)表和视图的 SELECT 权限。权限是可传递的,也就是说,如果授予对数据库的 SELECT 权限,则该权限包括对所有(子级)架构和所有(孙级)表和视图的 SELECT 权限。

权限还可以涵盖权限。对某个对象的 CONTROL 权限通常提供对该对象的所有其他权限。

由于父/子层次结构和包含的层次结构可以作用于相同的权限,因此权限系统可以变得很复杂。

3. 权限命名约定

下面介绍命名权限时遵循的一般约定。

1) CONTROL

为被授权者授予类似所有权的功能。被授权者实际上对安全对象具有所定义的所有权限。也可以为已被授予 CONTROL 权限的主体授予对安全对象的权限。因为 SQL Server 安全模型是分层的,所以 CONTROL 权限在特定范围内隐含着对该范围内的所有安全对象的 CONTROL 权限。例如,对数据库的 CONTROL 权限隐含着对数据库的所有权限、对数据库中所有组件的所有权限、对数据库中所有架构的所有权限以及对数据库的所有架构中的所有对象的权限。

2) ALTER

授予更改特定安全对象的属性(所有权除外)的权限。当授予对某个范围的 ALTER 权限时,也授予更改、创建或删除该范围内包含的任何安全对象的权限。例如,对架构的 ALTER 权限包括在该架构中创建、更改和删除对象的权限。

(1) ALTER ANY < Server Securable >,其中 Server Securable 可为任何服务器安全对象。

授予创建、更改或删除"服务器安全对象"的各个实例的权限。例如,ALTER ANY LOGIN 将授予创建、更改或删除实例中的任何登录名的权限。

(2) ALTER ANY < Database Securable >,其中 Database Securable 可为数据库级别的任何安全对象。

授予创建、更改或删除"数据库安全对象"的各个实例的权限。例如,ALTER ANY SCHEMA 将授予创建、更改或删除数据库中的任何架构的权限。

3) TAKE OWNERSHIP

允许被授权者获取所授予的安全对象的所有权。

4) IMPERSONATE < Login >

允许被授权者模拟该登录名。

5) IMPERSONATE < User >

允许被授权者模拟该用户。

6) CREATE <服务器安全对象>

授予被授权者创建"服务器安全对象"的权限。

7) CREATE <数据库安全对象>

授予被授权者创建"数据库安全对象"的权限。

8) CREATE <包含架构的安全对象>

授予创建包含在架构中的安全对象的权限。但是,若要在特定架构中创建安全对象,必须对该架构具有 ALTER 权限。

9) VIEW DEFINITION

允许被授权者访问元数据。

10) REFERENCES

表的 REFERENCES 权限是创建引用该表的外键约束时所必需的。

4. 主要的权限类别及其适用范围

表 11.4 列出了主要的权限类别,以及可应用这些权限的安全对象的种类。

表 11.4　主要的权限类别

权　限	适　用　于
ALTER	除 TYPE 外的所有对象类
CONTROL	所有对象类
DELETE	除 DATABASE SCOPED CONFIGURATION 和 SERVER 外的所有对象类
在运行 CREATE 语句前执行	CLR 类型、外部脚本、过程(Transact-SQL 和 CLR)、标量和聚合函数(Transact-SQL 和 CLR)以及同义词
IMPERSONATE	登录名和用户
INSERT	同义词、表和列、视图和列。可以在数据库、架构或对象级别授予权限
RECEIVE	Service Broker 队列
REFERENCES	AGGREGATE、ASSEMBLY、ASYMMETRIC KEY、CERTIFICATE、CONTRACT、DATABASE、DATABASE SCOPED CREDENTIAL、FULLTEXT CATALOG、FULLTEXT STOPLIST、FUNCTION、MESSAGE TYPE、PROCEDURE、QUEUE、RULE、SCHEMA、SEARCH PROPERTY LIST、SEQUENCE OBJECT、SYMMETRIC KEY、TABLE、TYPE、VIEW 和 XML SCHEMA COLLECTION
SELECT	同义词、表和列、视图和列。可以在数据库、架构或对象级别授予权限
TAKE OWNERSHIP	除 DATABASE SCOPED CONFIGURATION、LOGIN、SERVER 和 USER 外的所有对象类
UPDATE	同义词、表和列、视图和列。可以在数据库、架构或对象级别授予权限
VIEW CHANGE TRACKING	架构和表
VIEW DEFINITION	除 DATABASE SCOPED CONFIGURATION 和 SERVER 外的所有对象类

5. 常用权限

从上面的内容可以看出,SQL Server 2019 的权限设置是比较丰富的,具体权限更是超过 230 多种。完整的权限列表请参考微软的官方网站,表 11.5 仅列出在 SQL Server 中常用的一些权限。

表 11.5 常用权限

安 全 对 象	常 用 权 限
数据库	CREATE DATABASE、CREATE DEFAULT、CREATE FUCNTION、CREATE PROCEDURE、CREATE VIEW、CREATE TABLE、CREATE RULE、BACKUP DATABASE、BACKUP LOG
表	SELECT、DELETE、INSERT、UPDATE、REFREENCES
视图	SELECT、DELETE、INSERT、UPDATE、REFREENCES
表值函数	SELECT、DELETE、INSERT、UPDATE、REFREENCES
存储过程	EXCUTE、SYNONYM
标量函数	EXCUTE、REFREENCES

11.7.4 授予权限语句 GRANT

为了允许用户执行某些活动或者操作数据,需要授予相应的权限,使用 GRANT 语句进行授权活动。授权命令权限的基本语法如下:

```
-- Simplified syntax for GRANT
GRANT { ALL [ PRIVILEGES ] }
      | permission [ (column [ ,...n ] ) ] [ ,...n ]
      [ ON [ class :: ] securable ] TO principal [ ,...n ]
      [ WITH GRANT OPTION ]
```

其中各个参数的含义如下。

(1) ALL:所有权限,一般不推荐使用此选项。

(2) PRIVILEGES:包含此参数是为了符合 ISO 标准。

(3) permission:权限的名称。

(4) column:指定表中将授予权限的列的名称。需要使用圆括号()。

(5) class:指定将授予权限的安全对象的类。需要使用作用域限定符::。

(6) securable:指定将授予权限的安全对象。

(7) TO principal:主体的名称。可为其授予安全对象权限的主体随安全对象而异。

(8) GRANT OPTION:指示被授权者在获得指定权限的同时还可以将指定权限授予其他主体。

【例 11.6】 使用 GRANT 语句给数据库用户 Stu_1 授予 CREATE TABLE 的权限。

```
USE TMS
GRANT CREATE TABLE TO Stu_1
GO
```

【例 11.7】 使用 GRANT 语句为角色 Role_Student 对象授予 SELECT 权限。

```
USE TMS
GRANT SELECT ON SC TO Role_Student
GO
```

【例 11.8】　使用 GRANT 语句为多个用户授予多项权限。

```
USE TMS
GRANT INSERT, UPDATE, DELETE ON SC
TO Stu_1, Stu_2
GO
```

11.7.5　撤销权限语句 REVOKE

REVOKE 语句可以用来撤销某种权限,可以停止以前授予或拒绝的权限。使用撤销类似于拒绝,但是撤销权限是删除已授予的权限,并不是妨碍用户、组或角色从更高级别集成已授予的权限。撤销权限的基本语法如下:

```
-- Simplified syntax for REVOKE
REVOKE [ GRANT OPTION FOR ]
      { [ ALL [ PRIVILEGES ] ]
        | permission [ (column [ ,...n ] ) ] [ ,...n ]}
      [ ON [ class :: ] securable ]
      { TO | FROM } principal [ ,...n ]
      [ CASCADE]
```

其中各个参数的含义如下。

(1) GRANT OPTION FOR:指示将撤销授予指定权限的能力。在使用 CASCADE 参数时,需要具备该功能。

(2) ALL:撤销所有权限,不推荐使用 REVOKE ALL。

(3) PRIVILEGES:包含此参数是为了符合 ISO 标准。

(4) permission:权限的名称。

(5) column:指定表中将撤销其权限的列的名称。需要使用括号()。

(6) class:指定将撤销其权限的安全对象的类。需要使用作用域限定符::。

(7) securable:指定将撤销其权限的安全对象。

(8)〔TO｜FROM〕principal:主体的名称。可撤销其对安全对象的权限的主体随安全对象而异。

(9) CASCADE:指示当前正在撤销的权限也将从其他被该主体授权的主体中撤销。使用 CASCADE 参数时,还必须同时指定 GRANT OPTION FOR 参数。

【例 11.9】　使用 REVOKE 语句撤销用户 Stu_1 在 SC 表上的 INSERT、UPDATE、DELETE 权限。

```
USE TMS
REVOKE INSERT, UPDATE, DELETE ON SC
TO Stu_1
GO
```

11.7.6　拒绝权限语句 DENY

在授予了用户对象权限以后,数据库管理员可以根据实际情况不撤销用户访问权限的情况下,拒绝用户访问数据库对象。拒绝对象权限的基本语法是:

```
-- Simplified syntax for DENY
DENY { ALL [ PRIVILEGES ] }
    | < permission > [ (column [ ,...n ] ) ] [ ,...n ]
   [ ON [ < class > :: ] securable ]
   TO principal [ ,...n ]
   [ CASCADE] [ AS principal ][;]
```

其中各个参数的含义如下。

(1) ALL：拒绝所有权限，不推荐使用 DENY ALL。

(2) PRIVILEGES：包含此参数是为了符合 ISO 标准。

(3) permission：权限的名称。

(4) column：指定表中拒绝授予其权限的列名。需要使用圆括号( )。

(5) class：指定拒绝授予其权限的安全对象的类。需要使用作用域限定符::。

(6) securable：指定拒绝授予其权限的安全对象。

(7) TO principal：主体的名称。可以对其拒绝安全对象权限的主体随安全对象而异。

(8) CASCADE：指示拒绝授予指定主体该权限，同时，对该主体授予了该权限的所有其他主体，也拒绝授予该权限。当主体具有带 GRANT OPTION 的权限时为必选项。

【例 11.10】　使用 DENY 语句拒绝用户 Stu_2 在 SC 表上的 UPDATE、DELETE 权限。

```
USE TMS
DENY UPDATE, DELETE ON SC
TO Stu_2
GO
```

说明：Stu_2 用户被拒绝了在 SC 上的 UPDATE、DELETE 权限后，即使该用户后来加入了其他具有该权限的角色，Stu_2 用户依然无法使用在 SC 上的 UPDATE、DELETE 权限。

11.8　审核

SQL Server 审核指用户可以在数据库或服务器实例上的事件进行监控。审核日志包含选择捕获的事件的列表，在服务器上生成数据库和服务器对象、主体和操作的活动记录。管理员几乎可以捕获任何发生的事情的数据，包括成功和不成功的登录，读、更新、删除的数据，管理任务，以及更多。审核可以深入数据库和服务器。

SQL Server 的审核级别有若干种，具体取决于安装的政策要求或标准。SQL Server 审核提供若干必需的工具和进程，用于启用、存储和查看对各个服务器和数据库对象的审核。

可以记录每个实例的服务器审核操作组，或记录每个数据库的数据库审核操作组或数据库审核操作。这样在每次遇到可审核操作时，都将发生审核事件。

SQL Server 的所有版本均支持服务器级审核。从 SQL Server 2016 (13. x) SP1 开始，所有版本都支持数据库级审核。

11.8.1　SQL Server 审核组件

审核是将若干元素组合到一个包中，用于执行一组特定服务器操作或数据库操作。SQL Server 审核的组件组合生成的输出就称为审核，如同报表定义与图形和数据元素组合生成报表一样。无论是使用 T-SQL 还是 SSMS 用户接口来管理审核，都会操作下面几个对象。

1. 服务器审核

"服务器审核"对象收集单个服务器实例或数据库级操作和操作组以进行监视。这种审核处于 SQL Server 实例级别。每个 SQL Server 实例都可以具有多个审核。

服务器审核对象是审核的顶级容器，该对象将始终用于进行审核。通常，管理员将创建一个服务器审核汇总一个或多个用于特定目的(如 compliance 或特定一组服务器/数据库对象)的审核规范。在这个对象上可以配置审核的名称、审核日志保存路径、审核文件最大限制、审核日志失败时的操作，还可以定义过滤来控制事件日志的写入。

定义审核时，将指定结果的输出位置，这是审核的目标位置。审核是在禁用状态下创建的，因此不会自动审核任何操作。启用审核后，审核目标将从审核接收数据。

2. 服务器审核规范

"服务器审核规范"对象属于审核。可以为每个审核都创建一个服务器审核规范，因为它们都是在 SQL Server 实例范围内创建的。

在这个对象上可以定义服务级别的事件，从而可以捕获这些事件并写入审核日志。这个规范需要与之前创建的服务器审核关联，可以在服务器审核基础上定义记录哪些对象上的哪些事件。

服务器审核规范可收集许多由扩展事件功能引发的服务器级操作组。可以在服务器审核规范中包括"审核操作组"。审核操作组是预定义的操作组，它们是数据库引擎中发生的原子事件。这些操作将发送到审核，审核将它们记录到目标中。

3. 数据库审核规范

"数据库审核规范"和服务器审核规范相似，用于捕获单独数据库上的事件。它也要关联到服务器审核。

数据库审核规范可收集由扩展事件功能引发的数据库级审核操作，可以向数据库审核规范添加审核操作组或审核事件。审核事件可以由 SQL Server 引擎审核的原子操作。"审核操作组"是预定义的操作组，它们都位于 SQL Server 数据库作用域。这些操作将发送到审核，审核将它们记录到目标中。在用户数据库审核规范中不要包括服务器范围的对象，例如系统视图。

4. 目标

审核结果将发送到目标，目标可以是文件、Windows 安全事件日志或 Windows 应用程序事件日志。必须定期查看和归档这些日志，以确保目标具有足够的空间来写入更多记录。

11.8.2　使用 SQL Server 审核概述

可以使用 SQL Server Management Studio 或者 Transact-SQL 两种方式来定义审核。在创建并启用审核后,目标将接收各项信息。

SSMS 下创建审核是非常容易的,可以这样操作:打开 SSMS,连接到本地数据库实例。选择"对象资源管理器"→"安全性"→"审核",右击"审核"选择"新建审核",打开"创建审核"对话框。然后可以使用对话框设置服务器审核的各种属性。

启用审核后,可以使用 Windows 中的"事件查看器"实用工具来读取 Windows 事件。对于文件目标,可以使用 SQL Server Management Studio 中的"日志文件查看器"或 fn_get_audit_file 函数来读取目标文件。

以下是创建和使用审核的一般过程。

（1）创建审核并定义目标。

（2）创建映射到审核的服务器审核规范或数据库审核规范。启用审核规范。

（3）启用审核。

（4）通过使用 Windows"事件查看器""日志文件查看器"或 fn_get_audit_file 函数来读取审核事件。

11.9　本章小结

本章介绍了 SQL Server 2019 数据库引擎部分安全性控制的一般方法,并详细介绍了 SQL Server 数据库引擎部分的安全管理模型,包括身份验证、主体、权限管理和审核等。

需要说明的是,实现数据库系统安全性的技术和方法有多种,在应用中应该合理使用它们来确保敏感数据的安全,不能一味为了实现安全性措施而以性能下降为代价。例如,加密可以防止数据嗅探,但是开销很大,因此只有当数据嗅探可能造成安全性风险时才应该使用它;审核的实施,需要根据具体的操作系统环境及当地政策等来进行,同样需要考虑实施的成本问题。

习题 11

简答题

1. SQL Server 2019 安全管理模型主要包括几个方面? 主体主要包括哪三种?
2. 简述 SQL Server 的两种身份验证方式。
3. 登录名和用户的关系是什么?
4. 用户与角色的关系是什么?
5. 什么是权限? SQL Server 配置权限的语句是哪三个?
6. 简述 SQL Server 审核的功能。

第12章

数据库恢复

视频讲解

　　尽管当前计算机硬件、软件技术已经发展到相当高的水平,但硬件的故障、软件的错误、操作员的失误以及恶意的破坏仍是不可避免的,例如应用程序、操作系统或数据库系统中程序设计的错误,设备、通道或 CPU 硬件的错误,操作错误,电源故障,天灾人祸等。这些故障轻则造成事务运行非正常中断,影响数据库中数据的正确性;重则破坏数据库,使数据库中部分或全部数据丢失。为此,需要在各种故障发生以后,把数据库中的数据从错误状态恢复到某一已知的正确状态(亦称为一致状态或完整状态),该过程称为数据库恢复。

12.1　数据库故障的类型与恢复

12.1.1　故障的类型

　　系统可能发生的故障有很多种,每种故障都需要用不同的方法来处理。最容易处理的故障类型是不会导致系统中信息丢失的故障,较难处理的故障是导致信息丢失的故障。常见的数据库故障类型大致有以下几种。

1. 事务故障

　　以下两种错误可能造成事务执行失败。

　　(1)逻辑错误。事务由于某些内部条件而无法继续正常执行,这样的内部条件包括非法输入、找不到数据、溢出或超出资源限制等。

　　(2)系统错误。系统进入一种不良状态(如死锁),结果事务无法继续执行。但该事务可以在以后的某个时间重新执行。

　　事务故障意味着事务没有达到预期的终点(COMMIT 或者显示的 ROLLBACK),因此,数据库可能处于不正确状态。恢复程序要在不影响其他事务运行的情况下,强行回滚(ROLLBACK)该事务,即撤销该事务已经做出的任何对数据库的修改,使得该事务好像根本没有启动一样。这类恢复操作称为事务撤销(UNDO)。

2. 系统故障

　　系统故障指使系统停止运转的任何事件,使得系统需要重新启动。如特定类型的硬件错误(CPU 故障)、操作系统故障、DBMS 代码错误、突然停电等。这类故障影响正在运行的所有事务,但不破坏数据库。这时主存内容,尤其是数据库缓冲区中的内容都会被丢失,所有运行事务都被非正常终止。

发生系统故障时,一些尚未完成的事务结果可能已送入物理数据库,从而造成数据库可能处于不正确状态。为了保证数据的一致性,需要清除这些事务对数据库的所有修改。恢复子系统必须在系统重新启动时,让所有非正常终止的事务回滚,强行撤销(UNDO)所有未完成的事务。

另外,发生系统故障时,有些已完成的事务可能有一部分全部留在缓冲区,尚未写回到磁盘上的物理数据库中,系统故障使得这些事务对数据库的修改部分或全部丢失,这也会使数据库处于不一致状态,因此应将这些事务已提交的结果重新写入数据库。所以系统重新启动后,恢复子系统除需要撤销所有未完成事务外,还需要重做(REDO)所有已提交的事务,将数据库真正恢复到一致状态。

3．介质故障

系统故障常称为软故障,介质故障称为硬故障。介质故障主要指外存故障,如磁盘损坏、磁头碰撞、瞬时强磁场干扰等。这类故障将破坏数据库或部分数据库,并影响正在存取这部分数据的所有事务。这类故障比前两类故障发生的可能性小得多,但破坏性最大。

4．计算机病毒

计算机病毒是一些恶作剧者研制的一种计算机程序,会对计算机系统(包括数据库)造成人为的故障或破坏。病毒种类很多,不同的病毒有不同的特征。小的病毒只有 20 条指令,不到 50 Byte;大的病毒像一个操作系统,由上万条指令组成。

计算机病毒已成为计算机系统的主要威胁,自然也是数据库系统的主要威胁。但是,至今还没有一种可以使计算机“终生免疫”的“疫苗”。因此数据库一旦被破坏,仍需要用恢复技术将其恢复。

总结各类故障,对数据库的影响有两种可能:一是数据库本身被破坏;二是数据库没有被破坏,但数据可能不正确,这是由事务的运行被非正常终止造成的。

12.1.2　数据库恢复的实现技术

数据库恢复的基本原理十分简单。可以用一个词来概括:冗余。这就是说,数据库中任何一部分被破坏的或不正确的数据都可以根据存储在系统别处的冗余数据来重建。尽管恢复的基本原理很简单,但实现技术的细节却相当复杂。

恢复机制涉及的两个关键问题是:第一,如何建立冗余数据;第二,如何利用这些冗余数据实施数据库恢复。

建立冗余数据最常用的技术是数据转储和登录日志文件。在一个数据库系统中,通常这两种方法是一起使用的。

1．数据转储

数据转储是数据库恢复中采用的基本技术。所谓转储,即 DBA 定期地将整个数据库复制到磁带或另一个磁盘上保存起来的过程。这些备用的数据称为后备副本或后援副本。

当数据库遭到破坏后可以将后备副本重新装入,但重装后备副本只能将数据库恢复到转储时的状态,要想恢复到故障发生时的状态,必须重新运行自转储以后的所有更新事务。例如,在图 12.1 中,系统在 T_a 时刻停止运行事务,进行数据库转储;在 T_b 时刻转储完毕,得到 T_b 时刻的数据库一致性副本;系统运行到 T_c 时刻发生故障。为恢复数据库,首先由DBA 重装数据库后备副本,将数据库恢复至 T_b 时刻的状态,然后重新运行自 $T_b \sim T_c$ 时刻的所有更新事务,这样就把数据库恢复到故障发生前的一致状态。

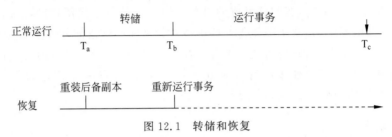

图 12.1　转储和恢复

转储是十分耗费时间和资源的,不能频繁进行。DBA 应该根据数据库使用情况确定一个适当的转储周期。

转储可分为静态转储和动态转储。

静态转储是在系统中无运行事务时进行的转储操作,即转储操作开始的时刻,数据库处于一致性状态,而转储期间不允许(或不存在)对数据库的任何存取、修改活动。显然,静态转储得到的一定是一个数据一致性的副本。静态转储简单,但转储必须等待正运行的用户事务结束才能进行。同样,新的事务必须等待转储结束才能执行。显然,这会降低数据库的可用性。

动态转储指转储期间允许对数据库进行存取或修改,即转储和用户事务可以并发执行。动态转储可以克服静态转储的缺点,它不用等待正在运行的用户事务结束,也不会影响新事务的运行。但是,转储结束时后援副本上的数据并不能保证正确有效。为此,必须把转储期间各事务对数据库的修改活动登记下来,建立日志文件。这样,后备副本加上日志文件就能把数据库恢复到某一时刻的正确状态。

转储还可以分为海量转储和增量转储两种方式。海量转储指每次转储全部数据库,增量转储则指每次只转储上一次转储后更新过的数据。

从恢复角度看,对使用海量转储得到的后备副本进行恢复一般说来会更方便些。但如果数据库很大,事务处理又十分频繁,则增量转储方式更实用、更有效。

2. 日志

日志文件是用来记录事务对数据库的更新操作的文件。日志文件在数据库恢复中起着非常重要的作用,可以用来进行事务故障恢复和系统故障恢复,并协助后备副本进行介质故障恢复。日志的具体作用是:

(1) 事务故障恢复和系统故障恢复必须用日志文件;

(2) 在动态转储方式中必须建立日志文件,将后备副本和日志文件结合起来才能有效地恢复数据库;

(3) 在静态转储方式中也可以建立日志文件,当数据库毁坏后可重新装入后备副本,把数据库恢复到转储结束时刻的正确状态,然后利用日志文件把已完成的事务进行重做处理,对故障发生时尚未完成的事务进行撤销处理,这样不必重新运行那些已完成的事务程序就可把数据库恢复到故障前某一时刻的正确状态,如图 12.2 所示。

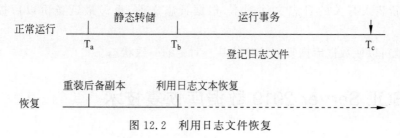

图 12.2　利用日志文件恢复

12.1.3　不同故障的恢复策略

对于不同的故障类型需要采用不同的恢复策略。

1．事务故障的恢复

事务故障一定在事务提交前发生,这时恢复子系统应利用日志文件撤销(UNDO)该事务对数据库的一切更新,采取的措施如下。

(1) 反向扫描日志文件,查找该事务的更新操作。

(2) 若查到的更新操作是 Update,则把更新前的值写入数据库;若是 Insert 操作,则将数据对象删除;若是 Delete 操作,则做插入操作。

(3) 继续反向扫描日志文件,找出其他更新操作,并做同样处理,直至该事务的开始为止。

2．系统故障的恢复

系统故障发生时,一是未完成的事务对数据库的更新可能已被写入数据库,二是已提交的事务对数据库的更新可能还留在内存缓冲区而未被写入数据库,这样需要对所有已提交的事务重做,而对未提交的事务必须撤销所有对数据库的更新。恢复时,采取的具体措施如下。

(1) 重新启动操作系统或 DBMS。

(2) 从头扫描日志文件,找出在故障发生前已提交的事务(即已有 COMMIT 记录事务),将其记入重做(REDO)队列。同时找出尚未完成的事务(即只有开始记录,而无 COMMIT 或 ROLLBACK 记录的事务),将其记入撤销(UNDO)队列。

(3) 对重做队列中每个事务进行重做操作,即正向扫描日志文件,依据日志文件中的次序,重新执行登记的操作。

(4) 对撤销队列中每个事务进行撤销操作,即反向扫描日志文件,依据日志文件中的相反次序,对每个更新操作都执行逆操作。

3．介质故障的恢复

发生介质故障后,磁盘上的数据都可能被破坏。这时,恢复的措施如下:

(1) 必要时更新磁盘;

(2) 修复系统(包括操作系统和 DBMS),重新启动系统;

(3) 重新装入最近的备份副本;

(4) 重新装入有关的日志文件副本,根据日志文件,重做最近备份以后提交的所有事务。

这样,就可以使数据库恢复到故障前某一时刻的一致状态。

12.2 SQL Server 2019 数据库恢复技术

12.2.1 SQL Server 2019 数据库备份类型

备份是指在数据库出现故障后,SQL Server 用于还原或恢复数据的数据副本。可以在数据库级别以及针对数据库的一个或多个文件或文件组创建数据的备份。备份是保护数据的唯一方法。SQL Server 2019 提供的备份方式主要有以下几种。

1. 完整备份

完整备份是对整个数据库进行备份,包括部分事务日志。因此,随着数据库不断增大,完整备份需花费更多时间才能完成,并且需要更多的存储空间。在还原数据库时,只要还原一个备份文件即可。

2. 差异备份

差异备份是对完整备份的补充,只备份上次完整备份后更改的数据。与创建完整备份相比,创建差异备份的速度可能比较快。这有助于频繁地进行数据备份,减少数据丢失的风险。但是,在还原差异备份之前,必须先还原其所基于的完整备份。因此,从差异备份进行还原必然要比从完整备份进行还原需要更多的步骤和时间,因为需要两个备份文件。

3. 事务日志备份

事务日志备份只备份事务日志里的内容,它以事务日志文件作为备份对象,相当于把对数据库的每一个操作都记录下来。事务日志记录的是某一段时间内的数据库变动情况,因此,在创建任何日志备份之前,必须至少创建一个完整备份。

12.2.2 SQL Server 2019 数据库恢复模式

恢复模式确定可以使用哪些类型的备份和数据库还原要求。SQL Server 2019 有三种恢复模式:简单恢复模式、完整恢复模式和大容量日志恢复模式。通常,数据库使用完整恢复模式或简单恢复模式。

1. 简单恢复模式

简单恢复指在进行数据库恢复时,只使用了完整备份或差异备份,而不涉及日志备份。

在简单恢复模式下,数据库只能恢复到上一次备份的状态,而不能恢复到故障发生的那一刻。如果只使用完整数据库备份,则只需还原最近的备份,如图12.3所示。

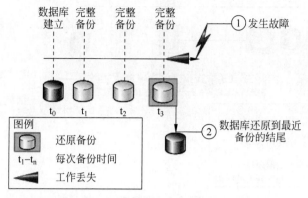

图 12.3　简单恢复(仅用完整备份)

如果还使用差异数据库备份,则应先还原最近的完整数据库备份,然后还原最近的差异数据库备份并恢复数据库,如图12.4所示。

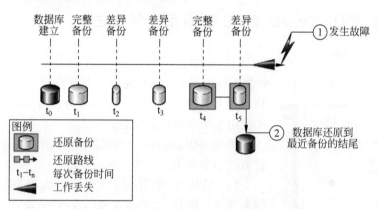

图 12.4　简单恢复(使用完整备份和差异备份)

2. 完整恢复模式

完整恢复模式是指在进行数据库恢复时,通过使用完整备份、差异备份和日志备份将数据库恢复到发生故障的时刻,几乎不造成任何的数据丢失。故障发生后,先创建结尾日志(即活动事务日志)备份,然后还原最近的完整备份和差异备份,最后从最近备份后创建的第一个事务日志备份开始,依次还原到故障点,如图12.5所示。

3. 大容量日志恢复模式

大容量日志恢复模式是完整恢复模式的附加模式,允许执行高性能的大容量复制操作。在完整恢复模式下,大容量导入执行的所有行插入操作都会被完整地记录在事务日志中,这样会导致填充事务日志的速度很快。相反,对于简单恢复模式或大容量日志恢复模式,大容量导入操作的最小日志记录减少了大容量导入操作填满日志空间的可能性。另外,最小日志记录的效率也比按完整方式记录日志的效率高。可以在执行大容量操作之前切换到大容

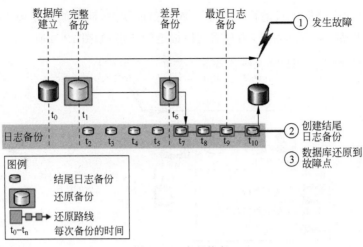

图 12.5　完整恢复

量日志恢复模式,以补充完整恢复模式。通过使用最小方式记录多数大容量操作,减少日志空间使用量。

12.2.3　SQL Server 2019 数据库恢复方法

1. 创建备份设备

SQL Server 2019 在备份一个数据库之前,需要先创建一个备份设备(如磁盘)。有两种创建方式:使用 SQL Server Management Studio 定义和使用系统存储过程创建。

使用 SQL Server Management Studio 定义逻辑备份设备的步骤如下。

(1) 打开"对象资源管理器",单击服务器名称以展开服务器树。展开"服务器对象",找到"备份设备"并右击,弹出右键菜单,如图 12.6 所示。

(2) 单击 "新建备份设备"选项,打开"备份设备"对话框。

(3) 输入备份设备的逻辑名称,并指定备份设备的物理路径,单击"确定"按钮即可。

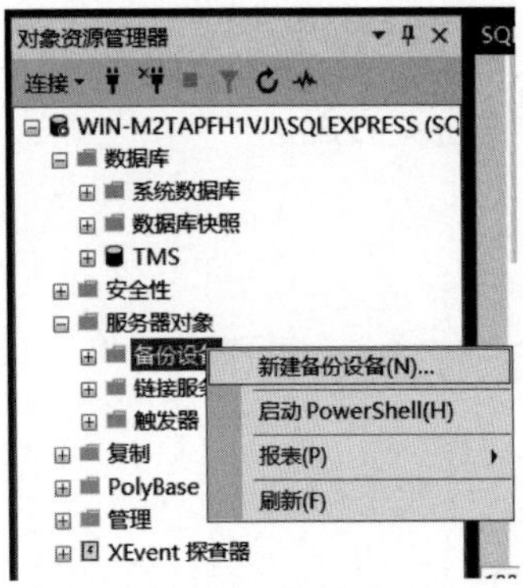

图 12.6　新建备份设备

使用系统存储过程创建备份设备的语法格式如下:

```
sp_adddumpdevice [ @devtype = ] 'device_type',
                 [ @logicalname = ] 'logical_name',
                 [ @physicalname = ] 'physical_name'
```

参数说明如下。

[@devtype =] 'device_type':备份设备的类型,可以是磁盘。

[@logicalname =] 'logical_name':备份设备的逻辑名称。

[@physicalname =] 'physical_name':备份设备的物理名称。

2. 备份数据库

使用 SQL Server Management Studio 备份数据库的步骤如下。

(1) 打开"对象资源管理器",展开服务器树,找到"数据库",选择要备份的用户数据库。右击要备份的数据库,在弹出的菜单中选择"任务",再单击"备份"选项,如图 12.7 所示。

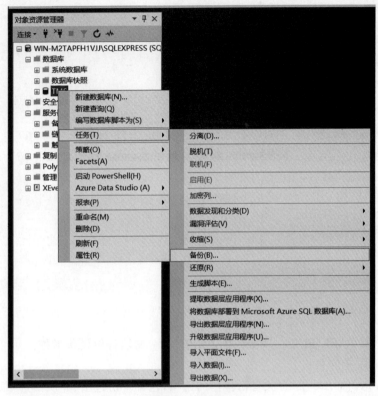

图 12.7 新建备份

(2) 在"备份数据库"对话框常规页面,所选的数据库显示在下拉列表中;在"备份类型"下拉列表中,选择所需的备份类型,默认值为"完整"。

(3) 在"备份组件"下选择"数据库"。

(4) 在"目标"部分中,查看备份文件的默认位置。若要备份到其他设备,则使用"备份到"下拉列表更改选择,如图 12.8 所示。

(5) 单击"确定"按钮,启动备份。备份成功完成后,单击"确定"按钮。

也可以通过执行 BACKUP 命令对指定的数据库进行备份。基本的 Transact-SQL 语法如下:

```
BACKUP DATABASE | LOG database_name TO backup_device [ , ...n ]
[ WITH{Differential | with_options [ , ...o ]} ] ;
```

参数说明如下。

BACKUP DATABASE:用来创建完整备份。

LOG:事务日志备份。

database_name:要备份的数据库名称。

backup_device[, ...n]:指定用于备份操作的备份设备,可以包含 1 到 64 个。可以指定物理备份设备,也可以指定对应的逻辑备份设备(如果已定义)。若要指定物理备份设备,

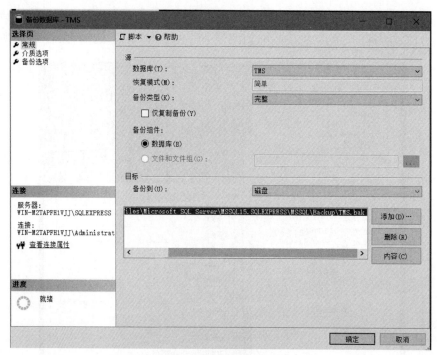

图 12.8　备份数据库常规页

需使用 DISK 或 TAPE 选项：{ DISK ｜ TAPE } ＝ 物理备份设备名称。

Differential：差异备份。

with_options [, ...o]：有关备份操作的选项，包含备份选项、介质集选项、数据传输选项等。

3. 还原数据库

使用 SQL Server Management Studio 还原数据库的具体步骤如下。

图 12.9　还原数据库

（1）在"对象资源管理器"中，连接到 SQL Server 数据库引擎的实例，然后展开该实例。右击"数据库"，然后在弹出的菜单中选择"还原数据库"选项，如图 12.9 所示。

（2）在打开的对话框"常规"页上，使用"源"部分指定要还原的备份集的源和位置。

数据库：从下拉列表中选择要还原的数据库。

设备：单击"浏览"按钮打开"选择备份设备"对话框，从"备份介质类型"下拉列表中选择一个介质类型，单击"添加"按钮。

（3）在"目标"部分中的"数据库"框会自动填充要还原的数据库。若要更改数据库名称，需在"数据库"框中输入新名称。

（4）在"还原到"框中，保留默认选项"至最近一次进行的备份"，或者单击"时间线"按钮，打开"备份时间线"对话框，手动选择要停止恢复操作的时间点，单击"确定"按钮，如图 12.10 所示。

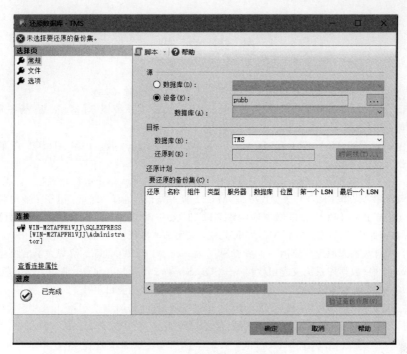

图 12.10　还原数据库常规页

也可以通过执行 RESTORE 命令对指定的数据库进行还原。基本的 Transact-SQL 语法如下：

RESTORE LOG | DATABASE database_name [FROM < backup_device > [,...n]]
[WITH { < general_WITH_options > [,...n] }]

参数含义同 BACKUP 命令参数。

12.3　本章小结

本章介绍了常见的数据库故障类型和常用的恢复技术，以及针对不同故障采取的不同的恢复策略。在此基础上，重点介绍了 SQL Server 2019 的数据恢复机制，包括常用的数据备份类型和数据恢复模式，以及在 SQL Server 2019 中具体备份和恢复的实现方法。

习题 12

简答题

1. 数据库常见的故障类型有哪些？不同的故障类型应该分别采用什么样的恢复策略？
2. 什么是数据库日志文件？
3. SQL Server 2019 中有哪几种数据恢复模式？其各自的特点是什么？
4. 在对数据库进行备份和还原时，使用的 SQL 命令是什么？

参 考 文 献

[1]　王珊,萨师煊.数据库系统概论[M].5 版.北京:高等教育出版社,2014.

[2]　SILBERSCHATS A,KORTH H F,SUDARSHAN S.数据库系统概念[M].6 版.杨冬青,等译.北京:机械工业出版社,2012.

[3]　BEN-GAN I,KOLLAR L,SARKA D.Microsoft SQL Server 2005 技术内幕:T-SQL 查询[M].北京:电子工业出版社,2007.

[4]　杨鑫华,赵慧敏.数据库原理与 DB2 应用教程[M].北京:清华大学出版社,2007.

[5]　KROENKE D M,AUER D J.数据库处理[M].11 版.孙未未,等译.北京:电子工业出版社,2011.

[6]　CONNOLLY T M,BEGG C E.数据库系统[M].11 版.宁洪,等译.北京:机械工业出版社,2016.

[7]　陈志泊.数据库原理及应用教程[M].4 版.北京:人民邮电出版社,2017.

[8]　蒙祖强,许嘉.数据库原理与应用——基于 SQL Server 2014 [M].北京:清华大学出版社,2018.

[9]　刘金岭,冯万利.数据库系统及应用教程——SQL Server 2008 [M].北京:清华大学出版社,2013.

[10]　POST G V.数据库管理系统[M].冯建华,等译.北京:机械工业出版社,2006.

[11]　何玉洁.数据库原理与应用[M].3 版.北京:机械工业出版,2010.

[12]　郑阿奇,刘启芬,顾韵华.SQL Server 教程[M].2 版.北京:清华大学出版社,2010.

[13]　李丹,赵占坤,丁宏伟.SQL Server 2005 数据库管理与开发实用教程[M].北京:机械工业出版社,2010.

[14]　刘瑜,刘胜松.NoSQL 数据库入门与实践(基于 MongoDB、Redis)[M].北京:水利水电出版社,2018.

[15]　皮雄军.NoSQL 数据库技术实战[M].北京:清华大学出版社,2015.

图书资源支持

感谢您一直以来对清华版图书的支持和爱护。为了配合本书的使用,本书提供配套的资源,有需求的读者请扫描下方的"书圈"微信公众号二维码,在图书专区下载,也可以拨打电话或发送电子邮件咨询。

如果您在使用本书的过程中遇到了什么问题,或者有相关图书出版计划,也请您发邮件告诉我们,以便我们更好地为您服务。

我们的联系方式:

地　　　址:北京市海淀区双清路学研大厦 A 座 714

邮　　　编:100084

电　　　话:010-83470236　　010-83470237

客服邮箱:2301891038@qq.com

QQ:2301891038(请写明您的单位和姓名)

- -

资源下载:关注公众号"书圈"下载配套资源。

资源下载、样书申请

书 圈

获取最新书目

观看课程直播